工业和信息化普通高等教育"十三五"规划教材

21世纪高等学校计算机规划教材

新编计算机文化基础（第2版）

The Fundamentals of Computer Culture

夏鸿斌 主编

王映 魏敏 杨开苁 马晓梅 编著

U0265109

人民邮电出版社

北 京

图书在版编目（CIP）数据

新编计算机文化基础 / 夏鸿斌主编；王映等编著
. -- 2版. -- 北京：人民邮电出版社，2020.9
21世纪高等学校计算机规划教材
ISBN 978-7-115-54397-4

Ⅰ. ①新… Ⅱ. ①夏… ②王… Ⅲ. ①电子计算机－
高等学校－教材 Ⅳ. ①TP3

中国版本图书馆CIP数据核字(2020)第117789号

内 容 提 要

本书是为高等学校"计算机文化基础"课程编写的教材。全书共 7 章，内容包括计算机基础概述、计算机系统、计算机常用软件、多媒体技术基础、计算机网络基础、数据库基础、程序设计基础等知识。

本书内容精炼，结构紧凑，语言简洁明了，理论与实践相结合。与本书配套的《新编计算机文化基础实验指导与习题集（第 2 版）》包含了精心设计的典型实验和大量习题，并提供了相应的参考答案，与本书配合使用，有助于读者加深理解、提高应用能力。

本书既可作为高等学校非计算机专业相关课程的教材，也可作为各类人员的自学用书，同时也适合准备参加全国计算机等级考试的人员使用。

◆ 主　　编　夏鸿斌

　　编　　著　王　映　魏　敏　杨开苡　马晓梅

　　责任编辑　武恩玉

　　责任印制　王　郁　陈　犇

◆ 人民邮电出版社出版发行　　北京市丰台区成寿寺路 11 号

　邮编　100164　电子邮件　315@ptpress.com.cn

　网址　https://www.ptpress.com.cn

　北京市艺辉印刷有限公司印刷

◆ 开本：787×1092　1/16

　印张：13.5　　　　　　　　　　2020 年 9 月第 2 版

　字数：355 千字　　　　　　　　2024 年 7 月北京第 9 次印刷

定价：45.00 元

读者服务热线：(010)81055256　印装质量热线：(010)81055316
反盗版热线：(010)81055315
广告经营许可证：京东市监广登字 20170147 号

前　言

　　"计算机文化基础"是我国高等学校普遍开设的公共基础课程，主要讲授计算机信息处理方面的基本概念、原理和技术，以及计算机的操作和常用软件的使用等内容。

　　本书由作者针对该课程的特点，结合多年的教学实践经验，根据教育部高等学校计算机基础课程教学指导委员会编写的《大学计算机教学的基本要求》编写而成。全书共 7 章：第 1 章是计算机基础概述，介绍计算机的发展和应用、计算机编码和数据表示；第 2 章是计算机系统，介绍计算机硬件系统和软件系统的组成，计算机的工作原理及操作系统的功能；第 3 章是计算机常用软件，介绍常用的操作系统 Windows 10、文字处理软件 Word 2016、电子表格处理软件 Excel 2016、幻灯片制作软件 PowerPoint 2016 的基本知识和操作方法；第 4 章是多媒体技术基础，介绍多媒体技术的基础知识，以及文本、音频、视频、图形、图像等内容；第 5 章是计算机网络基础，介绍计算机网络的组成和体系结构、局域网的基本概念、Internet 的基础和应用等；第 6 章是数据库基础，介绍数据库技术的发展、数据库系统的结构与功能、E–R 模型、关系模型、数据库的设计过程；第 7 章是程序设计基础，介绍程序设计的基本思想、结构化程序设计和面向对象程序设计的基本思路、数据结构和算法的基本概念、常用的查找和排序算法、软件工程的基本概念和软件开发的分析设计方法。

　　编写本书的目的主要是满足当前高等学校对计算机教学改革的要求，同时使学生在学习慕课版课程的过程中，加强对理论知识的掌握，并对计算机文化基础有全面、系统的认知。学生可以结合本书在线学习"计算机文化基础"慕课课程，并下载相关课件。另外，针对本书中一些扩充的知识点，作者还制作了教学视频，学生可通过手机扫描二维码随时随地地学习。

　　本书由江南大学人工智能与计算机学院组织编写。李婷、孔怡青、张景莉、冯建华、王家忻等老师为本书的编写提供了大量有价值的资料，并提出了许多建设性的建议，编者在此对各位老师表示衷心的感谢！

　　编者在编写此书时结合了多年的教学与实践经验，收集了大量最新的资料，尽量做到层次分明、内容实用。人民邮电出版社十分重视本书的出版工作，对本书的编写提出了许多建设性的建议，编者在此表示衷心的感谢！

　　本书由夏鸿斌担任主编，王映、魏敏、杨开苂、马晓梅参与编写。由于编者水平有限，书中的不足之处在所难免，恳请广大读者不吝指正。

编　者

2020 年 3 月于无锡

目　录

第1章　计算机基础概述...................1

1.1　计算机与信息社会.................1

　1.1.1　计算机的发展.................1

　1.1.2　计算机的分类.................5

　1.1.3　计算机的应用.................7

　1.1.4　信息技术与信息处理.........10

1.2　数字技术基础...................12

　1.2.1　信息的基本单位.............12

　1.2.2　二进制数...................13

　1.2.3　数值信息在计算机内的表示...19

本章小结...........................23

思考题.............................23

第2章　计算机系统...................24

2.1　计算机系统概述.................24

　2.1.1　计算机系统的组成...........24

　2.1.2　计算机系统的层次结构.......25

　2.1.3　计算机的基本工作原理.......26

2.2　计算机硬件系统.................26

　2.2.1　计算机硬件系统的基本组成...26

　2.2.2　中央处理器.................28

　2.2.3　存储系统...................29

　2.2.4　输入/输出设备..............34

　2.2.5　PC的典型硬件设备...........38

2.3　计算机软件系统.................41

　2.3.1　计算机软件概述.............41

　2.3.2　系统软件...................43

　2.3.3　应用软件...................45

2.4　计算机操作系统.................46

　2.4.1　操作系统的发展过程.........46

　2.4.2　操作系统的地位和功能.......47

　2.4.3　常用操作系统介绍...........48

本章小结...........................50

思考题.............................50

第3章　计算机常用软件...............51

3.1　Windows 10.....................51

　3.1.1　Windows 10概述.............51

　3.1.2　Windows 10常用概念和基本操作.....54

　3.1.3　控制面板的使用.............61

　3.1.4　Windows 10中的常用工具与技巧....63

3.2　Word 2016......................67

　3.2.1　Word 2016概述..............67

　3.2.2　文本编辑...................71

　3.2.3　文档排版...................73

　3.2.4　表格制作...................78

　3.2.5　图文混排...................82

3.3　Excel 2016.....................84

　3.3.1　基本术语...................85

　3.3.2　基本操作...................87

　3.3.3　图表的使用.................96

　3.3.4　数据管理...................98

3.4　PowerPoint 2016................100

　3.4.1　PowerPoint 2016概述........101

　3.4.2　演示文稿的创建............102

　3.4.3　演示文稿的编辑............103

　3.4.4　演示文稿的修饰............105

　3.4.5　设置演示文稿的放映效果....107

　3.4.6　放映幻灯片................110

本章小结..........................111

思考题............................111

第4章　多媒体技术基础..............112

4.1　多媒体技术概述................112

　4.1.1　基本概念..................112

　4.1.2　多媒体技术的主要特征......113

　4.1.3　多媒体应用技术............114

4.2　图像与图形....................116

　4.2.1　图像数据的获取............116

　4.2.2　图像属性..................116

　4.2.3　图像的颜色模型............118

　4.2.4　图像压缩标准..............119

　4.2.5　常用的图像文件............120

　4.2.6　矢量图形..................120

4.3　视频..........................120

4.3.1 视频的基本概念 121
4.3.2 视频压缩技术 121
4.3.3 计算机动画 122
4.4 文本信息的数字化 123
4.4.1 文字输入 123
4.4.2 字符编码 123
4.4.3 文字输出 127
4.5 音频 128
4.5.1 什么是声音 128
4.5.2 声音信号的数字化 129
4.5.3 音频压缩技术 130
4.5.4 MIDI 130
4.5.5 常用的音频文件 131
本章小结 131
思考题 132

第 5 章　计算机网络基础 133
5.1 计算机网络概述 133
5.1.1 计算机网络的组成和功能 133
5.1.2 计算机网络的分类 134
5.1.3 计算机网络的体系结构 136
5.2 网络的构成要素 138
5.2.1 数据传输介质 138
5.2.2 网卡 139
5.2.3 网络互连设备 140
5.3 局域网 141
5.3.1 局域网概述 141
5.3.2 局域网的拓扑结构 143
5.3.3 以太网 144
5.3.4 无线局域网 146
5.4 Internet 147
5.4.1 Internet 概述 147
5.4.2 Internet 协议 148
5.4.3 IP 地址及域名 151
5.4.4 Internet 的接入 155
5.4.5 Internet 提供的基本服务 156
5.5 网络安全 158
5.5.1 网络安全概述 158
5.5.2 计算机病毒及其防范 160
本章小结 162

思考题 162
第 6 章　数据库基础 163
6.1 数据库概述 163
6.1.1 数据库的基本概念 163
6.1.2 数据管理技术的产生和发展 165
6.1.3 数据模型 167
6.1.4 数据库系统结构 171
6.2 关系数据库 172
6.2.1 关系的数据结构 172
6.2.2 关系操作 173
6.2.3 关系完整性约束 173
6.2.4 关系代数 174
6.3 数据库设计 177
6.3.1 数据库设计概述 177
6.3.2 需求分析 178
6.3.3 概念结构设计 179
6.3.4 逻辑结构设计 182
6.3.5 物理结构设计 183
本章小结 183
思考题 184

第 7 章　程序设计基础 185
7.1 程序设计的基本概念 185
7.1.1 结构化程序设计 185
7.1.2 面向对象的程序设计 186
7.2 数据结构与算法 187
7.2.1 算法及算法的复杂度 187
7.2.2 数据结构的基本概念 188
7.2.3 常见数据结构及其基本运算 189
7.2.4 查找和排序算法 196
7.3 软件工程基础 200
7.3.1 软件工程的基本概念 200
7.3.2 软件需求分析 202
7.3.3 软件设计 205
7.3.4 软件测试 207
7.3.5 软件调试与维护 208
本章小结 209
思考题 209

参考文献 210

第1章
计算机基础概述

以计算机技术为主的信息技术的产生和发展是当代科学技术发展最主要的特征。掌握计算机技术、利用计算机解决实际工作中的问题，已经成为当代社会人们所必备的基本素质之一。本章将以计算机、信息和数制为主线，介绍计算机的一些基础知识，为读者对后续各章内容的学习做铺垫。

1.1　计算机与信息社会

计算机技术是当代社会发展较迅速的科学技术，对它的应用已经深入社会生产和生活的各个领域，成为人们生活中不可缺少的现代化工具。计算机技术的发展促进了各个学科的相互渗透和发展，极大地提高了社会生产力，引起了经济结构、社会结构、生活方式的深刻变化。本节主要介绍与计算机和信息技术有关的基础知识。

1.1.1　计算机的发展

计算机（Computer）也称为电脑，是一种依靠程序自动、高速、精确地完成信息存储、数据处理、数值计算、过程控制、数据传输的电子设备。通常情况下，计算机的基本部分是由电子元器件组成的电路，电路按照"数字"方式进行工作，因此人们又称之为"数字电子计算机"（Digital Electronic Computer）。

在漫长的人类社会发展进程中，人们创造了各种各样的工具，这些工具实质上是对人们四肢、五官的能力以及体力的增强。作为一种工具，计算机与以往任何一种工具的不同之处在于，它能够把人们从繁重的脑力劳动中解放出来。

1. 近代计算机的产生

远古人类使用贝壳、石子、绳结计数或记事，古代人们使用算筹、算盘进行计算，中世纪的欧洲出现了计算圆图，后来人们又发明了对数计算尺。1642 年，法国数学家帕斯卡（Blaise Pascal，1623—1662 年）发明了齿轮式加法器，1673 年德国数学家莱布尼茨（Gottfried Wilhelm Leibniz，1646—1716 年）在其基础上制成能够完成了四则运算的机械计算机，1822 年英国数学家查尔斯·巴贝奇（Charles Babbage，1792—1871 年）提出"自动计算机"的概念并进行了卓有成效的工作，1847 年英国数学家乔治·布尔（George Boole，1815—1864 年）创立了逻辑代数，1944 年 IBM 公司和哈佛大学合作制造的 MARK I 投入运行。

计算机科学的奠基人是英国科学家阿兰·图灵（Alan Mathison Turing，1912—1954 年），如

图 1.1 所示。他在计算机科学方面主要有两大贡献：一是建立了图灵机（Turing machine，TM）模型，奠定了可计算理论的基础；二是提出图灵测试理论，阐述了机器智能的基本概念。为纪念图灵在计算机科学方面的贡献，美国计算机协会（association for computing machinery，ACM）于1966 年设立了"图灵奖"，将其颁发给计算机科学领域的领先科研人员。图灵奖被称为计算机界的诺贝尔奖；图灵也被称为"计算机科学之父"和"人工智能之父"。

被称为"计算机之父"的是美籍匈牙利科学家冯·诺依曼（John von Neumann，1903—1957年），如图 1.2 所示，他提出了著名的"冯·诺依曼原理"，即"存储程序和程序控制"的原理。他在离散变量自动电子计算机（EDVAC）方案中明确指出计算机由 5 个部分组成，包括运算器、控制器、存储器、输入设备和输出设备，并描述了这 5 个部分的职能和相互关系，而且进行了两处非常重大的改进：①采用了二进制，不但数据采用二进制，而且指令也采用二进制；②建立了存储程序，程序和数据可一起放在存储器里，并进行同样的处理，从而简化了计算机的结构，大大提高了计算机的速度。冯·诺依曼的这个概念被誉为"计算机发展史上的一个里程碑"，它标志着电子计算机时代的真正开始，指导了以后的计算机设计。当然，一切事物总是在向前发展，随着科学技术的进步，如今人们认识到了冯·诺依曼原理的不足，即它妨碍了计算机速度的进一步提高，因此又提出了"非冯·诺依曼机"的设想。

目前，国际公认的第一台现代电子数字计算机是在 1946 年 2 月由美国宾夕法尼亚大学研制成功的 ENIAC（electronic numerical integrator and computer，电子数字积分计算机），如图 1.3 所示。ENIAC 最早用于弹道计算。它采用以电子管为基本元件的电子线路来完成运算和存储，每秒可进行 5 000 次加法或 400 次乘法运算，能够真正自动运行。ENIAC 使用了约 18 000 个电子管、1 500个继电器，占地约 170 m^2、重约 30 t、耗电量约 150 kW。ENIAC 在 1946 年 2 月交付使用，后改进为通用计算机，之后又进行过多次改造，最终于 1965 年 10 月被切断电源。

图 1.1　阿兰·图灵　　　图 1.2　冯·诺依曼　　　图 1.3　第一台计算机 ENIAC

ENIAC 本身存在两大缺点：一是没有存储器；二是用布线板进行控制非常麻烦。尽管如此，它还是预示了科学家们将从繁重的计算中解脱出来。至今人们公认，ENIAC 的问世标志着电子计算机时代的到来，具有划时代的意义。

2. 计算机的发展简史

半个多世纪以来，构成计算机硬件的电子器件发生了几次重大的技术革命，正是这几次技术革命，给计算机的发展进程留下了非常鲜明的标志。因此，人们根据制作计算机电路的基本逻辑器件的不同，将计算机的发展过程划分为以下 4 个阶段。

（1）第一代（20 世纪 40 年代中期—50 年代末期）

计算机的主要元器件采用电子管，称为电子管计算机。这一代计算机的体积庞大，运算速度比较低，每秒只有几千到几万次基本运算，功耗大，价格昂贵，可靠性差，使用和维护都比较麻烦。这一代计算机使用机器语言或汇编语言来编制程序，编程困难，程序难读难懂，工作十分烦琐；计算机的内存采用水银延迟线。这一时期的计算机仅供少数专业人员使用，主要进行科学计算，应用范围较小。其代表机型有 ENIAC、IBM 650、IBM 709、IBM 701（见图 1.4）等。

（2）第二代（20 世纪 50 年代中、后期—60 年代中期）

计算机的主要元器件采用晶体管，称为晶体管计算机。由于采用了晶体管，计算机体积缩小，功耗降低，运算速度加快，价格也比较便宜。这一代计算机内存大都使用磁芯存储器，外存使用磁带，运算速度提高到每秒几十万次，可靠性也得到较大提高。这一时期高级语言开始出现（如 FORTRAN、COBOL 语言等），产生了一些单道和多道管理程序，各种诊断程序、调试程序、批处理程序也逐步形成。晶体管计算机的应用领域已从单一的科学计算拓展到数据处理和实时自动控制等方面。其代表机型有 IBM 7090、IBM 7094、CDC 7600、TRADIC（见图 1.5）等。

图 1.4　电子管计算机 IBM 701　　　　　　图 1.5　晶体管计算机 TRADIC

（3）第三代（20 世纪 60 年代中期—70 年代初期）

计算机的主要元器件采用中小规模集成电路，称为中小规模集成电路计算机。由于用集成电路代替了分立元器件，计算机的可靠性大大提高，功耗进一步减小，运算速度达到每秒几十万到几百万次。内存用半导体存储器代替了磁芯存储器，外存采用磁盘。在软件方面，操作系统开始发展，高级语言数量增多，出现了并行处理、分时系统、虚拟存储系统，面向用户的应用软件也开始出现。这一时期开始出现多处理机系统，各种各样的计算机外设也陆续出现，并且将计算机与通信密切结合起来。计算机的性能得到较大的提高，已经广泛应用于科学计算、数据处理、事务管理、工业控制等领域。其代表机型有 IBM 360 系列（见图 1.6）、富士通 F 230 系列等。

（4）第四代（20 世纪 70 年代初期至今）

计算机的主要元器件采用大规模和超大规模集成电路，称为大规模和超大规模集成电路计算机。这一时期，计算机的性能大大提高，价格下降，体积缩小，稳定性好，运算速度极快。计算机内存广泛采用高集成度的半导体存储器，外存采用大容量的磁盘，开始出现光盘存储器。在软件方面，操作系统得到进一步发展和完善，数据库管理系统和通信软件被研制出来，大量面向用户的应用软件开始出现。计算机的发展进入以计算机网络为特征的时代。计算机的应用逐渐深入办公室、学校、家庭等各种场合。超大规模集成电路计算机"蓝色基因/L"如图 1.7 所示。

新一代计算机，即未来计算机，其目标是具有智能特性以及知识表达和推理能力，能模拟人的分析、决策、计划等智能活动，具有人机自然通信能力。目前，已经开始的研究包括遵循量子力学规律进行高速运算、存储及处理量子信息的量子计算机，用光信号进行算术逻辑操作、存储和处理信息的光子计算机，用生物芯片来替代半导体硅片的生物计算机，并已取得了一定的进展。

图 1.6　集成电路计算机 IBM 360

图 1.7　超大规模集成电路计算机 "蓝色基因/L"

各代计算机的基本情况如表 1.1 所示。

表 1.1　　　　　　　　　　　各代计算机的基本情况

	第一代 （1946—1957 年）	第二代 （1958—1964 年）	第三代 （1965—1970 年）	第四代 （1971 年左右至今）
逻辑元件	电子管	晶体管	中小规模集成电路	大规模、超大规模集成电路
处理速度	几千至几万次/秒	几十万次/秒	几百万次/秒	数亿次/秒
内存储器	水银延迟线	磁芯	半导体	高集成度的半导体
内存容量	几千字节	几万字节	几兆字节	几十兆字节
外存储器	穿孔卡片、纸带	磁鼓、磁带	磁带、磁盘	磁盘、光盘
外部设备	读卡机、纸带机	读卡机、纸带机、电传打字机	读卡机、打印机、绘图机等	键盘、显示器、打印机、绘图机等
编程语言	机器语言、汇编语言	汇编语言、高级语言	汇编语言、高级语言	高级语言、第四代语言
系统软件	—	操作系统	操作系统、实用程序	操作系统、数据库管理系统
应用范围	科学和工程计算	科学和工程计算、实时自动控制、数据处理	多个方面	各个领域

3. 计算机的发展趋势

在第四代计算机产生数年后，人们就开始期待第五代计算机的诞生。但是到了这一时期，人们普遍认为不能再用电子元器件来衡量计算机的发展程度，而应在性能上有较大突破，即通过模拟人的大脑而具有逻辑思维以及逻辑推理、自我学习和知识重构的能力，也就是实现智能化的计算机。专家们认为，下一代计算机不应称为第五代计算机，而应称为新一代计算机。

计算机作为一种计算、控制、管理的工具，有力地推动了各行各业的发展，但随着计算机广泛应用于各个领域，人们对计算机系统的要求也越来越高。当前，计算机技术发展的主要趋势如下。

（1）巨型化

发展高速度、大容量、强功能的巨型计算机，是计算机技术发展的方向之一。这样做既是为了满足尖端科学飞速发展的需求，也是为了使计算机具有推理、学习、理解等功能。同时，巨型化计算机的研究和制造还反映了一个国家的科学技术发展水平。

（2）微型化

利用微电子技术和超大规模集成电路技术进一步缩小计算机的体积，是计算机发展的另一个方向。计算机微型化不仅可以缩小体积，还可以降低成本，从而使微型计算机能够应用于各种场合，扩大计算机的应用领域。可以将微型计算机集成到仪器仪表、家用电器、武器装备等各种设备中，从而大大提高这些设备的自动化和智能化水平。计算机微型化为计算机产业开拓了更广阔的市场。

（3）网络化

将计算机技术和现代通信技术紧密结合，把分布在不同地点的计算机相互连接起来，组成功能强、规模大的计算机网络，是当今计算机技术发展的一个重要方向。利用计算机网络，人们可以灵活方便地收集信息，快速高效地传输和处理信息，并在计算机网络上共享硬件、软件和数据资源。目前，计算机网络发展很快，各种局域网、广域网遍及全球。Internet（因特网）已经发展成为世界上规模最大、用户最多、资源最丰富的计算机网络。

（4）智能化

通过人工智能技术使计算机具有模拟人的感觉和思维的能力，是计算机技术中一个很活跃的领域。智能化的研究包括模式识别、物形分析、自然语言理解、定理自动证明、专家系统、自动程序设计、智能机器人等方面。智能化是建立在现代科学基础之上的综合性极强的交叉科学，它涉及的内容很广，包括数学、信息论、控制论、计算机逻辑、神经心理学、生理学、教育学、哲学、法律等。所以对于计算机专家和控制理论专家来说，智能化是极具吸引力的研究方向。智能化使计算机突破了"计算"这一初级含义，从本质上扩大了计算机的能力范围。

（5）多媒体化

多媒体化是指计算机不仅能够处理文字、数字、符号等文本信息，而且能够处理声音、图形、图像、动画、视频影像等多种媒体信息。集成性、交互性、数字化是多媒体计算机的重要特征。多媒体计算机的功能更加完善，使用方式更加符合人们的习惯。目前，多媒体技术的研究和应用正蓬勃发展。

1.1.2　计算机的分类

随着计算机技术的发展，尤其是微处理器技术的发展，计算机的类型也越来越多样化，可谓品种繁多、门类齐全、功能各异。人们通常从以下 3 个不同的角度对计算机进行分类。

1. 按照工作原理分类

信息在计算机的内部有离散量和连续量两种不同的表示形式。离散量是指用电脉冲的有无来表示二进制数字 0 和 1，也就是通常所说的数字信号。连续量是指用连续变化的电压或电流来表示信息，也就是通常所说的模拟信号。因此，根据计算机内部信息的表示形式和处理方式的不同，我们可以将计算机分为以下三大类。

（1）模拟式电子计算机

计算机采用模拟电路作为基本组成部分，其内部信息用连续量表示。早期的部分计算机采用这种方式工作，常用于模拟数据的处理。但是，随着时间的推移和计算机技术的发展，这种计算机的使用人数越来越少，已经接近淘汰。

（2）数字式电子计算机

计算机采用数字电路作为基本组成部分，其内部信息用离散量表示。目前，绝大多数计算机都是采用这种方式工作的，所以通常将这种计算机称为电子计算机，简称为计算机。数字式电子计算机的特点是存储容量大、处理能力强、运算精度高、适用范围广。

我们目前所说的计算机都是指数字式电子计算机，它有两个主要特征：一是以冯·诺依曼原理为基础，依靠程序自动进行工作；二是采用数字电路作为基本组成部分。

（3）混合式电子计算机

计算机的基本组成部分既有模拟电路又有数字电路，其内部信息分别采用连续量和离散量来表示。混合式电子计算机兼有数字式电子计算机和模拟式电子计算机的特点，并且可以进行数字信号与模拟信号之间的转换。混合式电子计算机常应用于炼钢、化工和模拟飞行器等领域。

2. 按照用途和使用范围分类

根据计算机的用途和使用范围的不同，我们可以将计算机分为以下两类。

（1）通用计算机

通用计算机是针对大多数用户的应用场景而研制的。通用计算机的特点是通用性强，具有较强大的综合处理能力，能够解决各种类型的问题，配用的软件也是通用性很强的软件。通用计算机用途广泛，功能齐全，可运用于各个领域，社会拥有量很大。

（2）专用计算机

专用计算机是为某一种类型的应用场景而专门研制的。专用计算机往往为解决特定的问题配备了专门的硬件、软件和外部设备，所以能够高速、可靠地解决特定的问题。但是，专用计算机一般功能单一，使用范围较小。另外，由于拥有量较小，所以其成本较高。

3. 按照综合性能分类

按照计算机的运算速度、字长、存储容量等综合性能，可以将计算机分为以下几类。

（1）巨型计算机

巨型计算机（supercomputer）也被称为超级计算机，是功能最强、运算速度最快、存储容量最大的一类计算机。这种计算机只有少数几个国家能够生产，主要用在战略武器研制、航天国防、石油勘探、天气预报等领域，也常用于国民经济的预测和决策、情报分析等方面。巨型计算机是强有力的模拟和计算工具，对国民经济和国防建设具有十分重要的价值，对国家安全、经济和社会发展具有举足轻重的意义。巨型计算机的研发水平、生产能力及其使用程度是衡量一个国家经济实力和科技水平的重要标志。

近年来，我国的超级计算机一直占据着全球超级计算机500强榜单（这个榜单每半年发布一次）的前列。2017年11月，全球超级计算机500强榜单上，中国的超级计算机"神威·太湖之光"（见图1.8）和"天河二号"连续第4次分列冠亚军。同时，中国目前拥有200多台超级计算机。"神威·太湖之光"超级计算机是由国家并行计算机工程技术研究中心研制、安装在国家超级计算无锡中心的超级计算机。"神威·太湖之光"超级计算机安装了40 960个由中国自主研发的"申威26010"众核处理器，该众核处理器采用64位自主申威指令系统，浮点运算峰值性能为12.5亿亿次/秒，持续性能为9.3亿亿次/秒。

超级计算机的核心技术是并行处理技术，即多个处理器同时完成多个任务。近年来，并行处理技术正在慢慢变成通用技术，包括Intel在内的许多公司都把他们的处理器升级成多核处理器，而且核数将随着技术的发展逐渐增多。

（2）大型计算机

大型计算机（mainframe）是指运算速度快、存储容量大、通信联网功能完善、可靠性高、安全性好、有丰富的系统软件和应用软件的计算机。其CPU通常有几十个核心，可以同时运行多个操作系统，因而可以替代多台普通的服务器，一般用于集中存储、管理和处理企业或政府的数据，承担主服务器（企业级服务器）的功能，在信息系统中起着核心作用。美国IBM公司目前拥有大型计算机的大部分市场。图1.9所示为IBM Z10大型计算机。

图 1.8　"神威·太湖之光"超级计算机

图 1.9　IBM Z10 大型计算机

（3）服务器

服务器（server）比普通计算机的运行速度更快、负载更大、价格更高，在网络中主要为其他客户机（如个人计算机、智能手机、ATM 等终端或者火车系统等大型设备）提供计算或者应用服务。服务器具有较高的 CPU 运算速度、长时间运行的能力、强大的外部数据吞吐能力以及更好的扩展性。一般来说，服务器都具备响应服务请求、承担服务、保障服务的能力。与普通计算机相比，服务器需要全天候运行，所以对可靠性、稳定性和安全性的要求更高。

（4）个人计算机

个人计算机（personal computer）通常被称为"PC"，是指设计和制造都是以个人使用为目的的微型计算机。PC 以微处理器为核心，通用性非常强，是目前社会拥有量最大的计算机。PC 以其设计先进、功能相对较强、应用软件丰富、价格便宜等优势占领了很大的市场，从而极大地推动了计算机的普及。

通常，人们将 PC 分为 3 类：台式计算机（desktop computer）、笔记本计算机（notebook computer）、个人数字助理（personal digital assistant，PDA）。

1.1.3　计算机的应用

当今，计算机的应用已经渗透到人类社会的各个领域，无论是生产管理、天气预报、产品设计，还是医药医疗、自动售货等，都用到了计算机。各行各业的职工都利用计算机来解决各自的问题，人们也利用计算机来为自己的休闲娱乐服务。例如，人们利用计算机来为自己设计精美的电子相册，或是为自己的股票投资进行分析决策；工程师利用计算机来设计轿车、飞机或计算机系统；科学家利用计算机进行模拟核试验，以便在节约资金、保护环境的前提下开发核能源；而计算机爱好者们则利用计算机来开发"准专业"的网站或"共享软件"。

1. 计算机的主要应用方面

归纳起来，计算机主要应用于以下 9 个方面。

（1）科学计算

科学计算有时也被称为数值计算，即利用计算机来解决科学研究和工程技术中所提出的数学问题。随着科学技术的发展，各种科学计算的数学模型也越来越复杂，靠以往的人工计算已经不可能完成，所以计算机已经成为科学研究领域必不可少的设备。计算机科学计算系统的特点是计算量大、计算精度高、数值的变化范围大。

（2）自动控制

自动控制通常又被称为过程控制，它是指通过计算机来实时收集数据，并且按照最佳情况对被控制设备进行控制和调节。现代制造业中的技术、工艺、设备日趋复杂，生产规模不断扩大，对生产过程自动化的要求也越来越高。利用计算机对生产过程进行自动控制，可以提高产品质量、降低生产成本、改善劳动条件、提升企业效率。计算机自动控制系统的特点是对实时性和可靠性的要求较高。

（3）数据处理

数据处理属于非数值计算范畴，它是指利用计算机来对各种数据进行记录、整理、统计、分析、加工、利用、传播等操作。数据处理不仅是企业日常管理的基本组成部分，而且可以为现代化管理的决策提供依据。计算机数据处理系统的特点是数据量非常庞大，但计算方法相对比较简单。

（4）信息加工

广义上讲，计算机的工作都是信息加工，但这里的信息加工是指利用计算机对各种图像信息进行整理、加工、记录、变换、增强、重现等操作。信息加工在天气预报、卫星遥感、军事侦察、动画特技等方面有着广泛的应用。由于信息加工的特殊性，它要求计算机系统要有强大的处理能力和完善的图形显示系统。

（5）计算机辅助工作

计算机辅助工作包括计算机辅助设计（computer aided design，CAD）、计算机辅助制造（computer aided manufacturing，CAM）、计算机辅助工程（computer aided engineering，CAE）、计算机辅助教学（computer aided instruction，CAI）等方面，是指利用计算机强大的计算和逻辑判断功能来帮助人们进行产品设计、产品制造、工程设计、教育教学等工作。利用计算机来进行设计、制造等工作具有速度快、精度高、省工省时等特点，能够极大地提高工作效率和工作质量。但是，由于计算机是依靠程序工作的，所以像"创意""灵感""创造发明"一类的事情，计算机暂时是无法完成的，在这些方面计算机只能起到辅助的作用。

（6）人工智能

人工智能是指用计算机来模拟人类的判断、理解、学习、求解、识别等的智能活动，它包括3个方面的内容：知识工程、模式识别、机器人学。知识工程是人工智能的核心，它建立在专家系统的基础上，用计算机对知识和经验进行组织、加工、处理，模拟专家们的思维方法进行推理并预测发展趋势，同时在推理的过程中不断学习，进行知识的积累和更新。模式识别是指把传感器技术与知识工程结合起来以获取外部信息，从而研究外部事物的特性，并从中获得外部知识。机器人学结合知识工程和模式识别两个领域，再利用精密机械、电子、光、声、磁等技术，从而制造出能够模仿人的行为的自动化、智能化机器设备。

（7）电子商务

电子商务（electronic commerce，EC）是指利用计算机和网络来进行商务活动，它综合利用局域网（local area network，LAN）、企业内部的网络系统（Intranet）、Internet来进行订货、推销、贸易洽谈、广告发布、售后服务等商业活动。与传统的商务活动模式相比，电子商务不仅能够缩短交易周期、减少交易成本，而且能够更有效地利用企业资源、改善售后服务、提供更多的商业机会、提升企业形象。电子商务按照活动双方的性质，可以分为企业与企业（business to business，B2B）、企业与个人（business to customer，B2C）两种类型。

（8）电子政务

电子政务（electronic government，EG）是指借助电子信息技术来进行政务活动，是电子信息技术与政务活动的交集。政务有广义和狭义之分，广义的政务泛指各类行政管理活动，而狭义的政务则专指政府部门的管理和服务活动。目前，人们在探讨电子政务建设的时候，更多地是指政府部门的信息化建设。

（9）办公自动化

办公自动化（office automation，OA）是一种面向办公人员的信息处理系统，它利用计算机和网络技术收集各种形式的信息资源，为事务处理、管理工作、决策判断提供一个高效率的工作平台。

2. 计算机的主要应用领域

从应用领域的角度看，计算机的应用主要集中在以下 5 个领域。

计算机的主要应用领域

（1）工商业

工商业是计算机应用的传统领域之一。在许多企业中，计算机信息处理系统都是企业正常运作所必不可少的部分。

（2）科研教育

科学研究一直是计算机应用的重要领域。而在教育领域，计算机除了像在其他领域一样可用来进行教学管理外，还广泛应用于计算机辅助教学和计算机远程教育方面。

（3）政府机构

计算机在政府机构方面的应用非常广泛。从公文的起草、发布、管理到日常业务的自动化办公，从各项信息的收集、整理到规章制度的讨论、研究，从民意民情的了解到发展规划的制定，计算机及网络都起着重要的作用。

（4）医药卫生

在医药卫生领域，计算机除了应用于电子病历、电子处方、病房管理、药品管理等常规方面外，还应用于医疗诊断和新药研制。例如，X 射线断层扫描和核磁共振成像就是将仪器接收的数据经过计算机的处理从而生成二维或三维的图像，用来帮助医生进行诊断或辅助手术。

（5）休闲娱乐

计算机在休闲娱乐方面的应用时间并不长，但由于其具有广阔的市场，所以得到了飞速的发展。网络游戏是计算机应用于休闲娱乐方面的重要体现。通过多媒体技术、三维动画技术以及游戏手柄等一些设备的支持，身在世界各地的游戏玩家可以在虚拟的场景中进行"对战"。

实际上，计算机的应用远远不止上面列举的几个领域，可以这么认为：计算机的应用已经深入到各个领域的各个方面。有人甚至认为，如果没有计算机，现代社会将会陷入混乱。

3. 计算机应用中计算模式的发展

当今社会，计算机工业高速发展，计算机技术日新月异，计算机应用不断深入，这三者之间形成了良性互动。而与此相关的计算机应用中的计算模式也经历了一系列变化，概括起来大体包括以下 3 种模式。

（1）单主机计算

单主机计算（mainframe computing）的主要特征是由单台计算机构成计算系统，系统的信息处理基本都在本地机器上完成。这种计算模式在计算机应用的早期被广泛使用，目前的中小规模应用中也大量存在这种模式。

（2）分布式客户机/服务器计算

分布式客户机/服务器计算（distributed client/server computing）是在计算机网络发展起来后出现的计算模式。从技术上考虑，客户机和服务器都是逻辑上的概念，计算机应用的任务被分成两大部分：用户在客户机上进行数据的输入或输出、运行控制以及少量数据的处理；而信息处理任务中的信息资源查询、高强度的数据处理、信息存储等消耗机器资源比较多的工作则由网络中的服务器来完成。这种计算模式由于能够较好地利用网络资源、提高数据管理效率、节约用户资金，所以被广泛使用。

（3）网络计算

网络计算（network computing）是计算模式新的发展方向，它的主要思想是在专用软件的控制下充分利用网络上各种计算机的各种资源来完成预定的计算任务。这种计算模式将是未来计算机应用方式的发展方向，且目前已有一些系统进入实际应用阶段。例如，国际上的一个民间组织曾利用几十万台"志愿"计算机来完成一项名为"寻找外星人"的应用计算任务。

1.1.4 信息技术与信息处理

半个多世纪以来，以计算机技术、通信技术、控制技术为核心的信息技术得到了飞速的发展，推动了经济的发展和社会的进步，对人类的工作和生活产生了巨大的影响，人类社会正在逐步进入信息社会。随着科学技术的飞速发展，各种高新技术日新月异、层出不穷，信息技术则在其中占据了主导地位，并且显示出强大的生命力。

1. 信息技术

（1）信息与数据

对于信息这个概念，目前学术界还没有一个统一、精确的解释。一般来说，信息既是对各种客观存在的事物的变化和特征的反映，又是各个事物之间作用和联系的表征。人类就是通过接受信息来认识事物的。信息是对人们有用的，是接受者原来不了解的知识。同时，信息是客观世界的一种本质属性，它同物质、能源一样重要，是人类生存和社会发展的三大基本资源之一。

数据通常是指存储在某种媒体上的可以被识别的物理符号。国际标准化组织（international organization for standardization，ISO）对数据所给出的定义是：数据是对事实、概念或指令的一种特殊表达形式，这种特殊的表达形式可以通过人工或者自动化装置进行通信、翻译或者加工处理。

在计算机中，各种形式的数据都以一种特殊的表达形式——"二进制代码"来表示。人们以各种存储设备来存储数据，通过各种软件来管理数据，使用各种应用程序来对数据进行加工处理。

数据通常被用作信息的载体。在信息技术领域中，数据通常分为数值型数据和非数值型数据两大类。数值型数据是指表现为具体的数值，可以进行加、减、乘、除以及比较等数学运算的数据；非数值型数据是指除了数值型数据以外的其他数据，通常包括字符数据、逻辑数据以及多媒体数据。字符数据是指由字母、符号等组成的数据，它可以方便地表示文字信息，供人们阅读和理解。处理字符数据的方式包括比较、转换、检索、排序等。逻辑数据用来表达事物内部的逻辑关系，可以对逻辑数据进行与、或、非以及比较等运算。声音、图形、图像、动画、视频影像等数据通常归入多媒体数据范畴，与多媒体数据相关的内容将在第4章进行详细介绍。

所谓"数据处理"，是指将数据经过处理转换为信息的过程。尽管人们有时将信息和数据两个词互相交换使用，但是它们是两个相互联系却完全不同的概念。例如：信息是有意义的，而数据可以无意义；信息是有用的，而数据可以无用；信息必须是真实的，而数据可以是虚假的。

（2）信息技术

信息技术（information technology，IT）泛指与信息的获取、存储、加工、处理等方面相关的科学与技术。联合国教科文组织对信息技术的定义为：应用在信息加工和处理中的科学、技术与工程的训练方法和管理技巧；上述方法和技巧的应用；计算机及其与人、机间的相互作用；与这些方面相对应的社会、经济、文化等各种因素。

在信息技术所包含的各个方面中，计算机是最主要的，其核心内容为计算机技术、通信技术和控制技术，人们通常称之为"3C"（computer，communication，control）。在现代社会的各种高新技术中，信息技术是发展较快、较活跃的一部分。在人类社会由工业化向信息化过渡的过程中，信息技术是主要的推动力。

2. 信息技术所包含的内容

信息技术包含 3 个层次的内容：信息基础技术、信息系统技术、信息应用技术。

（1）信息基础技术

信息基础技术是信息技术的基础部分，它包括信息学和控制论方面的基础研究，还包括新材料、新器件、新能源的开发制造技术。在信息基础技术方面，发展最快、影响最大、应用最广泛的是微电子技术和光电子技术。

集成电路的发展趋势

微电子技术是现代电子信息技术的基础，它以集成电路的研发制造为核心。集成电路是将晶体管、电阻、电容等电子元器件集成在同一个硅片上的电子器件，具有体积小、运行速度快、功耗低、可靠性高的特点。人们把单位面积硅芯片上集成的元器件个数称为集成电路的"规模"并对其加以分类：小规模集成电路（small-scale integration，SSI）在每平方毫米上集成几十个元器件，中规模集成电路（medium-scale integration，MSI）在每平方毫米上集成几百个元器件，大规模集成电路（large-scale integration，LSI）在每平方毫米上集成几千个元器件，超大规模集成电路（very large-scale integration，VLSI）在每平方毫米上集成几万个元器件。

（2）信息系统技术

信息系统技术是关于信息获取、处理、传输和控制等方面的技术，它包括遥测遥感、人工智能、现代通信、现代控制论等多个方面。

（3）信息应用技术

信息应用技术以各种实际应用目标为研究的落脚点。在工业、农业、医疗卫生、教育科研等各个领域，信息技术的应用目的、应用模式、应用技术和应用方法各有不同。信息应用技术就是研究如何使这些模式、技术、方法更快捷和有效。

信息应用技术是信息技术开发的根本目的。

3. 信息处理

当今社会，无论是处理日常事务还是进行管理决策，人们都离不开信息。计算机能够帮助人们获取和存储各种各样的信息，并能高速、精确、自动地对所存储的信息进行处理。正是由于计算机具有的这种强大的信息处理能力，它才能够在现代社会得到如此广泛的应用。

信息处理通常也被称为数据处理，是指利用计算机系统对信息进行采集、转换、分类、存储、计算、加工、查询、检索、统计、分析、传输和输出等操作。信息采集是信息处理过程的第一步，是指利用计算机将各种需要的信息收集起来，为下一步工作做准备。将信息采集到计算机中后，首先要将它们转换为适合存储和加工的编码形式，然后以数据文件或数据库的形式存储在计算机的存储器中。接下来，可以对这些数据进行计算、统计、分析等进一步的操作。

信息处理的特点

准确地说，信息处理的真正含义应该是"为了得到信息而处理数据"。应用计算机来处理数据，人们可以从中得到有用的信息，再对这些信息进行筛选、过滤、分析，就可以做出决策。例如，通过对学生的"学习课程"和"学习成绩"数据进行处理，可以得到学生的"已取得学分"信息，然后做出"是否可以让该学生毕业"的决策。

计算机在信息处理方面具有许多突出的优点：极快的处理速度，强大、可靠的存储能力，精确计算能力和逻辑判断能力。

1.2 数字技术基础

通过对前一节内容的学习，我们已经了解了有关计算机和信息方面的一些基础知识，以及计算机应用方面的一些内容。为了更好地使用计算机，我们还必须了解计算机的数制、数据编码等方面的基础知识。本节将主要介绍信息的基本单位、二进制以及相关进制、数值信息在计算机内的表示。

1.2.1 信息的基本单位

1. 什么是比特

数字技术的处理对象是"比特"（binary digit，bit），又称"二进制位"，简称"位"。它是计算机和其他数字系统处理、存储和传输数字信息的最小单位。

位只有两种取值状态——0 和 1，一般无大小之分。

数值、文字、符号、图像、声音、命令等都可以使用位来表示，其具体的表示方法就称为"编码"或"代码"。

计算机处理各种信息时，首先要将它们表示成具体的数据形式。冯·诺依曼在他的 EDVAC 方案中明确提出在计算机中采用二进制。自那时开始一直到今天，所有的计算机都采用二进制来表示数据。

二进制具有以下优点。①易于物理实现。制造两种状态稳定的物理元器件要比制造 10 种状态稳定的物理元器件容易得多。②运算规则简单。二进制的算术运算和逻辑运算规则都非常简单。③可靠性高。二进制的两个符号——0、1，可以对应电压的高低、电流的有无等较为分明的两种状态，其所体现的信息的可靠性高。④通用性强。二进制不仅可以表示数值信息，还可以表示非数值信息，特别是二进制仅有的 0 和 1 两个符号，正好可以对应逻辑数据中的"真"和"假"，从而为逻辑运算提供了方便。

2. 数据的存储

在计算机内部，各种数据都是以二进制编码的形式来表示和存储的。二进制数据的数据量常采用位、字节、字等几种计量单位来表示。

位（bit，缩写为 b）常被称为字位、位元，是指二进制数据的每一位（0 或 1），它是二进制数据量的最小计量单位。

字节（byte，缩写为 B）是二进制数据量的基本计量单位，数据在计算机中也是以字节为单位存储的。1 个字节由 8 个字位组成，它们从左到右排列为：

$$b_7 \quad b_6 \quad b_5 \quad b_4 \quad b_3 \quad b_2 \quad b_1 \quad b_0$$

其中 b_7 是最高位，b_0 是最低位。

字（word）也常被称为计算机字，它是可作为独立的数据单位进行处理的若干字位的组合。字所包含的字位的个数称为字长，字长一般是字节长度的整数倍，如 16、32、64 等。

存储容量是存储器的一项很重要的性能指标。计算机的内存储器容量通常使用 2 的幂次作为单位，因为这有利于内存储器的设计和使用。经常使用的存储器容量单位如下。

- 千字节（kilobyte，KB），$1KB=2^{10}B=1\ 024B$（大写 K 表示 1024）。
- 兆字节（megabyte，MB），$1MB=2^{20}B=1\ 024KB$。

- 吉字节（gigabyte，GB），$1GB=2^{30}B=1\,024MB$。
- 太字节（terabyte，TB），$1TB=2^{40}B=1\,024GB$。

由于 kilo、mega、giga 等单位在其他领域（如距离、速率、频率的度量）中是以 10 的幂次来计算的，因此磁盘、U 盘、光盘等外存储器制造商也采用 $1MB=10^3KB$，$1GB=10^3MB$ 来计算容量。

3．数据的传输

在计算机内部或计算机与计算机之间进行数据传输时，如果是采用一个字节的 8 个二进制位同时传输的并行方式，则传输速率的计量单位为字节/秒（B/s）、千字节/秒（KB/s）、兆字节/秒（MB/s）等。

在计算机网络中，传输二进制数据时，通常采用一个一个字位的串行传输方式，传输速率的计量单位如下。

- 比特/秒（bit/s），称为比特率。
- 千比特/秒（kbit/s），$1\,kbit/s=10^3\,bit/s=1\,000\,bit/s$（小写 k 表示 1000）[①]。
- 兆比特/秒（Mbit/s），$1\,Mbit/s=10^6\,bit/s=1\,000\,kbit/s$。
- 吉比特/秒（Gbit/s），$1\,Gbit/s=10^9\,bit/s=1\,000\,Mbit/s$。
- 太比特/秒（Tbit/s），$1\,Tbit/s=10^{12}\,bit/s=1\,000\,Gbit/s$。

1.2.2　二进制数

1．数制

关于数的记写和命名的相关规则的集合称为计数制，简称数制。目前通常采用进位计数制，即按进位的方法进行计数。比如，按十进制计数，则逢十进一；每周有七天，则逢七进一；而计算机中存储的是二进制数，则逢二进一。为了书写和表示方便，还引入了八进制和十六进制数。

与数制相关的概念有以下 4 个。

①数码（简称"码"）：该数制记写时所用的符号，如十进制的 0,1,2,…,9。

②基数（简称"基"）：该数制所用数码的个数，如十进制的基为 10。

③数位（简称"位"）：数码在数中所占据的位置，如十进制中的个位、十位等。

④位权（简称"权"）：由数位所决定的计数基本值，如十进制个位的权为 10^0。

在采用进位计数制的数字系统中，如果某个数制的基为 r，则称其为基 r 进制（r 进制）。

假定数值 S 用 $m+n+1$ 个自左向右排列的代码 K_i（$m\leqslant i\leqslant n$）表示为如下形式。

$$S=K_nK_{n-1}\cdots K_1K_0 . K_{-1}K_{-2}\cdots K_{-m}$$

其中，K_i 就是数码，而 $i=n,n-1,\cdots,1,0,-1,\cdots,-m$ 则表示各个数位，其位权为 r^i。

表 1.2 所示为计算机中几种常用的计数制。

表 1.2　　　　　　　　　　　　　计算机中几种常用的计数制

进位计数制	二进制	八进制	十进制	十六进制
进位规则	逢二进一	逢八进一	逢十进一	逢十六进一
数码	0，1	0，1，2，3，4，5，6，7	0，1，2，…，9	0，…，9，A，…，F
基数	$r=2$	$r=8$	$r=10$	$r=16$
位权	2^i	8^i	10^i	16^i
形式表示字母	B	O 或 Q	D	H

---

① 本书中小写字母 k 表示 1000，大写字母 K 表示 1024；M、G、T 的含义由上下文决定。

对于二进制数、八进制数和十六进制数，为了防止与十进制数混淆，在书写时常采用如下方法。

① 二进制数：101011.01B 或(101011.01)$_2$

② 八进制数：543.21Q 或 543.21O 或(543.21)$_8$

③ 十六进制数：9AB.2CH 或(9AB.2C)$_{16}$

④ 十进制数：123.45D 或(123.45)$_{10}$ 或 123.45

如果数字后面没有字母或者没有加括号和下标，则默认其为十进制数。

由表 1.2 可知，各种数制所采用的数码是不同的，而其权值是其基数 r 的某次幂。因此，用任何一种进位计数制所表示的数 S 都可以书写为如下按照其位权展开的多项式之和的形式。

$$S = k_n \times r^n + k_{n-1} \times r^{n-1} + \cdots + k_1 \times r^1 + k_0 \times r^0 + k_{-1} \times r^{-1} + \cdots + k_{-m} \times r^{-m}$$

$$= \sum_{i=-m}^{n} k_i \times r^i$$

例如，十进制数 123.45 可以写成：$(123.45)_{10} = 1 \times 10^2 + 2 \times 10^1 + 3 \times 10^0 + 4 \times 10^{-1} + 5 \times 10^{-2}$。

2. 不同数制间的转换

（1）r 进制数转换为十进制数

数的位权展开式如下：

$$\sum_{i=-m}^{n} k_i \times r^i$$

该展开式提供了将 r 进制数转换为十进制数的方法，即只要将各个数位的数码乘以各自的位权，然后把各个值累加起来就是该数的十进制数。

相关例子如下。

$(101011.01)_2 = 1 \times 2^5 + 0 \times 2^4 + 1 \times 2^3 + 0 \times 2^2 + 1 \times 2^1 + 1 \times 2^0 + 0 \times 2^{-1} + 1 \times 2^{-2}$

$= 43.25$

$(543.21)_8 = 5 \times 8^2 + 4 \times 8^1 + 3 \times 8^0 + 2 \times 8^{-1} + 1 \times 8^{-2}$

$= 355.265\ 625$

$(9AB.2C)_{16} = 9 \times 16^2 + 10 \times 16^1 + 11 \times 16^0 + 2 \times 16^{-1} + 12 \times 16^{-2}$

$= 2\ 475.171\ 875$

（2）十进制数转换为 r 进制数

将十进制数转换成 r 进制数时，首先要将此十进制数分为整数与小数两部分，然后进行不同的操作。

对整数部分采用"除以 r 逆序取余法"，即对整数部分连续整除 r 后取余数，直到整除所得的商为 0，然后把所得的各个余数按照相反的顺序排列起来，就是 r 进制数的整数部分。

对小数部分采用"乘以 r 顺序取整法"，即对小数部分连续乘以 r 后取整，直到乘积的小数部分为 0 或达到所需要的精度，然后将取出的各个整数按照原来的顺序排列起来，就是 r 进制数的小数部分。

例如，将 123.45 转换为二进制数。

首先将该数分为 123 和 0.45 两部分，然后分别进行如下操作。

取余数 取整数

2	123	…… 1 k_0		0.45 × 2=0.9	…… 0 k_{-1}
2	61	…… 1 k_1	
2	30	…… 0 k_2		0.9 × 2=1.8	…… 1 k_{-2}
2	15	…… 1 k_3	
2	7	…… 1 k_4		0.8 × 2=1.6	…… 1 k_{-3}
2	3	…… 1 k_5	
2	1	…… 1 k_6		0.6 × 2=1.2	…… 1 k_{-4}
	0		

注意，十进制数的整数部分可以精确地转换为二进制数的整数部分，而十进制数的小数部分不一定能精确换为二进制数的小数部分，这时往往根据需要保留一定的位数。本例中保留 4 位小数。

所以，$123.45 \approx (1111011.0111)_2$

例如，将 123.45 转换为十六进制数。

取余数 取整数

16	123	…… 11（B）k_0		0.45 × 16=7.2	…… 7 k_{-1}
16	7	…… 7 k_1	
	0			0.2 × 16=3.2	…… 3 k_{-2}

所以，$123.45 \approx (7B.73)_{16}$

（3）二进制数、八进制数和十六进制数之间的相互转换

在计算机内部，所有的信息都是由二进制表示的。但二进制信息占据的位数较多，书写起来比较麻烦，并且容易出错，所以通常用八进制或十六进制来表示二进制信息。由于 $2^3=8^1$、$2^4=16^1$，所以，1 位八进制数相当于 3 位二进制数，1 位十六进制数相当于 4 位二进制数。另外，在进行十进制数和二进制数之间的相互转换时，也可将八进制数或十六进制数作为中间过渡，从而简化转换的运算操作。

八进制数、十六进制数与二进制数之间的对应关系如表 1.3 所示。

表 1.3　　　　　　　　　　八进制数、十六进制数与二进制数之间的对应关系

八进制数	对应二进制数	十六进制数	对应二进制数	十六进制数	对应二进制数
0	000	0	0000	8	1000
1	001	1	0001	9	1001
2	010	2	0010	A	1010
3	011	3	0011	B	1011
4	100	4	0100	C	1100
5	101	5	0101	D	1101
6	110	6	0110	E	1110
7	111	7	0111	F	1111

在将二进制数转换为八进制数时，将二进制数以小数点为中心向左右两边分组，每组为 3 位二进制数，两头不足 3 位的用"0"补充，然后每组 3 位二进制数用 1 位等值的八进制数代替。在将二进制数转换为十六进制数时，只要每 4 位二进制数分为 1 组即可，不足 4 位的用"0"补足，

然后每组 4 位二进制数用 1 位等值的十六进制数代替。例如：

$$11101010.1101 \text{ B} = \underline{011}\ \underline{101}\ \underline{010}\ .\ \underline{110}\ \underline{100} \text{ B} = 352.64 \text{ Q}$$
$$3\quad 5\quad 2\quad\quad 6\quad 4$$

$$10011000110.11101 \text{ B} = \underline{0100}\ \underline{1100}\ \underline{0110}\ .\ \underline{1110}\ \underline{1000} \text{ B} = 4C6.E8 \text{ H}$$
$$4\quad\ C\quad\ 6\quad\quad E\quad\ 8$$

同样，将八进制数或十六进制数转换为二进制数时，只要将每个八进制数替换为等值的 3 位二进制数，每个十六进制数替换为等值的 4 位二进制数即可。转换后，整数前的高位"0"和小数后的低位"0"应去除。例如：

$$352.64 \text{ Q} = \underline{011}\ \underline{101}\ \underline{010}\ .\ \underline{110}\ \underline{100} \text{ B} = 11101010.1101\text{B}$$
$$3\quad 5\quad 2\quad\quad 6\quad 4$$

$$4C6.E8 \text{ H} = \underline{0100}\ \underline{1100}\ \underline{0110}\ .\ \underline{1110}\ \underline{1000} \text{ B} = 10011000110.11101\text{B}$$
$$4\quad\ C\quad\ 6\quad\quad E\quad\ 8$$

$$123.45 \approx 7B.7 \text{ H} = \underline{0111}\ \underline{1011}\ .\ \underline{0111} \text{ B} = 1111011.0111\text{B}$$
$$7\quad\ B\quad\quad 7$$

从上面的介绍可以看出，二进制数与八进制数、十六进制数之间具有简单直观的对应关系。二进制数太长，书写、阅读、记忆均不方便，所以为了方便开发程序、阅读机器内部代码和数据，人们常用八进制数或十六进制数来等价地表示二进制数。但必须注意，在计算机硬件中只能使用二进制数，并不使用其他进位计数制。

3．二进制数的算术逻辑运算

（1）二进制数的算术运算

二进制数的算术运算也包括加、减、乘、除，但是二进制数的算术运算的规则更简单。通常，在计算机内部，二进制加法是基本运算，减法是通过加上一个负数（补码运算）来实现的，而乘法和除法则通过移位操作和加减运算来实现。通过采取这样的措施，计算机中运算器的结构可以更简单，运行可以更稳定。

① 加法。二进制加法的基本规则如下。

$$\begin{array}{c} 0 \\ +0 \\ \hline 0 \end{array} \qquad \begin{array}{c} 0 \\ +1 \\ \hline 1 \end{array} \qquad \begin{array}{c} 1 \\ +0 \\ \hline 1 \end{array} \qquad \begin{array}{c} 1 \\ +1 \\ \hline 10 \end{array} （进位）$$

例如，二进制数 10110B+10011B 的计算式和对应的十进制数的计算式如下。

$$\begin{array}{r} 10110 \\ +\ 10011 \\ \hline 101001 \end{array} \qquad\qquad \begin{array}{r} 22 \\ +\ 19 \\ \hline 41 \end{array}$$

在二进制加法的执行过程中，每一个二进制位上有 3 个数相加，即本位的被加数、本位的加数和来自低位的进位（有进位为 1，否则为 0）。

在计算机内部的运算器中，二进制加法是通过专门的逻辑电路——加法器来实现的，在运算器中还有保存运算结果和结果特征的装置。

② 减法。二进制减法的基本规则如下。

$$\begin{array}{c} 0 \\ -0 \\ \hline 0 \end{array} \qquad \begin{array}{c} 0 \\ -1 \\ \hline 1 \end{array} （借位） \qquad \begin{array}{c} 1 \\ -0 \\ \hline 1 \end{array} \qquad \begin{array}{c} 1 \\ -1 \\ \hline 0 \end{array}$$

例如，二进制数 10110B-10011B 的计算式和对应的十进制数的计算式如下。

$$
\begin{array}{r}
1\,0\,1\,1\,0 \\
-\,1\,0\,0\,1\,1 \\
\hline
1\,1
\end{array}
\qquad\qquad
\begin{array}{r}
22 \\
-19 \\
\hline
3
\end{array}
$$

同样，在二进制减法的执行过程中，每一个二进制位上有 3 个数参加运算，即本位的被减数、本位的减数和本位向高位的借位（有借位为 1，否则为 0）。

③ 乘法。二进制乘法的基本规则如下。

$$
\begin{array}{r}
0 \\
\times 0 \\
\hline
0
\end{array}
\qquad
\begin{array}{r}
0 \\
\times 1 \\
\hline
0
\end{array}
\qquad
\begin{array}{r}
1 \\
\times 0 \\
\hline
0
\end{array}
\qquad
\begin{array}{r}
1 \\
\times 1 \\
\hline
1
\end{array}
$$

例如，二进制数 10110B × 10011B 的计算式和对应的十进制数的计算式如下。

$$
\begin{array}{r}
1\,0\,1\,1\,0 \\
\times\ 1\,0\,0\,1\,1 \\
\hline
1\,0\,1\,1\,0 \\
1\,0\,1\,1\,0\ \ \\
0\,0\,0\,0\,0\ \ \ \ \\
0\,0\,0\,0\,0\ \ \ \ \ \\
1\,0\,1\,1\,0\ \ \ \ \ \ \\
\hline
1\,1\,0\,1\,0\,0\,0\,1\,0
\end{array}
\qquad
\begin{array}{r}
22 \\
\times 19 \\
\hline
418
\end{array}
$$

在二进制乘法的执行过程中，每一次相乘部分的积取决于乘数，可能为 0（乘数为 0 时），可能为被乘数（乘数为 1 时），所以二进制数的乘法可以归结为被乘数的左移和相加操作。

④ 除法。二进制除法的基本规则如下。

$$
\begin{array}{r}
0 \\
\div 0 \\
\hline
0
\end{array}
\qquad
\begin{array}{r}
0 \\
\div 1 \\
\hline
0
\end{array}
\qquad
\begin{array}{c}
1 \\
\div 0 \\
\hline
\text{无意义}
\end{array}
\qquad
\begin{array}{r}
1 \\
\div 1 \\
\hline
1
\end{array}
$$

例如，二进制数 111011B ÷ 1011B 的计算式和对应的十进制数的计算式如下。

$$
\begin{array}{r}
1\,0\,1 \\
1\,0\,1\,1\,\overline{)\,1\,1\,1\,0\,1\,1} \\
1\,0\,1\,1\ \ \ \ \\
\hline
1\,1\,1\,1\ \ \\
1\,0\,1\,1\ \ \\
\hline
1\,0\,0
\end{array}
\qquad
59 \div 11 = 5 \cdots 4
$$

同样，二进制数的除法可以归结为除数的右移和被除数的相减操作。

（2）二进制数的逻辑运算

1847 年，英国数学家乔治·布尔（George Boole，1815—1864 年）创立了逻辑代数，提出了用符号来表达语言和思维逻辑的思想。到了 20 世纪，布尔的这种思想发展成为现代的逻辑代数（也称为布尔代数）。逻辑代数与普通代数一样有变量和变量的取值范围，也有演算公式和运算规则，同样也可定义函数及其基本性质。普通代数研究的是事物发展变化的数量关系，而逻辑代数研究的是事物发展变化的逻辑（因果）关系。

计算机不仅可以存储数值数据并进行算术运算，还可以存储逻辑数据并进行逻辑运算。计算机中具有可实现逻辑功能的电子电路，能够利用逻辑代数规则来进行逻辑判断，从而使计算机具有模拟人类智能的功能。

下面简单介绍一些逻辑数据的表示方法和逻辑代数的基本运算规则，以便为今后的程序设计学习打下一定的基础。

① 逻辑数据的表示。逻辑数据用来表示“真”与“假”、“是”与“非”、“对”与“错”，这种具有逻辑性质的变量称为逻辑变量。逻辑变量之间的运算称为逻辑运算。在逻辑代数和计算机

中，用"1"或"T"（True）来表示"真""是""对"等，用"0"或"F"（False）来表示"假""非""错"等。所以，逻辑运算是以二进制为基础的。

② 基本的逻辑运算。逻辑运算用来反映事件的原因与事件的结果之间的逻辑关系。逻辑运算的结果为逻辑值。逻辑运算包括3种基本运算：逻辑与、逻辑或、逻辑非。由这3种基本运算可以组合、构造、推导出其他各种逻辑运算。

在逻辑运算中，常将参加逻辑运算的逻辑变量的各种可能的取值组合以及对应的运算结果值列成表格，并称之为"真值表"。真值表是用来描述各种逻辑运算的常用工具。

a. 逻辑与运算。逻辑与（and）也称为逻辑乘，通常用符号 $\wedge$ 、·、× 来表示。

逻辑与表示两个简单事件 A 与 B 构成逻辑相乘的复杂事件，并当 A 与 B 事件同时满足条件时，整个复杂事件的结果才为"真"，否则结果就为"假"。

逻辑与的基本运算规则如下。

$$\begin{array}{cccc} 0 & 0 & 1 & 1 \\ \underline{\wedge 0} & \underline{\wedge 1} & \underline{\wedge 0} & \underline{\wedge 1} \\ 0 & 0 & 0 & 1 \end{array}$$

逻辑与运算的真值表如表 1.4 所示。

表 1.4　　　　　　　　　　逻辑与运算的真值表

A	B	F=A∧B
0	0	0
0	1	0
1	0	0
1	1	1

通常将逻辑与的运算规则归纳为"有 0 为 0，全 1 为 1"。

b. 逻辑或运算。逻辑或（or）也称为逻辑加，通常用符号 $\vee$ 、+ 来表示。

逻辑或表示两个简单事件 A 与 B 构成逻辑相加的复杂事件，并当 A 与 B 事件中有一个满足条件时，整个复杂事件的结果就为"真"，否则结果为"假"。

逻辑或的基本运算规则如下。

$$\begin{array}{cccc} 0 & 0 & 1 & 1 \\ \underline{\vee 0} & \underline{\vee 1} & \underline{\vee 0} & \underline{\vee 1} \\ 0 & 1 & 1 & 1 \end{array}$$

逻辑或运算的真值表如表 1.5 所示。

表 1.5　　　　　　　　　　逻辑或运算的真值表

A	B	F=A∨B
0	0	0
0	1	1
1	0	1
1	1	1

通常将逻辑或的运算规则归纳为"全 0 为 0，有 1 为 1"。

c. 逻辑非运算。逻辑非（not）也称为逻辑反，通常是在逻辑变量的上方加一条短横线，如 $\overline{A}$。

逻辑非表示与简单事件 A 含义相反，即如果 A 为"真"则其相反事件为"假"，如果 A 为"假"则其相反事件为"真"。

逻辑非的基本运算规则如下。

$$\overline{0} = 1 \qquad\qquad \overline{1} = 0$$

逻辑非运算的真值表如表 1.6 所示。

表 1.6　　　　　　　　　　　　　逻辑非运算的真值表

A	F=$\overline{A}$
0	1
1	0

通常将逻辑非的运算规则归纳为"非 0 为 1，非 1 为 0"。

当两个多位的二进制数进行逻辑运算时，它们应按位独立进行运算，即每一位不受其他位的影响。例如，两个 4 位二进制数 1011 和 1001 进行逻辑乘和逻辑加运算的结果如下。

$$
\begin{array}{r}
1\,0\,1\,1 \\
\wedge\,1\,0\,0\,1 \\
\hline
1\,0\,0\,1
\end{array}
\qquad\qquad
\begin{array}{r}
1\,0\,1\,1 \\
\vee\,1\,0\,0\,1 \\
\hline
1\,0\,1\,1
\end{array}
$$

而对 1011 和 1001 进行逻辑非运算之后，其结果分别为 0100 和 0110。

1.2.3　数值信息在计算机内的表示

所谓数值信息，就是指计算机中的有正负和大小之分的，可以进行加、减、乘、除的数值数据。计算机中的数值数据分为整数和实数两大类，它们的表示方法有很大的不同。计算机中的整数分为无符号的整数和带符号的整数两类。

在计算机中，所有的数据、指令都是用特定的二进制代码来表示的。用特定的二进制代码来表示数据或指令的过程称为编码，编码所采用的各种规则的集合称为码制。本节将介绍几种常用的数值数据的编码方法，非数值数据的编码方法将在第 4 章中介绍。

1. 机器数

对于数值数据来说，我们把该数据本身称为真值，把该数据在计算机内的二进制代码形式称为机器数。机器数具有下列特点。

①由于计算机设备本身的限制，机器数有固定的位数，因此它表示的数值的范围是有限制的。例如，用长度为 16 位的机器数来表示没有符号的整数，则最小的 0000 0000 0000 0000 表示十进制数 0，最大的 1111 1111 1111 1111 表示十进制数 65 535，所以其表示的数据的范围为 0～65 535，若数据超出这个范围则无法正确表示。我们把这种超出范围后无法正确表示的现象称为"溢出"。

②机器数把真值的符号数字化。通常用机器数的最高位来表示真值的符号，"0"表示正，"1"表示负。例如，在用长度为 8 位的机器数来表示带符号的整数时，1000 1011 中最高位的"1"表示该数为负数，其余的 000 1011 则表示其数值部分。

③真值的小数点在机器数中按照格式上的事先约定来表示。如果小数点的位置在约定中是固定的，则称为定点数或定点表示。如果小数点的位置在约定中不是固定的（浮动的），则称为浮点数或浮点表示。

2. 无符号整数的表示

无符号整数一定是正整数，常用于表示地址、计数器、索引、密钥等，它们的位数可以是 8 位，也可以是 16 位、32 位、64 位甚至更多位。

以 8 位二进制数为例，它的 8 个二进制位都参与数的表示，所能表示的最小的数是 0000 0000（对应十进制数 0），最大的数是 1111 1111（对应十进制数 255），因此 8 个二进制位能表示的数的范围是 0～255（2^8-1）。以此类推，16 个二进制位能表示的数的范围是 0～65 535（$2^{16}-1$），n 个二进制位能表示的数的范围是 0～2^n-1。

3. 带符号整数的表示

带符号的整数必须将其中一个二进制位作为其符号位。根据上述机器数的约定，用最高位（最左边一位）表示符号，"0"表示正，"1"表示负，其余各位用来表示数值部分。

带符号的数值数据的机器数有不同的表示方法，目前比较常用的有 4 种：原码、反码、补码和移码。

（1）原码

机器数最简单的表示方法是原码。原码表示的规则是：机器数的最高位表示符号，"0"表示正，"1"表示负；其余各位为该数值的绝对值的二进制代码形式。通常，我们用$[x]_原$来表示数值 x 的原码。

例如，8 位二进制机器数的原码表示如下。

$$[+95]_原=0101\ 1111 \qquad\qquad [-95]_原=1101\ 1111$$
$$[+118]_原=0111\ 0110 \qquad\qquad [-118]_原=1111\ 0110$$

因为$[+0]_原=0000\ 0000$、$[-0]_原=1000\ 0000$，所以数值 0 在原码中不是唯一的，有"+0"和"-0"之分。在长度为 8 位的机器数中，原码的表示范围为-127～+127；在长度为 n 位的机器数中，原码的表示范围为$-(2^{n-1}-1)$～$+(2^{n-1}-1)$。

数值数据的原码表示方法简单易懂，与真值之间的转换也较方便，可用于乘除运算。但由于数值"0"不唯一，且由于加减运算时的运算规则不一致，所以需要分别使用加法器和减法器来完成加减运算，这样会增加计算时间或提高对计算机硬件的要求。因此，带符号的整数在计算机内不采用"原码"而采用"补码"的方法来表示。学习"补码"之前，我们先了解一下"反码"。

（2）反码

反码表示的规则是：对于正数，其反码与原码相同；对于负数，其反码的符号位为"1"，数值位是将其绝对值的二进制数的各位取反后的值。通常，我们用$[x]_反$来表示数值 x 的反码。对于 n 位的机器数来说，数 x 的反码表示可定义为：

$$[x]_反 = \begin{cases} x & 2^{n-1} > x \geqslant 0 \\ 2^n + x - 1 & 0 > x > -2^{n-1} \end{cases}$$

例如，8 位二进制机器数的反码表示如下。

$$[+95]_反=0101\ 1111 \qquad\qquad [-95]_反=1010\ 0000$$
$$[+118]_反=0111\ 0110 \qquad\qquad [-118]_反=1000\ 1001$$

在反码中，0 也有两种表示形式，即$[+0]_反=0000\ 0000$ 和$[-0]_反=1111\ 1111$。在长度为 n 位的机器数中，反码的表示范围为$-(2^{n-1}-1)$～$+(2^{n-1}-1)$，和原码的表示范围一样。

反码很少直接用于计算，主要被用来求补码。

（3）补码

在讨论补码前，我们先简单介绍模的概念。

所谓"模"，是指一个计量系统的计量范围。例如，时钟的模为 12（计量范围为 0～11），某个电度表的模为 10 000（计量范围为 0～9 999）。计算机的机器数也可以看成一个计量工具，它的模为 2^n，计量范围为 0～2^n-1。设 $n=8$，则模为 $2^8=256$，计量范围为 0～255（0000 0000～1111 1111），若在 255 上再加 1，则数值又变为 0，并在最高位上溢出一个"1"。由此可见，溢出无法在计量器上表示出来，在计量器上只能表示出模的余数。

对于时钟来说，正拨 8 小时的结果和倒拨 4 小时的结果是相同的，或者说-4 和+8 对于 12 来说是互补的，也就是对于 12 来说，-4 的补码为 12+(-4)，即为+8。这样，只要把减数用相应的补码表示出来，就可以把减法运算转化为加法运算。

下面介绍补码的表示方法。

通常，我们用$[x]_{补}$来表示数值 x 的补码。

对于 n 位的机器数来说，数 x 的补码表示可定义为：

$$[x]_{补} = \begin{cases} x & 2^{n-1} > x \geq 0 \\ 2^n + x & 0 > x \geq -2^{n-1} \end{cases}$$

即正数的补码就是它本身，负数的补码是真值与模数的和。

例如，当 $n=8$ 时，可以得到如下表示。

$$[+73]_{补}=0100\ 1001$$
$$[-73]_{补}=1\ 0000\ 0000 - 0100\ 1001 = 1011\ 0111$$
$$[-1]_{补}=1\ 0000\ 0000 - 0000\ 0001 = 1111\ 1111$$
$$[-127]_{补}=1\ 0000\ 0000 - 0111\ 1111 = 1000\ 0001$$

数 0 的补码表示是唯一的，即$[0]_{补}=[+0]_{补}=[-0]_{补}=0000\ 0000$。注意，用补码表示的数比用原码或反码表示的数多一个。这个多出来的数就是-128，-128 的补码是 1000 0000。在长度为 8 位的机器数中，补码的表示范围为-128～+127，即$-(2^{8-1})～+(2^{8-1}-1)$。在长度为 n 位的机器数中，补码的表示范围为$-(2^{n-1})～+(2^{n-1}-1)$。

求负数的补码有一个简便的方法：先求其反码（即符号位取 1，其余各位按照其真值取反），然后在其末位加 1。

例如，求-45 的补码的方法如下。

① 将-45 表示为二进制数，得-010 1101。

② 求-45 的反码，得 1101 0010。

③ 在末位加 1，得 1101 0011。

所以，$[-45]_{补}=1101\ 0011$。

如果已知一个数的补码，求其真值的方法为：若符号位为 0，则该数为正，其真值为符号位后的二进制数；若符号位为 1，则该数为负，将其符号位后的各个二进制位逐位取反，再在末位加 1，所得结果为真值。可以理解为求补码的补码，即$[x]_{真值}=[[x]_{补}]_{补}$。

例如，求$[1101\ 0011]_{补}$的真值的方法如下。

① 符号位为 1，判断其为负数，对 1101 0011 求补码。

② 除符号位外，各位取反，得 1010 1100。

③ 在末位加 1，得 1010 1101。

所以，其真值为$(-010\ 1101)_2$，即$(-45)_{10}$。

另外，根据补码的定义，可以证明以下公式。

$$[x]_{补}+[y]_{补}=[x+y]_{补}$$
$$[x]_{补}-[y]_{补}=[x-y]_{补}$$

这表明，补码相加的结果为补码，而且在运算时符号位与数值部分作为一个整体参与运算；如果符号位有进位，则舍去进位。

计算机中的数值数据采用补码表示后，加法和减法可以统一为加法运算，从而大大简化了计算机运算部件的逻辑电路设计。

（4）移码

移码的定义如下。

$$[x]_{移}=2^{n-1}+x \qquad 2^{n-1}>x\geq-2^{n-1}$$

也就是说，无论 x 是正还是负，其移码都要加上 2^{n-1}。

例如，当 $n=8$ 时，有以下表示。

$$[36]_{移}=1010\ 0100$$

$$[-36]_{移}=0101\ 1100$$

因此，移码的最高位与原码、反码和补码不同。当真值为正时，其最高位为"1"；当真值为负时，其最高位为"0"。从形式上看，移码和补码除了符号位相反外，其余各位相同。

移码在计算机中主要用来表示浮点数中的阶。

4. 定点数和浮点数

在计算机中，一个带小数点的数据通常有两种表示方法：定点表示法和浮点表示法。

（1）定点表示法

数值数据的定点表示法规定所有数据的小数点隐藏固定于某个位置，这样的数据被称为定点数。通常，小数点固定在数值的最高位之前或最低位之后。

当小数点固定在数值的最高位之前时，机器数所表示的是一个纯小数，其绝对值最大为 $1-2^{-n}$，最小为 2^{-n}。当数据或计算结果小于 2^{-n} 时发生"下溢"，当作"0"处理；当数据或计算结果大于 $1-2^{-n}$ 时发生"上溢"，这时需要进行溢出处理。

当小数点固定在数值的最低位之后时，机器数所表示的是一个纯整数，其绝对值最大为 $2^{n}-1$，最小为 1。当然，当数据或计算结果超出可表示范围时也会发生溢出。

定点数的表示范围非常有限，因而容易发生溢出，但是其表示方法简单，对硬件和软件的要求也较低，在一些要求不高的应用场合常常被使用。

（2）浮点表示法

我们使用的十进制数都可以表示为一个纯小数与 10 的若干次幂的乘积。相关例子如下。

$$123=10^{3}\times0.123$$

$$0.00123=10^{-2}\times0.123$$

$$-123=10^{3}\times(-0.123)$$

也就是说，任何一个十进制数 N 都可以表示为：$(N)_{10}=10^{\pm J}\times(\pm S)$

其中，J 表示数 N 的小数点的位置，称为"阶码"，可以为正、负或 0，这里阶码的基数为 10；S 为数的有效数字部分，称为尾数。

二进制数的情况相似，相关例子如下。

$$1001.011=2^{100}\times(0.1001011)$$

$$-0.0010101=2^{-10}\times(-0.10101)$$

任何一个二进制数 N 都可以表示为：$(N)_{2}=2^{\pm J}\times(\pm S)$

可见，任意一个实数在计算机内部都可以用阶码（一个整数）和尾数（一个纯小数）来表示，这种用阶码和尾数联合表示实数的方法叫作"浮点表示法"。通常，计算机中的实数也叫"浮点数"，而整数也叫"定点数"。

这样，任何一个二进制浮点数都可以由尾数、尾符和阶码、阶符这几个部分组成。通常，尾数为补码表示的二进制定点纯小数，小数点在其最高位的左边；阶码为移码表示的二进制定点整数，小数点在其最低位的右边，隐含的基数为 2。

浮点数的表示格式有两种，如图 1.10 所示。

尾符	阶符	阶码	尾数

或

阶符	阶码	尾符	尾数

图 1.10　浮点数格式

浮点数的表示

采用浮点表示法表示数值数据时，与定点表示法相比，同样的二进制位数可以表示更大范围的数值，因此大量的科学、工程计算及财务处理等均使用浮点表示法。人工智能中的机器学习算法就需要进行大量的浮点运算。

本 章 小 结

计算机技术从更广义的角度讲应该称为信息技术，它无疑是当代科学技术中一个耀眼的亮点。在本章中，我们学习了计算机与信息的相关知识。其中，计算机和信息的相关概念是学习信息技术的基础，需要牢固掌握；"数值信息在计算机内的表示"部分是本章的重点，也是一个难点，与后续课程"程序设计基础"有关，需要掌握其基本原理及方法。由于现代科学技术的飞速发展，本章所涉及的一些概念和知识点也在不断地发展和改进，感兴趣的读者可以参考其他相关书籍，以拓展自己的知识面。

思 考 题

1. 什么样的设备可以称为计算机？
2. 按照综合性能指标，计算机一般分为哪几类？
3. 什么叫信息？什么是数据？它们有何联系与区别？
4. 什么是信息技术？你对信息技术在当代社会发展中的地位是如何理解的？
5. 为什么计算机中的数据都必须采用二进制表示？
6. 计算机采用二进制计数制，人们平时采用十进制计数制，那么八进制计数制和十六进制计数制起什么作用？
7. 数值数据在计算机中通常采用补码表示，这样做的好处是什么？

第2章 计算机系统

自计算机诞生以来，经过 70 多年的发展，计算机的功能不断增强、应用不断扩展，计算机系统也变得越来越复杂。本章将比较详细地讲述有关计算机硬件和计算机软件的相关知识。通过对本章内容的学习，读者可以建立一个比较完整的计算机系统的概念，并进一步了解计算机的基本工作原理。

2.1 计算机系统概述

2.1.1 计算机系统的组成

计算机系统由硬件系统和软件系统两大部分组成。计算机硬件系统简称为计算机硬件或硬件，它是组成计算机系统的所有物理设备的总称，是组成计算机系统的物质基础。计算机软件系统简称为计算机软件或软件，它是计算机系统中所有程序、数据、文档的总和，是控制和操作计算机系统的核心。

硬件系统包括主机和外部设备两部分，软件系统则由系统软件和应用软件两部分组成。计算机系统的具体组成如表 2.1 所示。

表 2.1   计算机系统的具体组成

计算机系统	硬件系统	主机	中央处理器（CPU）	运算器
				控制器
			主存储器（内存）	只读存储器（ROM）
				随机存取存储器（RAM）
				高速缓冲存储器（cache）
		外部设备（输入/输出设备）	输入设备	
			输出设备	
			外存储器	
			网络设备	
	软件系统	系统软件	操作系统	
			语言处理程序和数据库管理系统（DBMS）	
			工具软件和驱动程序	

续表

计算机系统	软件系统	应用软件	管理信息系统和数据库系统
			办公自动化软件和辅助设计软件
			游戏娱乐软件等

　　计算机硬件和计算机软件是计算机系统中必不可少的组成部分，两者有机结合、互相渗透、互相促进，组成一个统一的整体。硬件是软件的工作基础，离开硬件，软件无法工作；软件是硬件功能的扩充和完善，有了软件的支持，硬件的功能才能得到充分发挥。如果将硬件比作计算机系统的躯体，那么软件就是计算机系统的思想。

　　从广义的角度来考虑，计算机系统还应包括使用计算机系统的人员和保障系统能够正常有效运行的各种规章制度。也就是说，广义的计算机系统包括人员、规章制度、机器设备、程序、数据和文档。计算机是人类发明的，是用来帮助人们解决各种实际问题的，只有人才能把系统的其他部分有机地结合在一起，所以人在广义的计算机系统中起着主导作用。

　　计算机硬件是计算机系统中所有实际的物理装置的总称，主要由 CPU、存储器、输入／输出接口、各种输入／输出设备等功能部件组成，各个功能部件各尽其责、协调工作。CPU 是整个计算机的核心，负责对数据进行运算和处理；存储器用来存放运行所需要的各种程序和数据；输入设备负责将程序和数据输入计算机系统；输出设备则将处理结果和各种文档从计算机中输出。

　　计算机软件是相对于计算机硬件而言的，它包括计算机运行所需要的所有程序、运行程序所需要的数据、软件开发文档（包括软件说明书、数据结构图、模块说明书、源程序清单等，供软件开发人员使用）、用户文档（包括使用手册、维护手册、程序测试用例，供用户使用）等。程序用来向计算机系统指出应如何进行规定的各种操作，数据则是程序的处理对象，文档是软件的设计报告、使用说明及相关的技术资料。计算机软件不仅为人们使用计算机提供方便，而且在计算机系统中起着指挥管理和调度协调的作用。

　　在计算机系统中，硬件是整个系统赖以运行的物质基础，相当于计算机系统的"躯体"，硬件系统的性能决定了整个计算机系统的性能；软件是用户与硬件之间的界面，是计算机系统得以发挥作用的关键，相当于计算机系统的"思想"。计算机系统的功能在更大程度上是由所安装的各种软件来决定的，一套性能优良的计算机硬件能否发挥其应有的功能，很大程度上取决于所配置的软件是否完善和丰富。

　　从计算机系统的功能上来讲，硬件和软件之间没有一个明确的分界线。由硬件实现的功能可以用软件来实现，这称为硬件软化。例如，多媒体计算机中进行视频信息处理的视频卡现在通常都由播放软件来实现。同样，由软件实现的功能也可以用硬件来实现，这称为软件硬化或固化。例如，PC 的 ROM 芯片中就固化了系统的引导程序。系统的某些功能是由硬件还是由软件实现，与系统的速度、价格要求、存储容量及可靠性等诸多因素有关。一般来说，同一功能由硬件实现，通常速度快、存储要求低，但成本较高，且灵活性和适应性较差；由软件实现，则可提高灵活性和适应性并降低成本，但通常要以降低速度和耗费额外存储容量为代价。

2.1.2　计算机系统的层次结构

　　作为一个完整的计算机系统，各种硬件和软件是按照一定的层次关系组织起来的，也就是说，计算机系统是按照层次结构进行组织的。

　　计算机系统的层次结构如图 2.1 所示。

在整个计算机系统的层次结构中，最基本的是计算机硬件，它处于系统的底层；然后是基本输入输出系统（basic input output system，BIOS），它是操作系统与硬件的接口；而操作系统则是软件系统的核心，对下层，操作系统通过 BIOS 实现对硬件的管理和调度，对上层，操作系统可以实现任务的调度、存储的管理等功能；用户所进行的各种操作，是在相应系统软件的支持下经由操作系统通过计算机硬件来实现的。计算机系统的层次结构的组织形式为系统功能的扩充、计算机的应用、软件的开发提供了强有力的手段。

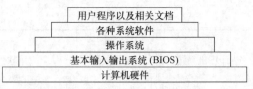

图 2.1　计算机系统的层次结构

2.1.3　计算机的基本工作原理

从计算机系统诞生至今，其硬件系统和软件系统都已经发生了翻天覆地的变化，计算机系统的性能指标也有了惊人的提高。但就其基本工作原理来说，仍然是以"存储程序和程序控制"原理为基础的冯·诺依曼型计算机。

冯·诺依曼原理是计算机系统采用的基本工作原理，它由美籍匈牙利科学家冯·诺依曼在 1945 年提出，其基本要点是"存储程序和程序控制"。冯·诺依曼提出的设计思想包括以下 3 个要点。

① 由运算器、控制器、存储器、输入设备和输出设备五大基本部件组成计算机，并规定了各个部件的基本功能。

② 所有指令和数据都用二进制形式表示，指令和数据在外形上没有显著区别，但各自代表的意义不同。

③ 将程序和数据都事先存储在计算机的存储器里，以便于计算机能够自动高速地调取指令并加以执行。

把程序和数据存放在计算机的存储器内，当用户启动存放在存储器中的程序后，由程序去控制计算机的运行。计算机按照程序规定的次序逐条地执行该程序中的指令。指令规定了计算机必须完成的操作，它包含了在何处取得数据、进行何种操作、操作结果存放在何处。计算机的控制器负责有序地调取指令并对指令进行译码，然后将其转换为控制信号，控制相关部件去完成规定的操作。

2.2　计算机硬件系统

计算机硬件系统的基本功能是按照程序的要求实现对各种数据的输入、处理、输出等操作。随着科学技术的飞速发展，组成计算机硬件系统的各种设备也不断地更新换代。

2.2.1　计算机硬件系统的基本组成

计算机硬件系统是指计算机系统中由电子、机械、光学的元器件等组成的各种物理装置的总称。这些物理装置按系统结构的要求构成一个有机整体，并为计算机软件运行提供物质基础。简而言之，计算机硬件系统的功能是输入、存储程序和数据，并通过执行程序把数据加工成可以利用的形式。

1. 计算机硬件系统的组成

计算机硬件系统是计算机系统中所有实际的设备与装置的总称，其组成部分如 2.1.1 节所述。虽然计算机的制造技术已经发生了很大的变化，其性能指标、运行速度、工作方式和应用领域也有了较大的发展，但在硬件系统的基本组成方面，还是沿用了冯·诺依曼原理的传统框架。硬件系统由五大功能部件组成，即运算器、控制器、存储器、输入设备和输出设备。组成硬件系统的各个部分的相互关系如图 2.2 所示。

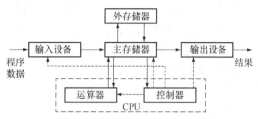

图 2.2　组成硬件系统的各个部分的相互关系

（1）运算器

运算器的主要功能是进行算术运算和逻辑运算，它的主要组成部分称为算术逻辑单元（arithmetic logic unit，ALU）。在计算机系统中，运算器进行诸如加、减、乘、除、判断、比较、与、或、非等基本运算，而复杂的运算都要通过若干基本运算来一步步实现。

（2）控制器

控制器（control unit，CU）是计算机的指挥中心，只有在控制器的控制下，整个计算机才能有条不紊地工作。控制器的功能是依次从存储器的程序中取出指令，然后翻译并分析指令，最后将指令转换为各种控制信号，从而控制各个部件协同工作。

（3）存储器

存储器分为主存储器（又称内存）和外存储器（又称外存）两部分。内存是计算机中信息交流的中心，输入设备输入的程序和数据最初保存在内存中，控制器执行的指令取自内存，运算器处理的数据来自内存，数据处理的中间结果和最终结果也保存在内存中，输出设备输出的信息也来自内存。这种体系结构被称为"以存储器为中心"。计算机内存都采用半导体存储器，属于"易失性"的，即断电后其中的信息会消失，但工作速度快。内存中的信息若要长期保存，应将其送到外存中。常见的外存是磁盘、磁带和光盘。由于采用磁技术或者光技术来记录信息，所以外存属于"非易失性"的，即断电后其中的信息不会消失。

（4）输入设备

输入设备的作用是接收用户所输入的程序以及原始数据，将它们转换为二进制形式，然后存放到存储器中。常用的输入设备有键盘、鼠标、扫描仪、数字化仪、摄录设备等。

（5）输出设备

输出设备是用来将计算机中的文档和处理结果转换为人们能够识别的形式并进行输出的设备。常用的输出设备有显示器、打印机、绘图仪、音响等。

2. 总线

计算机系统是由许多具有各种功能的部件所组成的，将这些部件连接起来，在它们之间传输数据的传输线路称为总线（bus）。总线是各个部件共享的传输介质，它由许多传输线和相关的控制电路组成，也是计算机系统中一个比较复杂的部件。当多个部件连接到总线时，只允许一个部件向总线发送数据，若干（通常是一个）部件从总线接收数据。总线中传递的是二进制信号，一条传输线可以传输一位二进制信号，若干条传输线可以同时传输若干位二进制信号。

按照总线中传输的信息的不同，可将系统总线分为地址总线、数据总线、控制总线 3 类。系统总线的逻辑结构如图 2.3 所示。

（1）地址总线

地址总线（address bus，AB）用来指明存储器的
存储单元或输入/输出接口的位置。地址信号总是单向
的，即只能从 CPU 向存储器或输入/输出接口传输。
当 CPU 需要输入数据时，它在地址总线上给出数据的
源地址，相应的存储单元或输入接口就将数据放到数
据总线上，供 CPU 读取；当 CPU 需要输出数据时，

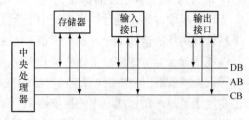

图 2.3　系统总线的逻辑结构

它将数据放到数据总线上，并在地址总线上给出数据的目的地址，相应的存储单元或输出接口就
会接收这个数据。地址总线的位数与 CPU 能够直接访问的存储单元的个数有关，如 16 位地址总
线可以直接访问 2^{16} 个存储单元。

（2）数据总线

数据总线（data bus，DB）用来在各个部件之间传输数据信息。数据总线是双向的，既可以从
CPU 传向存储器或输入/输出接口，又可以从存储器或输入/输出接口传向 CPU。数据总线的位数（又
称为数据总线的宽度）决定了能够同时传输的数据的二进制位数，它通常与计算机的字长相同。

（3）控制总线

控制总线（control bus，CB）用来传输各种控制信号。在控制总线中，一部分传输线从 CPU
传向存储器或输入/输出接口，另一部分传输线从存储器或输入/输出接口传向 CPU。由于地址总
线和数据总线是由各个设备共享的，所以这些设备对于总线的正确使用需要由控制总线来完成。

2.2.2　中央处理器

1．中央处理器的作用和组成

中央处理器（central processing unit，CPU）是计算机
系统的核心部件。CPU 的主要任务是执行指令，它按照指
令的要求完成对数据的运算和处理。CPU 的结构如图 2.4
所示，它主要由寄存器组、运算器和控制器 3 部分组成。

为了提高 CPU 的处理速度，增强 CPU 的处理能力，

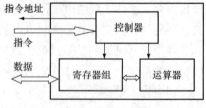

图 2.4　CPU 的结构

CPU 实际的结构要复杂得多。各种不同类型、不同档次、
不同用途的 CPU 的内部结构具有较大的差别，但其最基本的逻辑结构却是相同的。这里只是从
CPU 的基本逻辑功能入手进行简单介绍。

（1）寄存器组

寄存器组由十几个或几十个寄存器组成。寄存器的存取速度很快，用来暂时存储参加运算的
数据和运算的中间结果或最后结果。在进行运算操作时，需要处理的数据总是先从内存传送到寄
存器，运算的结果如果需要保存，也从寄存器送往内存。在寄存器组中，还有一部分寄存器专门
用来保存访问存储器的地址数据。在 CPU 内部设立寄存器组来保存操作中经常使用的数据，使得
CPU 访问内存的次数得以减少，从而加快了运行速度，大大提高了计算机的执行效率。

（2）运算器

运算器用来对数据进行各种运算，这些运算包括加、减、乘、除等算术运算，与、或、非等
逻辑运算以及判断和比较等运算。运算都是由算术逻辑单元（arithmetic logic unit，ALU）的电子
电路完成的。通常，参加运算的数据都来自寄存器，运算的结果也送往寄存器保存。为了加快运
算速度和提高运行效率，运算器中一般配置有多个 ALU，以便同时进行多项运算。

（3）控制器

控制器是整个 CPU 的控制中心，也是整个计算机的指挥中心。控制器包括指令寄存器、指令计数器、指令译码器等部件。指令计数器中保存了 CPU 将要执行的指令的地址，CPU 按照该地址从内存中取出指令并将其保存在指令寄存器中，再由指令译码器对该指令进行译码，将指令的要求转换为控制信号，从而控制 CPU 的各种操作。

2. 指令与指令系统

使用计算机完成某个任务就必须运行相应的程序。在计算机内部，程序是由一系列指令组成的。指令是构成程序的基本单位，它是告诉计算机进行各种操作的指示和命令，用二进制表示。在大多数情况下，指令由操作码和操作数地址两个部分组成，其格式如图 2.5 所示。

操作码	操作数地址

图 2.5　指令的格式

操作码其实就是指令序列号，用来规定所执行的操作的种类和性质，如加、减、乘、除、转移、输入、输出等；操作数地址指出该指令所对应的数据和数据所在的位置，主要包括源操作数地址、目的操作数地址等，具体情况由操作码决定。在某些指令中，操作数地址可以部分或全部省略，比如一条空指令就只有操作码而没有操作数地址。

指令的执行过程

指令按照其功能可以分为数据传送指令、算术逻辑运算指令、输入输出指令、转移控制指令、位操作指令等类别。不同指令的操作要求不同，被处理的数据的类型、数量、来源也不一样，所以执行时的复杂程度和操作步骤就会存在较大差别。

指令系统，也称指令集（instruction set）指的是 CPU 所能够执行的全部指令的集合。不同公司生产的 CPU 的指令系统一般并不相同。比如，现在大部分 PC 都使用 Intel 公司生产的 CPU，而许多智能手机则使用英国 ARM 公司设计的 CPU，它们的指令系统存在很大的差别，因此 PC 上的程序代码不能在手机上使用。指令系统决定了计算机的能力，同时也决定了计算机的硬件组成和体系结构。

2.2.3　存储系统

1. 存储系统的层次结构

在计算机系统中，所有的程序、数据和文档都是存储在存储器中的。存储器通常分为内存和外存两大类。内存的速度较快，容量相对较小，成本也较高，它与 CPU 直接连接，用来存储当前正在运行的程序和数据；外存的速度相对较慢，但容量大，成本也较低，它不与 CPU 直接相连，用来保存计算机中几乎所有的信息。在需要的时候，相关的程序和数据必须存入内存后才能被使用。

为了使计算机系统的性能达到最优，并提高整个存储系统的性价比，计算机中通常存在一个各类存储器的层次结构，以使它们能够取长补短、相互协调。该层次结构如表 2.2 所示。

表 2.2　　　　　　　　　　　　　计算机存储系统的层次结构

层　　次	类　　　型	分　类	存取时间	典型容量
1	寄存器组	内存	1ns	1KB 左右
2	高速缓冲存储器		2ns	1MB 左右
3	主存储器（ROM 和 RAM）		10ns	几百 MB～几 TB

层　次	类　　型	分　类	存取时间	典型容量
4	辅助存储器（硬盘、光盘等）	外存	10ms	几十 GB～几十 TB
5	后援存储器（磁带库、光盘塔等）		100s	几 TB～几百 TB

寄存器组以半导体集成的方式存在于 CPU 的内部，与 CPU 的各个部件直接连接，它的工作速度与 CPU 各部件的工作速度相同，但容量很小，只能保存马上要用到的数据。

由于内存的速度要比 CPU 的速度小一个数量级，CPU 每次使用数据时都直接到内存中读取，这会大大降低工作速度，为解决这个问题，引入了高速缓冲存储器（cache）。高速缓冲存储器直接制作在 CPU 芯片内，采用 SRAM 存储电路，以接近于 CPU 的速度工作。当 CPU 需要读取数据时，它会将该数据与其附近的数据（其中很可能包含下次要用到的数据）一起读入高速缓冲存储器，以后 CPU 需要数据时，会先到高速缓冲存储器中寻找，这样可以大大减少 CPU 读取数据的等待时间。

在大型计算机系统中，常常将那些偶尔需要使用的海量数据（如数字图书馆、大型资料库等）保存在后援存储器中。后援存储器通常由磁带库和光盘塔组成，它们的容量非常大，单位存储容量的成本很低，但工作速度较慢。

2. 主存储器[①]

主存储器由半导体集成电路组成。半导体存储器的工作速度快，但成本相对较高。按照其工作原理，主存储器通常分为随机存取存储器（random access memory，RAM）和只读存储器（read-only memory，ROM）两大类。

（1）RAM

RAM 也称为读写存储器，它的特点是既能读也能写，断电后信息会消失。RAM 属于易失性存储器，用来存储那些经常发生改变的程序和数据。在计算机的内存中，RAM 的容量占据了绝大部分。

目前的 RAM 大都采用金属氧化物半导体（metal oxide semiconductor，MOS）集成电路，按照工作原理的不同，分为静态和动态两大类。

① 静态随机存取存储器（static RAM，SRAM）使用由 MOS 晶体管组成的触发器来保存信息，集成度较低、成本较高，但工作速度很快，不需要刷新。SRAM 通常很少作为主存的 RAM 使用，而是作为存储系统中的高速缓冲存储器使用。

② 动态随机存取存储器（dynamic RAM，DRAM）使用由 MOS 晶体管组成的结电容来保存信息，集成度高、成本低，但工作速度相对较慢，并且需要刷新。计算机内存中的 RAM 绝大多数都为 DRAM。目前已在 DRAM 上发展出了一些新技术和新结构，以克服其速度限制并改善工作性能。

不论是 DRAM 还是 SRAM，当关机或断电时，其中的信息都将随之丢失。这是 RAM 和 ROM 的一个重要区别。

（2）ROM

ROM 的特点是只能读不能写，断电后信息不会消失。ROM 是能够永久性（或半永久性）地保存信息的存储器，属于非易失性存储器，通常用来存储那些经常使用的、固定不变的程序和数据。在计算机内存中，ROM 的容量只占内存总容量的很小一部分。

[①] 大多数情况下，人们并不严格区分主存、内存和 RAM 这 3 个不同的名称，而是根据使用场合理解其含义。

按照工作原理，常见的 ROM 有以下几种。

① 掩模 ROM（mask ROM）：存储器中存储的信息是在生产过程中存入的，以后无法进行修改。

② 可编程 ROM（programmable ROM，PROM）：生产出来的存储器是空的，可以使用专门的设备将信息存入其中（编程），但此后不能被修改。

③ 可擦除可编程 ROM（erasable programmable ROM，EPROM）：生产出来的存储器也是空的，可以使用专门的设备将信息存入其中（编程），在需要的时候可以用紫外线照射的方法擦除其中的信息。

④ 电可擦除可编程 ROM（electrically erasable programmable ROM，EEPROM）：这是目前使用最广泛的一类 ROM，它在正常工作的低电压状态下，对存储的信息只能读不能写；在较高的脉冲电压作用下，可对存储在其中的信息进行修改或擦除。

⑤ 闪存 ROM（flash ROM）：工作原理与 EEPROM 类似，但体积更小、速度更快。Flash ROM 除了在计算机中作为内存用于存储 BIOS 程序外，还广泛应用于外存（如存储卡、U 盘和固态硬盘）中。

3. 辅助存储器

辅助存储器与主存储器相比，具有容量大、速度慢、成本低、可以脱机保存信息的特点。目前常用的辅助存储器有硬盘、光盘、移动存储器等。

（1）硬盘存储器

硬盘（hard disk drive，HDD）由于具有存储容量大、速度快、单位存储容量的成本低、工作可靠的特点，所以一直是辅助存储系统的主力，也是 PC 的必备辅助存储设备。由于微电子、材料、机械领域的技术的不断发展，硬盘性能持续得到提高，价格也在不断下降。

硬盘由硬盘盘片、主轴、控制电机、磁头和磁头控制器等组成，它们全部被密封于一个盒状装置内。由于硬盘是精密设备，灰尘对其影响很大，所以必须完全密封。硬盘的正面都贴有标签，标签上一般都标注有与硬盘相关的信息；在硬盘的一端一般有电源接口、主从跳线设置器以及数据线接口；而硬盘的背面则是控制电路板。硬盘的外形和内部结构如图 2.6 所示。

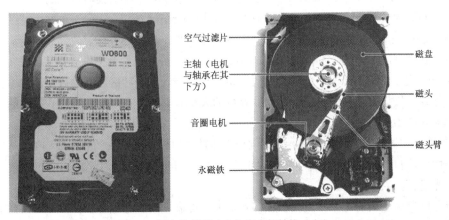

图 2.6　硬盘的外形（左）和内部结构（右）

硬盘的盘片由铝合金或玻璃制成，盘片的上下面都涂有一层很薄的磁性材料，硬盘通过磁性材料粒子的磁化来记录数据。盘片表面由外向里分成许多同心圆，一个同心圆称为一个磁道，盘面上一般都有几千个磁道，每条磁道还要分成几千个扇区，每个扇区的容量一般为 512B 或 4KB

（容量超过 2TB 的硬盘），如图 2.7 所示。

　　硬盘一般由 1～5 张盘片（1 张盘片也称为 1 个单碟）组成，硬盘的各个面上同一位置的相应磁道组成"柱面"。所有的盘片都固定在一个主轴上，主轴底部有一个电机，当硬盘工作时，电机带动主轴，主轴带动盘片高速旋转，其速度为每分钟几千转甚至几万转；盘片高速旋转时带动的气流将盘片两侧的磁头托起，磁头组在音圈电机的驱动下沿半径方向定位于某个柱面，再由电路切换磁头以寻找指定的磁道，然后对特定的扇区进行读或写的操作。硬盘的基本结构如图 2.8 所示。

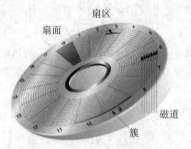

图 2.7　磁盘上的磁道和扇区

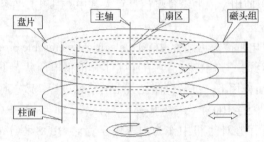

图 2.8　硬盘的基本结构

　　用来衡量硬盘的性能的主要指标如下。

　　① 单碟容量。单碟容量是硬盘相当重要的参数之一，在一定程度上决定着硬盘的档次。硬盘是由多个碟片组合而成的，硬盘的存储容量是所有单碟容量之和。目前主流硬盘的单碟容量的范围大都为 500GB～1TB。扩大单碟容量的重要意义在于提升硬盘的数据传输速度，并控制生产成本。

　　② 主轴转速。硬盘的主轴转速是决定硬盘内部数据传输率的重要因素之一，它在很大程度上决定了硬盘的速度，同时也是区分硬盘档次的重要标志。从目前的情况来看，7 200r/min 的硬盘具有性价比高的优势。

　　③ 平均访问时间。是指磁头从起始位置到达目标磁道位置，以及在目标磁道上找到要读写的数据扇区所需的时间。平均访问时间体现了硬盘的读写速度，它包括硬盘的寻道时间和等待时间。

　　④ 数据传输率（data transfer rate）。硬盘的数据传输率是指硬盘读写数据的速度，它又包括内部数据传输率和外部数据传输率。内部数据传输率（internal transfer rate）也称为持续数据传输率（sustained data transfer rate），它反映了硬盘在缓冲区未工作时的性能。内部数据传输率主要依赖于硬盘的旋转速度。外部数据传输率（external transfer rate）也称为突发数据传输率（burst data transfer rate）或接口数据传输率，它表示的是系统总线与硬盘缓冲区之间的数据传输率。外部数据传输率与硬盘接口类型和硬盘缓冲存储器容量的大小有关。目前采用 SATA 3.0 接口的硬盘的数据传输率为 600MB/s。

　　⑤ 缓冲存储器容量。缓冲存储器的容量与工作速度直接影响硬盘的数据传输率，从而影响硬盘整体的性能。目前硬盘的高速缓冲存储器的容量大多为几 MB 到几十 MB。

　　（2）光盘存储器

　　光盘存储器由于具有记录密度高、存储容量大、可靠性高、存储介质可以移动交换的特点，目前已成为 PC 中程序、数据以及多媒体信息的主要载体。光盘驱动器和其内部的激光头读写机构如图 2.9 所示。

图 2.9　光盘驱动器（左）和激光头读写机构（右）

① 光盘存储器的结构和原理。光盘存储器由光盘片和光盘驱动器两个部分组成。光盘是利用光电原理来记录和读取信息的。在物理结构上，光盘分为 5 层，由上到下依次为：印刷层，用来印刷图案和文字内容；保护层，防止污染和划伤以避免信息读取错误，用来保护下面的反射层和记录层；反射层，由镀银层或镀铝层组成，用来反射激光束，以读取所存储的信息；记录层是保存信息的位置，不同原理的光盘所使用的记录层介质是不同的，如光刻胶或化学染料等；基片，由耐热性较强的塑料组成，直径为 120mm，有较好的光学性能和机械强度。光盘的横断面结构示意图如图 2.10 所示。

光盘也是以二进制形式记录信息的。与硬盘的同心圆磁道不同的是，光盘是以连续的螺旋形光轨来存放数据的。光盘存储数据的原理也与硬盘不同，它通过在盘面上压制凹坑的方法来记录信息，凹坑的边缘处表示"1"，而凹坑内和凹坑外的平坦部分表示"0"。需要使用激光来对信息进行分辨和识别。

在光盘盘面上的螺旋形光轨上存在一系列凹坑和平面。在进行读操作时，激光束照射在凹坑和平面上的反射是不同的，通过光敏二极管检测反射激光，就可转换为不同的"0"和"1"信息。在对可记录型光盘进行写操作（刻盘）时，用较高强度的激光聚焦后照射记录层上的光刻胶或化学染料，使其变性，以达到凹坑和平面的光学效果；而只读型光盘记录层中的信息则是由合金母版在基片上压制形成的。光盘上的螺旋形光轨如图 2.11 所示。光盘驱动器中的激光头在伺服机构的作用下从内向外沿光轨进行操作。

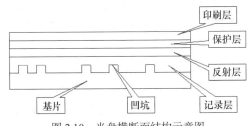

图 2.10　光盘横断面结构示意图

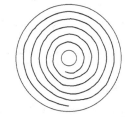

图 2.11　光盘上的螺旋形光轨

② 光盘驱动器的类型。光盘驱动器简称光驱。光驱按其信息的读写能力，分为只读光驱和光盘刻录机两大类型；按其可处理的光盘类型，又可进一步分为 CD 只读光驱和 CD 刻录机、DVD 只读光驱和 DVD 刻录机（DVD 只读光驱与 CD 刻录机结合在一起的组合光驱称为"康宝"），以及大容量的蓝色激光光驱（BD）；按照放置位置可分为内置光驱和外置光驱，外置光驱也称便携式光驱。

③ 光盘片的类型。光盘片是光盘存储器的信息存储载体，按其存储

光驱和光盘的类型

容量可分为 CD 盘片、DVD 盘片和 BD 盘片三大类；按其信息存取方式可分为只读型盘片、一次写入型盘片和可擦写型盘片 3 种。

（3）U 盘

U 盘是 USB（universal serial bus）盘的简称，它的存储部件采用闪速存储器（flash memory），故有时也称作闪存盘。U 盘通过 USB 接口和电脑连接，支持即插即用和带电插拔，且其体积小、重量轻，便于使用，如图 2.12 所示。U 盘的容量可以从几百 MB 到几百 GB，甚至更大，是目前被广泛使用的移动存储设备。

（4）移动硬盘

除了安装在机箱中的硬盘之外，还有一类硬盘产品，它们体积小，质量轻，采用 USB 接口，支持即插即用，称为"移动硬盘"，其外形如图 2.13 所示。一些移动硬盘仅手掌般大小，质量只有 200g 左右，容量却在几百 GB 至十几 TB 之间。随着技术的发展，移动硬盘的容量将越来越大，体积也会越来越小。

图 2.12　U 盘　　　　　　　　　　图 2.13　移动硬盘

（5）固态硬盘

固态驱动器（solid state disk 或 solid state drive，SSD），俗称固态硬盘。它也是一种基于 Flash 存储器的辅助存储设备。固态硬盘在接口的规范、功能及使用特性上与普通硬盘完全相同，起初在产品外形和尺寸上也与普通硬盘一致。与常规的机械硬盘相比，固态硬盘具有读写速度快、功耗低、无噪声、抗震性好等优点，但价格较高，容量较低，使用寿命相对较短。

近年来，一些 PC 尝试使用混合硬盘（SSD+HDD）的方案，即一块小容量的固态硬盘用于文件的高级缓存，另一块大容量的机械硬盘用于海量数据存储，它们协同工作以提高系统的整体性能。

2.2.4　输入/输出设备

1. 输入/输出设备概述

输入/输出设备又称为 I/O（input/output）设备或外设，是计算机系统的重要组成部分，它包括输入设备、输出设备、设备控制器以及其他相关硬件。输入操作的任务是将输入设备输入的信息传送到内存的指定区域，输出操作的任务是将内存中的指定信息通过输出设备进行输出。除了进行有关信息的输入、输出操作外，输入/输出设备还要完成一些管理和控制任务，所以输入/输出设备是计算机系统的一个重要组成部分。

与计算机系统的其他操作相比，输入/输出设备的操作有许多不同的特点。

① 输入/输出设备的种类繁多、性能各异，各类设备都具有不同的工作原理和组成结构，操作控制的方法差异很大，与计算机系统的连接方式也千差万别。

② 各个输入/输出设备除了必须能够完成各自所要求的操作任务外，计算机系统往往还要求若干个输入/输出设备能够同时进行工作，如在键盘输入的同时进行显示操作。

③ 大多数输入/输出设备在操作过程中包含机械过程，使得其工作速度远远低于主机的工作速度。为了提高系统的工作效率，通常要求输入/输出操作能够与主机的计算处理操作并行进行。

④ 除了键盘和显示器等常规输入/输出设备外，根据计算机系统的运行要求的不同，所需要的输入/输出设备也有很大差异。同一个计算机系统在不同情况下，所连接的输入/输出设备也会发生变化，所以计算机系统的主机是相对固定的，而输入/输出设备则是动态变化的。

在计算机系统中，每个输入/输出设备都有专门的设备控制器。设备控制器的任务是接收主机的输入/输出指令，独立完成相应的输入/输出任务，在任务完成后再通知主机任务已经完成（或任务出错）。其基本的逻辑结构如图 2.14 所示。

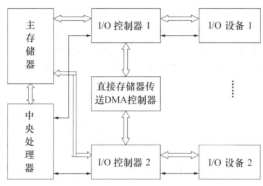

图 2.14　计算机输入/输出系统的基本逻辑结构

2. 输入/输出接口

在计算机系统中，主机要想与 I/O 设备互相交换信息，就必须在两者之间建立一个桥梁和纽带，由这个桥梁和纽带来解决输入/输出过程中的选择、传输、控制等诸多问题。这个桥梁和纽带就是输入/输出接口（也叫 I/O 接口）。I/O 接口是位于主机和外设之间协助完成数据传送和控制任务的逻辑电路，I/O 控制器是其重要的组成部分。一般情况下，I/O 接口要正常发挥作用，还需要相应的软件支持。

3. 主机与 I/O 设备之间的数据传输

主机与 I/O 设备之间的数据输出过程实际上分为两个阶段，即先由主机通过系统总线将数据传递到 I/O 接口，然后再由 I/O 接口将数据传送到 I/O 设备；如果是数据输入，则过程正好相反。不同的 I/O 设备对数据传输的要求是不同的，这就需要采用不同的传送方式。传输方式决定了主机对 I/O 设备的控制方式，控制方式的不同导致 I/O 接口的电路结构和逻辑功能的不同。

主机与 I/O 设备之间的数据传输方式一般有 4 种，即无条件传送方式、程序查询传送方式、中断传送方式、直接存储器存取传送方式。无条件传送方式的要求严格，应用范围较窄。程序查询传送方式的执行效率较低下，在实际情况中很少被使用。而中断传送方式和直接存储器存取传送方式在计算机系统中被大量使用。

4. 常用的输入/输出设备

（1）键盘和鼠标

键盘是 PC 上常用的标准输入设备，用来输入字母、数字、符号等字符信息，如图 2.15 所示。

键盘上的按键包括数字键、字母键、符号键、功能键和编辑控制键，各个按键按照 ISO 2530 和 GB 2787 标准的规定分布在一定的区域内。每个按键对应一个开关，所有按键组成一个开关矩阵，在键盘内部的单片机控制下扫描用户的按键动作，将按键的信号转换成相应的代码传送到主机中。

鼠标也是 PC 上标准的输入设备，因其外形像老鼠，所以称之为"Mouse"，如图 2.16 所示。鼠标是一种指示设备，可以控制显示器上的鼠标指针，使其定位在指定的位置，再通过按键完成需要的操作。

图 2.15　键盘　　　　　　　　　　　图 2.16　鼠标

目前在 PC 上广泛采用光学鼠标（optical mouse），它采用光敏二极管和微型镜头来感知自身的移动方向和距离。光学鼠标的速度快、准确性好、灵敏度高，分辨率可达到 800dpi，几乎在任意平面上都能使用。鼠标与主机之间的连接通常采用 PS/2 接口以及可以热插拔的 USB 接口。另外无线鼠标也已被广泛使用。

（2）显示器

显示器是 PC 上必不可少的输出设备，它用于显示图形或文字信息。没有显示器，用户就无法了解计算机的工作状态和处理结果，也无法进行操作。

PC 的显示系统由显示器和显示控制器两部分组成。显示器的作用是将电信号转换为光信号并显示出来。以前经常使用的阴极射线管（cathode ray tube，CRT）显示器，如今已经基本被液晶显示器（liquid crystal display，LCD）（见图 2.17）所取代。LCD 由于体积小、功耗低、性价比不断提高而逐渐被广泛使用。

显示控制器负责处理需要显示的各种信息并对显示操作进行控制和协调，它由显示控制电路、图形处理器、显示存储器、接口电路等部分组成。以前显示控制器大都采用独立插卡的形式，所以习惯上叫显示卡或显卡（见图 2.18）。现在，为了降低成本、缩小体积，显示控制器已经逐渐地被集成在 CPU 芯片中，除了某些要求较高的应用之外，一般不再需要独立的显卡。

LCD 是一种借助液晶对光线的调整而显示图像的显示器。液晶是介于固态物质和液态物质之间的一种物质，它既具有液体的流动性，又具有固体排列的方向性。液晶在电场的作用下能快速地改变形状，从而对背光发出的光线进行有规则的折射，然后使光线经过过滤层的过滤并在屏幕上显示出来。

LCD 的主要性能指标如下。

① 分辨率。分辨率是衡量显示器性能的一个重要指标，它是指屏幕上最多可以显示的像素点的数目，一般用"水平分辨率×垂直分辨率"来表示，其中每个像素点都能被计算机单独访问。现在 LCD 的分辨率一般为"1 920×1 200"和"4 096×2 160"等。

② 刷新频率。LCD 的刷新频率是指所显示的图像每秒更新的次数。理论上刷新频率越高，图像的稳定性越好；刷新频率过低，可能出现屏幕图像闪烁或抖动的情况。PC 显示器和手机显示屏的刷新频率一般在 60Hz 左右。

③ 响应时间。响应时间反映了液晶显示器各像素点对输入信号做出反应的速度，即像素点由暗转亮或由亮转暗的速度。响应时间越短越好，一般在几毫秒到十几毫秒之间。

④ 屏幕尺寸。计算机显示器屏幕的大小要用屏幕的对角线长度来度量。台式 PC 使用的显示器屏幕一般为 15～32 英寸（1 英寸≈2.54cm）；笔记本电脑使用的显示器屏幕一般为 11～20 英寸。

⑤ LCD 的其他性能指标还包括色彩、亮度、对比度、可视角度、背光源类型等。

图 2.17　液晶显示器

图 2.18　显示卡

（3）打印机

打印机是 PC 上比较常用的一种输出设备，它的作用是将文字、图形、数据和程序等信息打印到纸上。打印机的种类繁多，工作原理和性能也各有差异，目前使用比较广泛的有针式打印机、喷墨打印机和激光打印机 3 种，分别如图 2.19、图 2.20 和图 2.21 所示。

图 2.19　针式打印机

图 2.20　喷墨打印机

图 2.21　激光打印机

针式打印机的打印工作主要是由打印头完成的，属于击打式打印设备。打印头驱动其中的钢针通过色带完成打印操作，所打印的字符或图形实际上是由通过钢针所形成的色点组成的点阵。针式打印机的打印成本低，可打印票据和存折等，但精度低、速度慢、噪声大，在金融、邮电、商业等领域有比较广泛的应用。针式打印机的打印精度一般只有 180dpi。

喷墨打印机属于非击打式打印设备，它是通过将打印头中的墨水由压电技术或热气泡技术生成细小墨滴来实现打印的。喷墨打印机对打印机喷头的制造材料和制造工艺以及墨水的配方有很高的要求，所以综合打印成本相对较高。喷墨打印机的工作噪声小、打印精度高，常用于彩色图像输出领域，其打印精度可达 1 000dpi。

激光打印机的核心技术就是所谓的电子成像技术，这种技术融合了影像学与电子学的原理和技术以生成图像。激光打印机的打印噪声小、速度快，打印精度可达 600～800dpi。黑白激光打印机因其价格适中而被广泛应用于办公领域。彩色激光打印机由于价格日益下降，在专业用户中也逐步得到使用。

打印机的主要性能指标如下。

① 分辨率。打印机的分辨率也称打印精度，是衡量输出质量的重要指标，同时也是判别同类型打印机档次的主要依据，其计算单位是 dpi，是指打印机输出时，在每英寸介质上能打印出的点数。早期针式打印机的打印精度一般只有 180dpi 左右，而随后出现的喷墨、激光、热转换这 3 类打印机，它们的打印精度已提高到 300～1 200dpi，高档喷墨打印机则可达到 1 440dpi。

② 打印速度。不同类型的打印机的打印速度相差甚远。针式打印机的打印速度通常用每秒可打印的字符个数或行数来度量。激光打印机和喷墨打印机是页式打印机，打印速度用每分钟打印多少页（pages per minute，ppm）来度量，家庭用的低速打印机大约为 4ppm，办公使用的高速激光打印机可超过 10ppm。

③ 打印幅面。打印幅面是指激光打印机所能打印的最大的纸张幅面。A4 为普通幅面，A3 为中等幅面，只有 A2 以上才能称为大幅面。当然，不同类型的打印机对幅面的划分各有不同。

④ 打印机的其他性能指标还包括打印成本、色彩表现力、噪声、双面打印能力、内存等。

目前，其他输入设备还有触摸屏、扫描仪、数码照相机、传感器等；其他输出设备还有扬声器、音箱、耳机、3D打印机等。

2.2.5 PC的典型硬件设备

20世纪70年代，计算机发展史上的一个重大事件是PC的出现。PC也常被称为微型计算机（有时简称微机）。PC的硬件结构与冯·诺依曼结构没有本质差别，不过其CPU已经被集成到一个集成电路的芯片中，该集成电路被称为微处理器（micro processor，MP）。目前的微处理器大都采用超大规模集成制造技术，将运算器、控制器、寄存器组以及高速缓冲存储器等逻辑电路集成在单一芯片中，以提高计算机系统的性能，缩小计算机系统的体积。另外，还有一种将CPU、存储器、输入/输出接口等电路都集成在单一芯片中的集成电路，称为微控制器（microcontroller），也叫单片机，常用于智能仪器、智能设备、通信设备、数字家电。

PC价格便宜、使用方便、配套软件丰富，既能单机使用也能联网运行，是计算机家族中数量最大的一个类别。随着技术的不断进步，PC的性能不断提高，价格不断下降，应用也日益广泛。

通常将PC分成便携式和台式两大类型，如图2.22所示。前者体积较小，便于携带，但价格较高；后者体积大，移动性差，但价格较低。无论是便携式PC还是台式PC，其硬件结构基本都是相同的，主要由主板、CPU、存储器、硬盘、光驱、机箱、键盘和显示器等组成。下面以台式PC为例，对PC的硬件进行简单介绍。

图2.22　便携式PC与台式PC

1. 主板

主板又叫主机板（main board）、系统板（system board）或母板（motherboard），它安装在机箱内，是PC基本也是重要的部件之一。主板一般为矩形电路板，上面安装了组成计算机的主要电路系统，一般有BIOS芯片、CMOS芯片、键盘和面板控制开关接口、指示灯插接件、扩充插槽、主板及插卡的直流电源供电接插件等元件。其中，BIOS芯片是闪速存储器（flash memory），可以理解为芯片里面存放的是基本输入输出系统，没有它PC就无法启动。CMOS芯片里存放着与计算机相关的一些参数，称为配置信息，包括当前的日期和事件、开机口令、已安装的硬盘的个数及类型、加载操作系统的顺序等。

芯片组（chipset）是主板的核心组成部分，对于主板而言，芯片组几乎决定了这块主板的功能，进而影响到整个计算机系统的性能。原先芯片组通常由两块芯片组成：其中CPU的类型，主板的系统总线频率，内存的类型、容量和性能，显卡插槽规格是由芯片组中的北桥（north bridge）芯片决定的；而扩展槽的种类与数量、扩展接口的类型和数量（如USB 2.0/1.1、IEEE 1394、串口、并口、笔记本电脑的VGA输出接口等）等是由芯片组的南桥（south bridge）决定的。随着集成电路技术的进步，北桥的大部分功能（如内存控制、显卡接口等）已经集成在CPU芯片中，其他功能则合并入南桥芯片，所以现在只需1块芯片（称为单芯片的芯片组）即可完成所有硬件的连接。

总之，主板在整个PC系统中扮演着非常重要的角色。可以说，主板的类型和档次决定着整个PC系统的类型和档次，主板的性能影响着整个PC系统的性能。主板的大小和安装尺寸也是按照规范来设计的，目前常用的有 ATX（advanced technology extended）、Micro-ATX 等。系统主板和芯片组如图 2.23 所示。

图 2.23　系统主板（左）和芯片组（右）

2. CPU

在 PC 中，CPU 被集成在一个芯片中，称为微处理器，但通常还是将其称为 CPU。PC 中常用的 CPU 如图 2.24 所示。

图 2.24　Intel 公司的 Pentium 4 CPU（左）和 Core i7 CPU（右）

由于集成电路制造技术的飞速发展，CPU 在性能、速度、功耗和体积方面有了非常大的改善，平均每 18 个月其性能就会有一个数量级的提高。表 2.3 所示为 Intel 公司生产的部分 CPU 的基本情况。

表 2.3　　　　　　　　　　　　Intel 公司生产的部分 CPU 的基本情况

微处理器	工 艺/nm	集成晶体管数	主　　频	年 份/年
8086	2 000	2.9 万个	4.77～10MHz	1978
80386	1 500～1 000	27.5 万个	16～33MHz	1985
Pentium	800～350	310 万个	60～200MHz	1993～1996
Pentium Ⅱ	350～250	750 万个	233～333MHz	1997～1998
Pentium Ⅳ	130～90	4.2 亿个	1.5～3.8GHz	2000～2008
Core 2（双核）	65，45	2.91～4.1 亿个	1.06～3.5GHz	2006～2011
Core i7-980x（6 核）	32	11.7 亿个	3.33GHz	2010
Core i7-5960X（8 核）	22	26 亿个	3.5GHz	2014
Core i9-7980XE（18 核）	14	不详	2.6GHz	2017

衡量 CPU 性能的主要技术指标如下。

① 字长。字长表示 CPU 一次处理信息的二进制位数，它表示了 CPU 的计算精度和处理信息的能力。目前多为 64 位。

② 主频。主频是 CPU 内部电路的工作频率，它决定着 CPU 内部数据传输速度和操作速度的快慢。主频越高，CPU 的处理速度就越快。当然，CPU 的速度不仅与主频相关，还与 CPU 的逻辑结构密切相关。

③ 指令系统。CPU 所采用的指令系统决定了计算机系统所能够使用的软件。目前，PC 的 CPU 的指令系统相对复杂，智能手机的 CPU 的指令系统相对简单，更有利于提高速度和降低功耗。

④ 高速缓冲存储器的容量与结构。通常，高速缓冲存储器容量越大、级数越多，则越有利于提高 CPU 的工作速度。

⑤ 逻辑结构。CPU 所包含的定点运算器和浮点运算器的数目，是否具有数字信号处理功能，有无指令预测功能、流水线结构和级数等都对指令的执行速度有影响。

⑥ CPU 的核数。为了提高 CPU 的性能，现在的 CPU 芯片往往包含多个 CPU 核。在操作系统的支持下，多个核并行工作。核越多，CPU 的整体性能越高。但由于算法的影响，具有 n 个核的 CPU 的性能并不是单核 CPU 的性能的 n 倍。

以 Intel 公司 2017 年推出的 Core i9-7980XE CPU 为例，它的性能为字长 64 位，默认频率为 2.60GHz，最大物理内存为 128GB，三级缓存容量达 24.75MB，内核数量达 18 个。

3. 内存条

PC 的内存的 RAM 是由内存条组成的。内存条是一个长方形的印刷电路板，上面焊接了许多超大规模的存储电路芯片，如图 2.25 所示。内存条必须插入主板上的内存条插座才能使用。

图 2.25　内存条

内存条上含有大量的存储单元，每个存储单元可以存储 1 个字节的二进制信息。存储器的容量就是指它所包含的存储单元的总数，单位是 MB 或 GB。每个存储单元都有编号，称为地址，CPU 就是按照地址对存储单元进行访问的。存储器的存取时间（access time）是指存储器存储或读取数据所需要的时间，目前通常为几纳秒。

由于 CPU 的运行速度很高，并且越来越高，所以工作速度相对较慢的内存就必须提高速度。目前除了改进芯片电路和制造工艺外，还普遍采用改进内存控制技术的方法。当前广泛使用的是 DDR 3、DDR 4 内存条。

4. PC 的接口

PC 的各种输入/输出设备与主机之间都需要通过连接器来实现连接,用来连接这些设备的插头/插座称为接口，如图 2.26 所示。输入/输出设备通常是通过电缆来与这些接口相连接的。

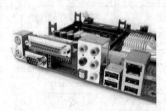

图 2.26　主板上的接口

各种输入/输出设备的类型不同，数据传输的方式也有串行和并行之分，数据传递的方向还有单向与双向之别,因此接口还必须具有相应的通信规则和电气特性。PC 上的接口都安装在主板上,而且还可以通过插卡来加以扩充。表 2.4 所示为 PC 上的常用接口及其主要连接设备。

表 2.4　　　　　　　　　　　PC 上的常用接口及主要连接设备

接口名称	数据传输方式	数据传输速率	主要连接设备
并行口	并行，双向	1.5MB/s	打印机
PS/2 口	串行，双向	低速	键盘、鼠标
USB 口	串行，双向	60MB/s～1GB/s	大部分外围设备
IEEE-1394（火线）口	串行，双向	12.5MB/s～400MB/s	数字视频设备
红外（IrDA）口	串行，双向	4MB/s	无线连接设备
音频口	模拟音频信号	—	耳机、话筒等
RJ45 口	串行，双向	100MHz	网线

5. USB 接口

USB 是英文 "Universal Serial Bus" 的缩写，它是一种通用串行传输总线接口。USB 接口主要具有以下优点。

USB 接口

① 支持 "热插拔" 和 "即插即用"。用户在使用计算机工作的时候不需要完成关机再开机等动作，直接将 I/O 设备插入 USB 接口，计算机即可在操作系统的支持下自动识别该设备，加载所需的驱动程序，并修改系统的配置以使其正常工作。

② 标准统一。PC 以前通常配备的是 IDE（integrated drive electronics）接口的硬盘，串行接口的鼠标、键盘，并行接口的打印机、扫描仪；可是有了 USB 之后，这些应用外设通通可以按照同样的标准与 PC 连接，这时就有了 USB 硬盘、USB 鼠标、USB 打印机等。

③ 可以连接多个设备。1 个 USB 接口借助 USB 集线器（hub），最多可连接 127 个 USB 设备。

2.3　计算机软件系统

计算机软件及其相关技术是随着计算机科学技术的发展而发展的。从广义的角度来讲，计算机软件不仅包括程序、数据和文档，还包括软件基础理论、软件方法、软件开发技术与软件开发工具。计算机软件及其相关技术在整个计算机科学技术领域占据着非常重要的地位，对计算机的应用也起着举足轻重的作用。因此，学习和掌握一些软件技术基础是十分必要的。

2.3.1　计算机软件概述

1. 软件的概念

计算机软件是指为运行、维护、管理和应用计算机所需要的以电子格式存在的所有程序和数据，以及说明这些程序的相关资料和文档的总和。所谓程序，就是指示计算机完成特定处理任务的一组详细指令，程序的每一个语句都是用计算机所能够理解并执行的语言来描述的。在软件系统中，程序是主体，数据是程序运行过程中需要处理的对象和处理后得到的结果，文档则是程序设计、运行、维护所需要的资料。

软件的主要作用是实现和扩充计算机系统的功能，提高计算机的工作效率，方便用户使用计算机。对于计算机系统来说，软件和硬件同样重要。没有软件的计算机被称为"裸机"，不能发挥任何作用；失去了硬件，软件也没有了运行的物质基础。

现代计算机系统中所使用的软件，基本上都是以软件产品的形式提供的。软件产品通常由软件生产商开发供应，它们以光盘或磁盘作为载体，还包含有安装和使用手册等。

软件是一种知识产品，是大量知识劳动的结果，它与电影、歌曲、书籍等出版物一样拥有著作权，受《中华人民共和国著作权法》（以下简称《著作权法》）保护。《著作权法》授予软件著作权人唯一享有本软件的出售、发布、署名、修改、复制的权利。为了保护软件著作权人的合理权益，鼓励软件的开发与流通，广泛持久地推动计算机的应用，需要对软件实施法律保护，禁止未经软件著作权人的许可而擅自复制、销售其软件的行为。许多国家都制定了有关保护计算机软件著作权的法规。1990年颁布的《著作权法》规定，计算机软件是受法律保护的作品形式之一。2002年1月1日起实施的《计算机软件保护条例》，对软件实施著作权法律保护做了具体规定。

在互联网上还有一些不需要付费的软件，它们分为两类，即自由软件和共享软件。自由软件（Free Software）供用户免费使用，而共享软件（sharing software）则允许用户免费试用一段时间后再付费。

2. 软件的特性

① 不可见性。软件是一种逻辑实体，而不是具体的物理实体，不能被人们直接观察和欣赏。软件被存储在存储器中，人们看到的只是它的物理载体，而不是软件本身。

② 适用性。一个好的软件往往不止满足某种特定的应用问题的需要，还可以满足一类应用问题的需要。因此，在软件开发过程中需要进行大量的调研和分析，尽可能满足用户的需求。

③ 依附性。软件不能像硬件那样独立存在，它依附于特定的由计算机硬件、软件和网络构成的环境。没有一定的环境，软件就无法正常运行，甚至根本不能运行。

④ 复杂性。软件的复杂性一方面来自它所要解决的实际问题的复杂性，另一方面来自程序逻辑结构的复杂性。一个好的软件要能处理各种可能出现的问题，而且常常会涉及其他领域的专业知识，这就对开发者提出了很高的要求。

⑤ 无磨损性。软件的运行和使用期间，不会产生像其他物理产品那样的机械磨损、老化的问题，理论上只要所赖以运行的环境不变，它的功能就不会发生变化。当然，随着硬件技术的不断进步以及用户需求的不断变化，一个软件很难一成不变地被使用很多年。

⑥ 易复制性。由于软件是以二进制形式存储在物理存储器中的，所以可以非常容易且毫不失真地进行复制。软件著作权人除了依靠法律保护著作权之外，还应采取多种防复制的措施。

⑦ 不断演变性。软件从其设计、开发、使用到消亡的过程称为软件的生命周期。为了延长软件的生命周期，在软件投入使用后，开发人员还要不断地修改、完善以减少错误，扩充功能，适应不断变化的环境，这就是软件版本的升级。

⑧ 有限责任性。由于软件的正确性无法用数学方法予以证明，因此没有开发人员能承诺他的软件是百分百正确的，且在任何情况下都能稳定运行。软件的包装上往往会有免责的声明。

⑨ 脆弱性。软件的开发和运行常常受到计算机系统的限制，对计算机的硬件系统和软件系统有着不同程度的依赖性，一旦这些系统改变，软件就容易运行不稳定或崩溃。另一方面，随着网络的普及，软件容易被"黑客"窜改或破坏。

3. 软件的种类

从计算机应用的角度出发，通常将软件分为系统软件和应用软件两大类。系统软件是为计算机系统本身的运行而研制和开发的，它包括操作系统、语言处理程序、数据库管理系统、驱动程序以及用于诊断和维护计算机的工具软件。应用软件是为用户使用计算机的具体应用而研制和开发的，它包括办公自动化软件、管理软件、设计制造软件等多个类别。计算机软件系统的基本组成如图 2.27 所示。

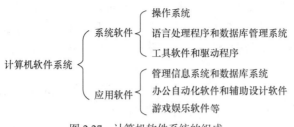

图 2.27　计算机软件系统的组成

2.3.2　系统软件

1. 系统软件概述

系统软件泛指那些为了有效地运行计算机系统，为软件开发以及运行提供支持，给用户管理和使用计算机提供帮助的各种软件。PC 中常用的系统软件有操作系统（如 Windows）、语言处理及软件开发程序（如 C++）、数据库管理系统（如 SQL Server）等。系统软件不是为了某个具体应用而设计的，它的目的是对系统资源统一进行调度和管理，与计算机硬件结合得比较紧密。系统软件是计算机软件的基础，离开它们，计算机系统将无法运行。用户在购买计算机硬件时，商家通常会随机提供一些系统软件，以使计算机能够运行。

2. 操作系统

操作系统是一种系统软件，它统一管理和控制着计算机系统中的软件、硬件资源，合理地组织计算机的工作流程，为用户提供一个良好的、便于使用的操作环境，以使用户能够高效、方便、灵活地使用计算机系统。

操作系统是整个计算机软件系统的核心，对于计算机系统的运行起着举足轻重的作用。从计算机用户的角度来看，操作系统提供一个工作平台，用户在操作系统构建的环境下与计算机进行交互，从而安全有效地使用计算机。对于软件工程师来讲，操作系统是一个功能强大的系统资源管理者，他所设计的软件在操作系统的支持下，可以进行各种软硬件资源的使用和调度，使程序完成应该完成的功能。

3. 语言处理系统

计算机语言是人与计算机交换信息的工具。由于软件程序都是用计算机语言来编写的，所以也叫程序设计语言。语言处理系统的功能就是对各种计算机语言的源程序进行翻译，生成 CPU 可以直接识别并执行的目标程序。按照计算机语言的发展使用情况，人们将它分为三大类：机器语言、汇编语言和高级语言。

（1）机器语言

机器语言是直接用二进制形式的指令代码作为语句的语言，程序使用的数据也由二进制形式表示。机器语言表示的程序完全由 "0" 和 "1" 两种代码组成，它是计算机唯一能直接识别并执行的语言。用机器语言编写的程序执行速度快、效率高，但是由于与指令系统关系密切、移植性差，所以程序难以编写和修改，容易出错，因此目前人们已经很少直接使用机器语言来编写程序了。

（2）汇编语言

汇编语言是一种符号语言，它将难以记忆的二进制指令代码用相应的英语缩写（称为助记符）来代替，如用 ADD 表示加法，用 SUB 表示减法等。用这种语言编写的程序称为汇编语言源程序，它不能直接被计算机识别并执行，必须经过计算机中的汇编程序，汇编为机器语言目标程序才能被正常执行。汇编语言的执行效率比机器语言高，但与机器语言一样与指令系统关系密切，所以移植性差。目前，汇编语言常用来编写一些自动控制程序、游戏程序、接口或驱动程序。

（3）高级语言

为了弥补机器语言和汇编语言移植性差、难以记忆和使用的缺点，人们又创造了许多种与具体计算机指令无关、表达方式更接近日常使用的自然语言的程序设计语言，称之为高级语言。所以，也有人将机器语言和汇编语言称为低级语言。相对于低级语言，高级语言更易于被掌握和使用，而且高级语言的表示方法与解决问题的方法类似，且具有通用性，用它来设计程序的效率也相对较高。常用的高级语言有 C 语言、C++语言、Java 语言、Python 语言等。

高级语言编写的程序同样不能被计算机直接识别并执行，也需要转换为机器语言目标代码。转换的方式有两种：编译和解释。负责转换任务的编译程序或解释程序与汇编程序一样属于语言处理程序。在编译方式下，源程序首先由编译程序翻译为目标代码，然后经过连接生成目标程序并且存储，在需要运行时，只要运行目标程序即可。在解释方式下，由解释程序对源程序按语句执行的动态顺序进行逐句翻译，生成目标代码，边翻译边执行，不生成目标程序。转换的过程如图 2.28 所示。

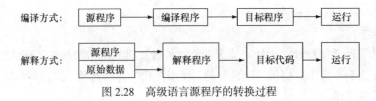

图 2.28　高级语言源程序的转换过程

程序设计语言包括以下 4 种基本成分。

① 数据成分：用于描述程序所处理的数据对象（名字、数据类型和数据结构）。

② 运算成分：用于描述程序中所包含的运算（算术运算、逻辑运算、字符串运算等）。

③ 控制成分：用于控制程序中所包含的语句的执行顺序，如条件语句、循环语句等。

④ 传输成分：用于描述程序中的数据传输操作，如赋值语句、输入输出语句等。

程序设计语言经历了由低级到高级、由简单到复杂的发展阶段，目前人们正在研究和开发第四代计算机语言，其主要特征为智能化、面向对象、模块化和软件集成开发平台。

4. 实用程序

系统软件中还有一些工具软件以及设备驱动程序，它们是为用户使用、维护、诊断、测试计算机系统而编制的。计算机系统中的各个输入/输出设备都必须有相应的设备驱动程序，在设备驱动程序的支持下，操作系统才能有效地使用和管理这些输入/输出设备。在使用计算机系统的过程中，某些设备也需要经常进行维护（如磁盘的清理和碎片整理，喷墨打印机打印头的清洗等），只有在程序的支持下，这些工作才能得以完成。另外，计算机系统的性能测试、发生故障后的诊断工作也需要有相关的程序。

2.3.3 应用软件

1. 应用软件概述

应用软件是在硬件系统和软件系统的支持下，面向具体应用领域和具体用户而开发的软件。由于计算机系统的通用性和应用的广泛性，应用软件种类繁多、用途广泛，不同的软件对系统运行环境的要求不同，为用户提供的各种功能也不同。按照应用软件的开发和供应方式，可将应用软件分为通用应用软件和定制应用软件两类。通用应用软件是基于某个应用领域的共同要求而开发的，它可以在许多行业和部门中使用；由于用户众多，所以软件价格相对较低。定制应用软件是专门针对某个用户的具体要求而开发的，这类软件专用性强、运行效率高，但价格也高。

随着计算机应用的日益广泛和深入，各种应用软件的数量不断增加，质量逐渐提高，使用更加方便灵活，通用性也越来越强。不少软件已经逐步标准化、模块化，成为某个领域或解决某类问题的常用软件，我们将其称为应用软件包（application package）。

2. 办公自动化软件

办公自动化软件是应用于办公领域的软件包，它通常包括文字处理、电子表格、演示文稿、工作组管理、电子邮件处理等功能模块，能够完成文本输入、编辑排版、表格计算、统计分析、简报制作、文件传输、邮件收发等许多功能。目前比较著名的办公自动化软件有微软的 Office 和 IBM 的 Lotus Notes/Domino。

3. 数据处理软件

对大量数据进行存储、组织、检索、处理是计算机系统的强项。数据处理软件就是用于存储、组织、检索、处理数据的应用软件。数据处理软件在金融、会计、统计等领域有着广泛的应用。这类软件通常需要数据库管理系统的支持。比较高档的数据处理软件不仅能够对数据进行各种处理，还能够在统计分析的基础上提供决策依据。

4. 网络应用服务软件

随着计算机网络的逐渐普及，尤其是 Internet 的迅速发展，有关网络应用的各种软件也得到了较快的发展。这类软件的种类繁多，有提供给普通用户使用的浏览器软件、电子邮件软件等，也有提供给厂商使用的网络管理软件和网站开发软件等。Internet Explorer（IE）、Microsoft Outlook Express（OE）、Adobe Dreamweaver（DW）等都是这类软件中比较著名的软件。

5. 图形图像软件

图形图像软件在计算机系统中的广泛应用是与多媒体技术的发展密切相关的。图形图像软件主要用来创建、编辑、修改、浏览、打印各种图形和图像，其中既有针对出版、广告、设计等企业用户的软件，也有供家庭、个人用户使用的软件。用来进行图形图像处理的软件分为两大类：处理"矢量图"的软件和处理"位图"的软件。典型的图形图像软件如 Adobe 公司的 Photoshop 和 Autodesk 公司的 3D MAX。

6. 娱乐学习软件

计算机除了应用于工作场所外，休闲娱乐和教育学习也是其非常重要的应用方面。随着多媒体技术和网络技术的发展以及出版业的兴旺，这类软件也迅速得到发展。娱乐学习软件通常以网络或光盘为载体，价格便宜、使用方便，通常不需要安装，对用户的计算机水平要求不高。游戏软件是休闲娱乐软件的主要组成部分，内容包括动作、冒险、益智、运动、棋牌等类型。此外，用于音乐欣赏和影视播放的软件也是休闲娱乐软件的组成部分。另一方面，随着计算机辅助教学在现代教学中的地位日益上升，教育学习软件得到快速发展。教育学习软件集讲解演示、操作练习、辅导讨论、考核测试于一身，学生可以在交互式的环境下进行个性化学习，这种教学方式具有传统课堂教学所不具备的优点。

2.4　计算机操作系统

操作系统作为计算机系统中的第一层系统，对计算机硬件系统进行了扩充；作为计算机系统资源的管理者，合理调度、指挥各类软硬件资源以使其协调工作；作为用户与计算机之间的接口，方便用户快捷、安全、可靠地操作计算机和运行自己的程序。

2.4.1　操作系统的发展过程

1946 年 2 月，第一台现代电子数字计算机 ENIAC 在美国宣告诞生，自此也拉开了计算机操作系统发展的序幕。随着计算机元器件的更新换代，计算机体系结构的不断发展，计算机资源利用率的不断提高和计算机网络的快速发展，计算机操作系统经历了无操作系统的手工操作方式、单道批处理系统、多道批处理系统、分时系统、实时系统的发展过程。时至今日，操作系统已迈入了网络操作系统、分布式操作系统、嵌入式操作系统以及并行操作系统的时代，其发展前景超出我们的想象。

根据计算机元器件的发展特征，我们可将计算机操作系统的发展过程大致分为以下几个阶段。

（1）手工操作阶段

该阶段计算机的主要元器件是电子管，而用户靠穿孔纸带输入"0""1"代码来控制计算机硬件系统。在整个过程中，该用户独占全机，CPU 也总是处于等待状态。该阶段的用户都是专业的技术人员，计算机并不面向家庭用户。图 2.29 所示为穿孔纸带示意图。

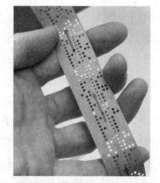

图 2.29　穿孔纸带示意图

（2）批处理阶段

该阶段计算机的主要元器件是晶体管，此时的软件开始迅速发展。这个阶段的操作系统是加载在计算机上的一个监控程序，在它的控制下，计算机能够自动、成批地处理一个或多个用户的作业，但是每次内存中只能有一道作业，故称为单道批处理。因此，该阶段计算机资源的利用率仍然较低，系统吞吐量也较小。

（3）多道程序系统阶段

该阶段计算机的主要元器件是中小规模的集成电路，此时的多道程序设计技术允许内存中同时存放几道相互独立的程序，并在管理程序的控制下交替运行，它们能共享系统中的各种软硬件资源，所以该系统被称为多道批处理系统。该系统使得系统吞吐量增大，资源利用率提高；但在运行过程中，用户不能干预作业的运行，和系统之间无交互。

随着 CPU 工作速度的不断提高以及分时技术的采用，又出现了可连接多个用户终端的分时系统。该系统允许多个用户同时通过自己的键盘键入命令，与自己的系统进行交互。

而实时系统的出现则是为了满足实时控制与实时信息处理两个应用领域的需求。实时系统能及时响应外部事件的请求，在规定的时间内完成对该事件的处理，并控制所有实时任务协调一致地运行，精确到毫秒、微秒级。

多道批处理系统、分时系统的不断改进以及实时系统的广泛应用，促使操作系统日益完善。

在此基础上，又出现了通用操作系统，该系统兼有多道批处理、分时处理、实时处理的功能或其中两种功能。

（4）现代操作系统阶段

该阶段计算机的主要元器件是大规模、超大规模集成电路，而此时，PC、计算机网络、分布式处理、巨型机和智能机等的多元化发展，使操作系统也得到进一步发展，分别出现了 PC 操作系统、网络操作系统、分布式操作系统、嵌入式操作系统以及并行操作系统。

2.4.2 操作系统的地位和功能

操作系统是计算机系统中的一种系统软件，通常由若干个功能模块组成。这些功能模块能够合理地管理和控制计算机系统中的各种硬件及软件资源，合理地组织和协调计算机的工作流程，以便有效地利用这些资源为用户提供一个功能强大、使用方便和可拓展的工作环境，从而在计算机与其用户之间起到接口的作用。

操作系统是方便用户管理和控制计算机的软硬件资源，并使得整个计算机系统能够高效运行的系统软件。我们可以从以下几个角度来理解操作系统的重要意义。

① 管理者的角度：操作系统是计算机硬件和软件资源的管理者，它负责计算机系统的全部资源的分配、控制、调度和回收，从而提高了资源的利用率。

② 软件的角度：操作系统是一种系统软件，是计算机硬件的扩充，为用户提供了一台功能更强的计算机。

③ 人机交互的角度：操作系统是计算机与用户之间的接口，为用户提供了良好的操作界面，用户可通过这个接口方便、有效地使用计算机。

④ 知识结构的角度：操作系统是计算机技术和管理技术的结合，它依照设计者制订的各种调度策略来组织和管理计算机系统资源，使之能被有效利用。

操作系统资源管理的目标是提高计算机系统资源的利用率和方便用户使用。从资源管理的角度来看，操作系统有如下几个功能。

（1）处理器管理功能

处理器管理又称进程管理。处理器（CPU）是最核心的计算机硬件资源，处理器管理的主要任务是对 CPU 的运行实施有效管理，对 CPU 的运行时间进行合理分配，从而充分发挥 CPU 的效能。为提高 CPU 的利用率，操作系统一般都支持多个应用程序同时被加载到内存中执行，这称为多任务处理。以 Windows 操作系统为例，它一旦成功启动，就进入了多任务处理状态。当多个任务同时在计算机中运行时，一个任务通常对应着屏幕上的一个窗口。接受用户输入的窗口只有一个，称为活动窗口，它所对应的任务称为前台任务；其他窗口都是非活动窗口，它们所对应的任务称为后台任务。Windows 操作系统采用并发多任务方式，支持系统中多个任务的执行。

所谓并发多任务，是指不管前台任务还是后台任务，它们都能分配到 CPU 的使用权。操作系统中有一个处理器调度程序负责把 CPU 的运行时间分配给每个任务，一般采用按时间片轮转的方式，即每个任务都能轮流得到一个时间片的 CPU 的运行时间。因此，从宏观上看，这些任务是在"同时"执行，而微观上则任何时刻只有一个任务正在被 CPU 执行（这里指的是单核 CPU 的情况，如果 CPU 有多个内核，那么理论上可以将多个任务分配到不同的内核执行）。

（2）存储器管理功能

虽然计算机硬件性能的不断提高使得内存容量不断地扩大，但其总容量还是有限的，在运行规模很大或需要处理大量数据的程序时，内存往往会不够用。存储器管理的主要任务是管理内存资源，为并发多任务程序的运行提供有力的支撑，包括内存分配、内存保护、地址映射以及内存扩充等方面，以提高存储空间的利用率。现代操作系统通常采用虚拟存储技术，将一部分磁盘空间当作内存使用，存储当前暂时不用的内存信息，以便腾出内存空间来存储当前要使用的信息。存储器管理的另一项功能就是要对虚拟存储进行有效管理，以提高系统的运行能力。

（3）文件管理功能

在计算机系统中，把在逻辑意义上完整的信息集合称为文件。计算机系统所使用的所有程序、数据、文档都以文件的形式存储在相关的存储介质中。操作系统的文件管理功能是对存储在计算机中的文件进行逻辑上和物理上的组织和管理，实现文件的"按名存取"功能，有效地分配文件的存储空间，建立文件目录，提供合适的文件存取和检索手段，实现文件的共享、保护、加密等功能，向用户提供用于文件操作的一组命令。

（4）设备管理功能

每台计算机都配备一定数量的外部设备，它们的种类不同，操作方式各异，而且随着技术的发展，新设备也不断出现。操作系统的设备管理功能就是要对计算机系统中的所有输入/输出设备进行统一管理，包括根据设备分配原则对设备进行分配，协调处理器与外部设备的工作节奏，统筹安排各个程序对外部设备的使用请求，为用户提供简便快捷的使用设备的方法等。

通常情况下，外部设备的工作速度远低于处理器的工作速度，为了提高设备的使用效率和整个系统的运行速度，操作系统通常采用中断、通道、缓冲和虚拟设备等技术，尽可能地提高设备和主机并行工作的能力。用户使用设备提供的界面，即可在不涉及具体的设备的物理特性的情况下方便地使用外部设备。

操作系统的各个功能之间并不是完全独立的，它们之间存在着相互依赖的关系。

2.4.3 常用操作系统介绍

计算机的发展过程中出现过许多不同的操作系统，下面介绍几种常见的操作系统。

（1）Windows

Windows 操作系统是美国微软公司（以下简称微软）研发的一套操作系统，它于 1985 年问世。Windows 1.0 基于 MS-DOS 操作系统，后续的版本由于不断更新升级，不但易用，而且成为当前应用最广泛的操作系统。

Windows 操作系统作为微软的第一代窗口式多任务系统，采用了图形用户界面（Graphical User Interface，GUI），与从前的 DOS 需要输入指令使用的方式相比，更为人性化。随着计算机硬件和软件的不断升级，微软的 Windows 也在不断升级，架构从 16 位、32 位到 64 位，系统版本从最初的 Windows 1.0 到大家熟知的 Windows 95、Windows 98、Windows 2000、Windows XP、Windows Vista、Windows 7、Windows 8、Windows 8.1、Windows 10 和 Windows Server，微软一直致力于 Windows 操作系统的开发和完善。

在 Windows 的众多版本中，1995 年 8 月发布的 Windows 95 的发布一直被看作微软发展过程中的一个重要里程碑。相较于之前的操作系统，Windows 95 在很多方面进行了改进，还结合了网络功能和即插即用功能，是一个全新的 32 位操作系统。1998 年，微软推出了 Windows 95 的改进版——Windows 98，把微软的 Internet 浏览器技术整合到了 Windows 里面，使得访问 Internet 资源就像访问本地硬盘一样方便。而微软在 20 世纪 90 年代初期推出的 Windows NT 是真正的 32 位操作系统，与普通的操作系统不同，它主要面向商业用户，有服务器版和工作站版之分。2000 年，微软推出了 Windows 2000，它包括 4 个版本，还推出了 Windows Me，它主要面向家庭和个人娱乐。2001 年 10 月 25 日，Windows XP 发布，该系统是微软把所有用户要求合成为一个操作系统的尝试。和以前的操作系统相比，其稳定性有所提高，但同时也丧失了对基于 DOS 的程序的支持。其后，微软还发布了 Windows Server 2003，Windows Vista，Windows 7。Windows 7 的安全性、稳定性、内存的优化管理以及自我修复能力等都值得称道，它带给用户的是技术和操作等多方面习惯的转变。微软于 2012 年 10 月 26 日正式推出的 Windows 8 支持来自 Intel、AMD 和 ARM 的芯片架构，被应用于 PC 和平板电脑上；该系统独特的 metro 界面和触控式交互系统，旨在为用户提供高效方便的工作环境。2015 年 7 月 29 日发布的 Windows 10 是最新一代 Windows 操作系统。Windows 10 在易用性和安全性方面有了极大的提升，除了融合了云服务、智能移动设备、自然人机交互等新技术外，还对固态硬盘、生物识别、高分辨率屏幕等硬件进行了优化与完善。

　　长期以来，Windows 操作系统占据了 PC 市场 90% 左右的份额，因而吸引了许多第三方开发者在 Windows 操作系统上开发软件，其软件数目众多，品种丰富，占据绝对优势，特别是办公、教育、娱乐、游戏类的通用应用软件。但是，Windows 操作系统也经常受到用户的批评，其问题主要来自可靠性和安全性两个方面。

　　（2）UNIX

　　UNIX 操作系统于 1969 年在贝尔实验室诞生，最初应用于中小型计算机，现今可广泛应用于大、中、小型计算机。UNIX 操作系统的模块大都采用 C 语言编写，具有较高的可移植性，可以很方便地从一台计算机移植到另一台计算机。UNIX 操作系统采用树状结构的文件系统，将外部设备也作为文件对待，是一个真正的多用户、多任务操作系统。UNIX 操作系统在结构上分为两大部分：核心层和用户层。核心层包括进程管理、存储管理、设备管理和文件管理模块；用户层充分利用核心层提供的功能，向用户提供大量的服务，包括用户命令解释程序（Shell）。UNIX 操作系统向用户提供了良好的操作界面，用户可以在操作终端上使用各种命令与系统交互，也可以通过程序来调用各种系统功能。Shell 既起着命令解释的作用，又可以作为程序设计语言来进行程序结构控制和变量运算处理，所以常用来编写各种程序，称为 Shell 编程。UNIX 操作系统有很多种，许多公司都有自己的版本，如美国电话电报公司（AT&T）、Sun、惠普（HP）等公司。

　　（3）Linux

　　芬兰赫尔辛基大学于 1991 年开发的 Linux 操作系统是以 UNIX 操作系统为基础的，它采用模块化结构，以便扩充系统功能。它可以和其他网络操作系统集成，提供 Web 服务、文件及打印服务、数据库服务、网络服务等，在计算机网络领域得到了广泛的应用。Linux 操作系统继承了 UNIX 操作系统的以网络为核心的设计思想，支持多任务、多进程、多 CPU，是与 UNIX 操作系统兼容的操作系统，能够运行主要的 UNIX 工具软件、应用程序、网络协议，支持 32 位和 64 位硬件，性能稳定且兼容性好。Linux 操作系统的源代码是公开的，属于所谓的"开源软件"，世界各地的程序设计爱好者可自发地组织起来，对 Linux 操作系统进行改进和在 Linux 操作系统中编写各种应用程序，而这些程序也都是"开源"和免费的，这大大促进了 Linux 操作系统以及相关软件的推广。如今，Linux 操作系统以及相关软件已经成为计算机软件领域中的一支重要生力军。

　　（4）macOS

　　macOS 是一套运行于苹果 Macintosh 系列计算机上的操作系统，是首个在商用领域成功应用 GUI 的操作系统。在 PC 还是基于 DOS 的字符界面时，macOS 率先采用了 GUI、多媒体应用、鼠标等至今令人称道的技术。macOS 可以分为两个系列：一个是"Classic"macOS（终极版本是 macOS 9），另一个是 macOS X。macOS X 结合了 BSD UNIX、OpenStep 和 macOS 9 的元素，其代码被称为 Darwin，实行的是部分开放源代码模式。

（5）智能手机操作系统

智能手机操作系统的研究与开发是当前移动计算技术发展中最为活跃的领域。现在市场上有以下几种智能手机操作系统：Android、iOS、Windows Phone、BlackBerry、Symbian 等。智能手机具有嵌入式操作系统，支持第三方软件，在个人信息管理、基于无线数据通信的浏览器等通信功能方面表现突出。

本 章 小 结

计算机系统的硬件和软件是一个整体，它们互相配合、协调工作，以完成信息的加工和处理任务。在计算机系统中，硬件是系统的物质基础，它提供了软件运行的平台，所有信息加工任务最终都是由硬件来完成的；软件用来实现和扩充硬件的功能，并且可以降低用户使用计算机系统的难度，实现计算机系统的"可用性"。本章介绍了计算机硬件、计算机软件和计算机操作系统 3 部分内容。其中，硬件和软件的组成及其功能是本章的重点，读者应深入理解并掌握；计算机操作系统部分只介绍了相关概念和基本功能，在后续章节中还会详细介绍常用的 Windows 操作系统的使用方法，同时对 PC 中许多常用的应用软件也会有专门的章节进行比较详细的介绍。

思 考 题

1. 简述计算机硬件系统的基本组成及各个组成部分的主要作用。
2. 什么是系统总线？它由哪些部分组成？
3. 简述组成计算机存储系统的各类存储器的性质与功能。
4. PC 是由哪些硬件设备组成的？它们的作用是什么？
5. 什么是语言处理程序？计算机语言源程序是如何被执行的？
6. 高级语言源程序有哪两种转换方式？各有何特点？
7. 谈谈应用软件在计算机软件系统中的作用与地位，它有哪些类别？
8. 以计算机元器件的发展为依据，可将操作系统的发展过程分为哪几个阶段？
9. 操作系统的发展目标是哪些？
10. 什么是操作系统？简述操作系统的地位及意义。
11. Windows 操作系统有哪些特点？
12. 你使用过哪些常用的操作系统？

第3章
计算机常用软件

计算机软件是用户与计算机硬件之间的桥梁，其主要作用是控制与管理计算机资源，向用户提供尽可能方便灵活的计算机操作界面，为用户完成特定的信息处理任务，在硬件提供的基本功能的基础上增加计算机的功能等。掌握常用的计算机软件的使用方法，可以极大地方便用户对计算机的使用。

本章将介绍 Windows 10 操作系统、文字处理软件 Word 2016、电子表格软件 Excel 2016 和 PowerPoint 2016 演示文稿等常用计算机软件的基本功能。

3.1　Windows 10

3.1.1　Windows 10 概述

Windows 10 是由微软开发的应用于计算机和平板电脑的操作系统，该系统的正式版于 2015 年 7 月 29 日发布。Windows 10 在易用性和安全性方面有了极大的提升，除了融合了云服务、智能移动设备、自然人机交互等新技术外，还对固态硬盘、生物识别、高分辨率屏幕等硬件进行了优化与完善。截至 2019 年 11 月 18 日，Windows 10 正式版已更新至 10.0.18363 版本，预览版已更新至 10.0.19023 版本。

1. Windows 10 的版本

目前，Windows 10 主要有以下几种版本，以便不同的用户根据自己的需求进行选择。

① Windows 10 Home（家庭版）。家庭版面向使用 PC、平板电脑和二合一设备的家庭用户。它拥有 Windows 10 的主要功能：Cortana 语音助手（选定市场）、Edge 浏览器、面向触控屏设备的 Continuum 平板电脑模式、Windows Hello（脸部识别、虹膜、指纹登录）、串流 Xbox One 游戏的能力、微软开发的通用 Windows 应用（Photos、Maps、Mail、Calendar、Groove Music 和 Video）、3D Builder。

② Windows 10 Professional（专业版）。专业版面向使用 PC、平板电脑和二合一设备的企业用户。除具有家庭版的功能外，它还增添了管理设备和应用，以保护重要的企业数据，并支持远程和移动办公，同时还使用了云技术。另外，它还带有 Windows Update for Business，微软承诺该功能可以降低管理成本、控制更新节奏，让用户更快地获得安全补丁软件。

③ Windows 10 Enterprise（企业版）。以专业版为基础，企业版增添了大中型企业用来防范针对设备、身份和企业敏感信息的现代安全威胁的先进功能，供微软的批量许可（volume licensing）用户使用。作为部署选项，企业版将为 Windows Update for Business 功能提供长期服务分支（long term servicing branch，LTSB）。

④ Windows 10 Education（教育版）。以企业版为基础，教育版面向学校管理人员、教师和学生。通过面向教育机构的批量许可计划，学校将能够升级 Windows 10 家庭版和 Windows 10 专业版设备。

⑤ Windows 10 Mobile（移动版）。移动版面向尺寸较小、配置触控屏的移动设备（如智能手机和尺寸较小的平板电脑），配有与 Windows 10 家庭版通用的应用软件和针对触控操作而优化的 Office 软件。部分装有移动版的新设备允许使用 Continuum 功能，因此，在连接外置大尺寸显示屏时，用户可以把智能手机当作 PC 来用。

⑥ Windows 10 Mobile Enterprise（企业移动版）。以移动版为基础，企业移动版面向企业用户，供给批量许可用户使用。该版本增添了更新管理功能，以及使用户及时获得更新和安全补丁软件的方式。

⑦ Windows 10 IoT Core（物联网核心版）。物联网核心版是为专用嵌入式设备而设计的系统版本，支持树莓派 2 代和 3 代以及 MinnowBoard Max。和电脑版系统相比，这一版本在系统功能、代码方面进行了精简和优化，主要面向体积较小的物联网设备。

2. Windows 10 的硬件配置要求

Windows 10 的硬件配置要求如表 3.1 所示。

表 3.1　　　　　　　　　　　　　　Windows 10 的硬件配置要求

设备名称	配置要求	备注
CPU	主频至少为 1GHz 32 位或 64 位处理器	Windows 10 分为 32 位及 64 位两种版本，如安装 64 位版本，则需要支持 64 位运算的 CPU
内存	1GB 及以上	64 位系统需 2GB 以上
硬盘	16GB 及以上	64 位系统需 20GB 以上
显卡	DirectX®9 显卡支持 WDDM 1.0 或更高版本	如果显卡低于此标准，Aero 主题效果可能无法实现
显示器	要求分辨率为 1 024×600 或以上	分辨率过低会导致屏幕显示不清晰

3. Windows 10 的安装方式

Windows 10 的安装有升级安装和全新安装两种方式。

（1）升级安装

升级安装是指在不删除原有操作系统的基础上，以新操作系统的文件替换原有操作系统的文件，即无须删除原操作系统所在的磁盘分区中的文件，直接升级原有操作系统。

优点：无须完成设置光驱引导等操作，也无须删除原操作系统文件和任何数据，操作较为简便。理论上，用户升级安装完系统后，原操作系统所在分区中的文件（包括用户个人数据）都会保留下来。

不足：升级安装后，原操作系统中的个别程序有可能出现兼容性问题，导致程序无法正常运行。此外，如原操作系统中的软件程序等被计算机病毒感染，那么升级后的操作系统依然可能存在该问题。

（2）全新安装

全新安装是指完全删除原有操作系统，安装新的 Windows 10，即原操作系统所在分区中的数据会被全部删除。

方法：一般使用 Windows 10 安装光盘引导计算机进行全新安装，不会保留原系统中的程序、设置和文件。

优点：采用此方式安装的是最纯净的操作系统，无须担心原操作系统中遗留下来的问题。

不足：操作较为复杂，需要用户有一定的计算机使用经验及操作系统安装经验。

4. Windows 10 的特色

（1）虚拟桌面

Windows 10 新增了虚拟桌面（multiple desktops）功能（见图 3.1）。该功能可让用户同时使用多个虚拟环境，即用户可以根据自己的需要切换不同的桌面。创建虚拟桌面快捷键：【Win+Ctrl+D】组合键。删除当前虚拟桌面：【Win+Ctrl+F4】组合键。切换虚拟桌面：【Win+Ctrl+←/→】组合键。（Win 代表 Windows 徽标键▦）

虚拟桌面的使用

图 3.1　虚拟桌面

（2）分屏多窗

Windows 10 提供了智能分屏（见图 3.2）的功能，即当屏幕中有多个窗口时，可以在单独窗口内显示正在运行的其他应用程序。操作方式：按【Win+←/→】组合键（需先选中应用）。四屏效果：将各窗口向四角处拖动，直到出现预见效果框放手即可。

分屏多窗的使用

图 3.2　智能分屏

（3）窗口化程序

来自 Windows 应用商店的应用可以和桌面程序一样以窗口化方式运行，可以随意拖动位置、改变大小，也可以通过顶栏按钮实现最大化、最小化或关闭应用窗口的操作。

（4）任务管理

任务栏中出现了一个全新的按钮"任务视图"。通过单击该按钮，可以迅速预览多个桌面中打开的所有应用和对话框；单击其中一个页面可以快速跳转到该页面（见图 3.3）。通过此按钮，传统应用和现代应用在多任务的环境中可以更紧密地结合在一起。

图 3.3　任务视图

（5）其他功能

① 命令提示符：cmd 程序可以直接使用【Ctrl+V】组合键来快速粘贴文件夹。

② 微软针对账户安全问题添加了 Windows Hello 生物特征授权方式，只要有指纹识别器和 PIN（personal identification number，个人身份识别码），用户只需动动手指，露个脸即可登录 Windows 10。相对于传统的密码登录，这种登录方法既便捷又安全。

3.1.2　Windows 10 常用概念和基本操作

1. 常用概念

（1）鼠标

鼠标是用来操作 Windows 10 的主要、基本、方便的工具，使用鼠标可以完成显示器上鼠标指针的移动、指向等操作，可以选取或拖动对象、获取帮助、启动程序等。鼠标指针通常是一个小箭头，但它会根据当前的状态呈现出不同的形状，图 3.4 所示是常见的鼠标指针形状。

	正常选择		选择文本		对角线调整1
	帮助选择		手写		对角线调整2
	后台运行		不可用		移动
	忙		垂直调整		候选
	精确定位		水平调整		链接选择

图 3.4　常见的鼠标指针形状

鼠标的基本操作方式主要有指向、单击、双击、右击、拖动等。

① 指向：将鼠标指针移到某一对象上（一般用于激活对象或显示工具提示信息）。

② 单击：将鼠标指针指向某一对象，按下鼠标左键并快速释放。

③ 双击：将鼠标指针指向某一对象，快速双击鼠标左键（该过程中不能移动鼠标）。

④ 右击：将鼠标指针指向某一对象，按下鼠标右键后再释放。在 Windows 10 中，右击一个对象时，通常会弹出一个包含与此对象相关的操作命令和重要事项的快捷菜单。

⑤ 拖动：将鼠标指针指向某一对象，按住鼠标左键或右键的同时移动鼠标指针到某个位置后再释放。拖动通常用于对对象的移动、复制以及数据的填充等操作。

文件的属性

（2）文件

文件是指记录在存储介质上的一组相关信息的集合。文件的物理存储介质通常是磁盘、光盘等。移动硬盘因具有新型、便携、大容量的特点，已成为常规的外部存储设备。

对文件的操作包括文件的创建、存储、打开、关闭和删除等。文件是"按名存取"的，所以每个文件必须有一个确定的名字。文件名由主文件名和扩展名组成，主文件名和扩展名之间用一个"."隔开，其格式为"主文件名.扩展名"。

文件扩展名的查看与修改

Windows 10 中的主文件名不能省略，最多可包含 255 个字符。文件名可使用的合法字符包括 26 个英文字母（不区分大小写）、10 个数字、汉字、特殊符号（如#，&，@，$，!，( )，%，_，{}，^，"，"，～）等。西文符号"\，/，:，*，?，"，<，>，|"不能出现在文件名中。

扩展名通常由 1～4 个合法字符组成，用来标明文件的类型。常用的文件扩展名如表 3.2 所示。

表 3.2　　　　　　　　　　　　　常用的文件扩展名

.exe	可执行文件	.sys	系统配置文件
.docx	Word 文档	.pptx	演示文稿文件
.txt	文本文件	.rtf	带格式的文本文件
.html	网页文档	.xlsx	Excel 工作簿文件
.pdf	便携式文档	.java	Java 语言源程序
.c	C 语言源程序	.cpp	C++语言源程序

（3）文件夹及路径

文件夹是存放其他对象（如子文件夹、文件）的容器。在 Windows 10 中，文件夹是按树形结构来组织和管理的。文件夹的最高层称为根文件夹，一个逻辑磁盘驱动器只有一个根文件夹。在根文件夹中建立的文件夹称为子文件夹，子文件夹还可以再包含子文件夹，也可以包含文件。多数情况下，一个文件夹对应一块磁盘空间。

在文件夹的树形结构中，从根文件夹开始到任何一个文件都有唯一通路，该通路的全部节点组成了路径。路径表现为用"\"隔开的一组文件夹名，它告诉操作系统如何才能找到该文件夹。

在 Windows 10 中，文件夹还可以用来管理和组织计算机的资源。例如，"此电脑"是一个代表用户计算机资源的文件夹；"设备"文件夹是用来管理和组织打印机等设备的；对软件资源的管理主要体现在管理存放在计算机硬盘上的大量文件和存放这些文件的文件夹。

（4）对象

对象是通过一组明确的已命名的属性来描述的实体，如文件、文件夹、共享文件夹、打印机等。一般情况下，我们把组成 Windows 操作系统的元素都视为对象。文件、文件夹、磁盘、应用程序、窗口、图标、文字、图片等都是对象。

不同的对象具有不同的特征，这些特征我们称为对象的属性。一般来说，属性定义了对象的特征或某一方面的行为。例如，文件对象的属性包括其名称、位置和大小。每个特定对象都有各种各样的事件，事件就是对象可以识别的动作，如单击、双击、数据更改、窗口打开或关闭等。方法是对象能够执行的操作。

在 Windows 操作系统中，对象是封装了属性、事件和方法的事物。我们可以把属性看作对象的性质，把方法看作对象的动作，把事件看作对象的响应。

（5）库

在 Windows 10 中，"库"是浏览、组织、管理和搜索具备共同特性的文件的一种方式，即使这些文件存储在不同的地方。所谓"库"，就是指专用的虚拟文件的集合（"库"窗口见图 3.5）。如果用户分别在不同硬盘分区、不同文件夹、多台计算机或设备中存储了一些文件，那么寻找并有效地管理这些文件将是一件非常困难的事情，而"库"可以帮助用户解决这一难题。用户可以将硬盘中不同位置的文件夹添加到"库"中，并在"库"这个统一的视图中浏览和修改不同文件夹中的文档内容。通过"库"，用户可以更方便地组织、管理与查看各类文件；对于位于不同分区、不同文件夹的同一类文件，也可以通过"库"来便捷地访问。

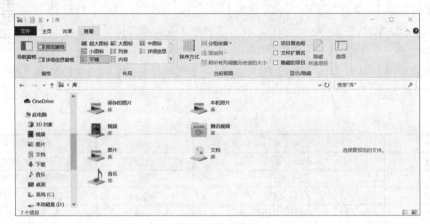

图 3.5 "库"窗口

在某些方面，"库"类似于文件夹。例如，打开"库"时将看到一个或多个文件。但与文件夹不同的是，"库"可以收集存储在多个位置的文件。这是一个细微但重要的差异。"库"实际上不存储项目，它监视包含项目的文件夹，并允许用户以不同的方式访问和排列这些项目。例如，如果在硬盘和外部驱动器上的文件夹中都有音乐文件，则可以使用音乐"库"同时访问所有音乐文件。

Windows 10 初始包含视频、文档、图片和音乐"库"，用户也可以增加新"库"，只需在"库"窗口右侧空白处右击，在出现的快捷菜单中选择"新建"即可。

库的操作

"库"的一大优势是它可以有效地组织、管理位于不同文件夹中的文件，而不受文件实际存储位置的影响。用户无须将分散于不同位置、不同分区，甚至是家庭网络的不同计算机中的文件复制到同一文件夹。

用户只需要右击某个文件夹，选择"包含到库中"选项，就可以将该文件夹加入某个已有的"库"或为其创建一个新的"库"。

2. Windows 10 基本操作

（1）启动与退出 Windows 10

启动计算机时，先打开外设（如显示器、打印机等）电源，再打开主机电源。稍后，屏幕上将显示计算机的自检信息，如显卡型号、主板型号和内存大小等。

通过自检后，计算机将显示欢迎界面。如果用户在安装 Windows 10 时设置了密码，将出现 Windows 10 登录界面，等待用户输入密码。在输入正确的密码后，按键盘上的【Enter】键即可登录操作系统。

工作结束后，当用户不再使用计算机时，应当及时退出 Windows 10。在关闭计算机前，应先关闭所有的应用程序，以免丢失数据，造成不必要的损失。

若要退出 Windows 10，可以单击桌面左下角的"开始"按钮，在弹出的"开始"菜单中选择"电源"，弹出一个子菜单（见图 3.6），子菜单中包含以下 3 个命令。

① 选择"睡眠"命令，即可将会话保存在内存中并将计算机置于低功耗状态，这样可快速恢复工作状态——轻按电源键即能"唤醒"操作系统，并进入登录或欢迎界面。计算机处于此状态时，内存中的信息未存入硬盘，如此时意外掉电，内存中的信息就会丢失。

② 选择"关机"命令，开始注销系统，如果系统有更新则会自动安装更新文件（此时请不要关闭计算机电源或拔出电源线），安装完成后即会自动退出系统。

③ 选择"重启"命令，系统将自动关闭所有打开的程序和文件，安全退出 Windows 10 后重新启动计算机。

（2）Windows 10 桌面

Windows 10 以图形用户界面作为主要特征，用户可通过对图形界面的元素进行操作来完成期望的任务。

桌面是用户打开计算机并登录系统之后看到的主屏幕区域，主要由图标、窗口、对话框、任务栏及"开始"菜单等元素组成。

① 图标。图标是代表文件、文件夹、程序和其他项目的小图片，双击它会启动或打开其所代表的项目。

一个图标代表一个对象，由图形和文字组成。将鼠标指针放在图标上停留一会儿，将出现一些标识其基本属性的文字，如名称和内容等。图标通常可以分为系统图标、快捷图标、文件夹图标和文档图标等。

系统图标是指启动 Windows 10 后，桌面上的默认图标，如图 3.7 所示，其特点是图标左下角没有箭头标志。

图 3.6　关机选项　　　　　　　　图 3.7　系统图标

快捷图标一般是指应用程序的快捷启动方式，图标左下角有箭头标志，如 。双击该图标，可以快速打开与其链接的对应项。用户可按需增加或删除快捷图标，此操作不会影响其所链接的对象。

文件夹图标使用统一的图片 来表示，双击该图标就会打开下一层文件夹或文件列表。

文档图标对应的是某个程序的文档文件，双击该图标即可打开对应的文档文件。删除文档图标即是删除该文件，所以操作时要特别小心。

② 窗口。窗口是 Windows 操作系统中最常用的图形界面，是显示器上的一块矩形区域，如

图3.8所示。所有基于Windows 10的应用程序都在窗口中运行。

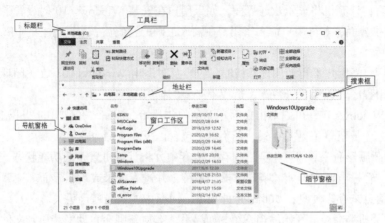

图3.8　窗口的组成

窗口各组成部分的功能如下。

- 标题栏：通过标题栏可进行窗口的移动、大小的改变和关闭操作，其右侧显示最小化、最大化和关闭3个按钮。
- 地址栏：用于显示和输入当前位置的详细路径信息。
- 搜索框：用于在计算机中搜索各种文件。
- 工具栏：提供了一些基本工具和菜单。
- 窗口工作区：用于显示主要的内容，是窗口最主要的组成部分。
- 导航窗格：为用户提供了树形结构的文件夹列表，以便用户快速定位所需的目标。
- 细节窗格：用于显示当前操作的状态及提示信息，或显示当前用户选定的对象的详细信息。

图3.9　对话框

③ 对话框。对话框是一种特殊的窗口，如图3.9所示。它与窗口之间最大的区别是它没有最大化按钮和最小化按钮，用户一般不能调整其形状和大小。对话框一般包含多个选项卡。

④ 任务栏。任务栏是桌面下方的一个条形区域，如图3.10所示。任务栏默认情况下位于屏幕底部，由"开始"按钮、"Cortana搜索"按钮、"任务视图"按钮、任务区、通知区域和"显示桌面"按钮6个部分组成。

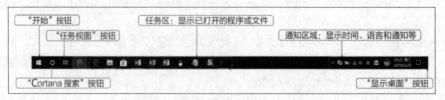

图3.10　任务栏

⑤"开始"菜单。"开始"菜单是单击任务栏中"开始"按钮后打开的菜单，如图 3.11 所示。通过"开始"菜单，用户可以访问磁盘上的文件或者运行安装好的程序。"开始"菜单的左边是使用频率较高的程序链接。

（3）Windows 10 中的文件资源管理器

计算机中的资源包括硬盘、光盘、打印机、控制面板、回收站和网络等软硬件资源。Windows 10 通过文件资源管理器组织并管理这些资源。用户可以通过文件资源管理器查看计算机上的所有资源，并对计算机上的资源进行管理（见图 3.12）。

图 3.11　"开始"菜单

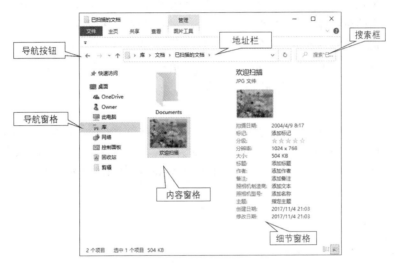

图 3.12　文件资源管理器窗口

文件资源管理器窗口的主要组成部分的功能如表 3.3 所示。

表 3.3　　　　　　　　　文件资源管理器窗口的主要组成部分的功能

主要组成部分	功　　能
导航按钮	单击"后退"按钮可返回前一操作位置，"前进"按钮是相对"后退"按钮而言的
地址栏	显示当前文件或文件夹所在目录的完整路径；可以导航至不同的文件夹或库，或返回上一文件夹或库；也可以直接输入网址来访问 Internet 上的站点
搜索框	用于在计算机中搜索满足条件的文件
导航窗格	显示包含计算机中所有资源的树形结构的文件夹列表，以便用户快速定位所需的目标
内容窗格	显示当前对象中的内容
细节窗格	用于显示当前操作的状态及提示信息，或显示当前用户选定的对象的详细信息

由图 3.12 可以看出，文件资源管理器将计算机资源分为"库""此电脑""网络"3 类来管理。通过"快速访问"，可以访问用户最近使用的文件夹。"库"将用户常用的文件分为视频、图片、

文档、音乐 4 类来管理；"此电脑"按照逻辑硬盘来管理；"网络"则是按照局域网上的共享资源来管理。使用文件资源管理器可以更方便地进行浏览、查看、移动、复制文件或文件夹等操作，用户无须打开多个窗口，在一个窗口中就可以浏览所有内容。

文件资源管理器常用的操作包括选定对象、新建文件夹与重命名、移动或复制对象以及删除对象。

要注意的是，一般情况下，对象在删除后将被放入回收站。在回收站没有被清空的情况下，用户如果选择恢复被删除的对象（如文件或文件夹），就能将该对象放回到原来所在的文件夹中。如果原文件夹已不存在，Windows 10 会自动在原来的位置重建该文件夹。

用户还可以选择性地恢复被删除的对象，并将它们放到别的文件夹中。方法是：选中对象后，在"主页"选项卡下的"剪贴板"组中选择"剪切"命令，然后选择目标位置，按下【Ctrl+V】组合键即可完成粘贴。

无论计算机配置了几个硬盘，在桌面上只有一个回收站图标。系统会为回收站设置默认的容量，如果回收站中的对象超过这个容量，系统将永久性地删除一些对象，最开始被删掉的是在回收站中存放时间最长的对象。用户可以右击回收站图标，在快捷菜单中选择"属性"命令以打开"回收站 属性"对话框，如图 3.13 所示。在这个对话框中，用户可以统一调整各个硬盘的回收站的容量，或选择性地调整某个硬盘的回收站的容量。

（4）应用程序间的信息传递

剪贴板是一个用于临时存放信息的区域，是程序之间静态交换信息的重要途径。利用剪贴板，用户可以很方便地在不同的应用程序之间进行信息交换，以实现应用程序间的数据共享。剪贴板的基本操作包括剪切（cut）、复制（copy）和粘贴（paste）。图 3.14 所示为剪贴板的工作示意图。

图 3.13　"回收站 属性"对话框

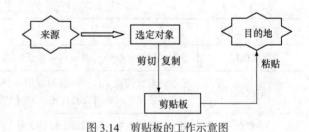

图 3.14　剪贴板的工作示意图

剪贴板的特点如下。

① 多次粘贴后信息仍然保留。

② 退出 Windows 10 后，剪贴板上的信息就会丢失。

（5）应用程序管理与操作

① 启动应用程序的几种方法。

- 单击"开始"按钮，在"开始"菜单的菜单栏中单击需要启动的应用程序的快捷方式。
- 双击桌面上的应用程序图标。
- 利用文档来启动相关联的应用程序。
- 在"此电脑"或"文件资源管理器"窗口找到需要启动的应用程序并打开。

② 退出应用程序的几种方法。

- 选择"文件"菜单中的"关闭"命令。
- 单击标题栏右侧的"关闭"按钮。
- 右击任务栏中的应用程序按钮，从弹出的快捷菜单中选择"关闭窗口"选项。
- 使用【Alt+F4】组合键。
- 通过"任务管理器"来强行关闭无响应的应用程序。

③ 常用快捷键。

在 Windows 10 中，熟练掌握快捷键的使用可以方便用户与计算机交互。使用快捷键打开应用程序通常比使用指针设备更简便，尤其是在使用便携式 PC 时。

Windows 10 中的常用快捷键如表 3.4 所示。

表 3.4　　　　　　　　　　　　　　Windows 10 中的常用快捷键

快捷键	说　明	快捷键	说　明
Ctrl+Esc 或 Win	打开或关闭"开始"菜单	Ctrl+C	复制
Win+D	显示桌面	Ctrl+X	剪切
Win+U	打开"轻松使用"	Ctrl+V	粘贴
Win+E	打开"文件资源管理器"	Ctrl+Z	撤销
Delete	删除	Ctrl+A	选中全部内容
Shift+Delete	永久删除所选项，不放入"回收站"	Esc	取消当前任务
Win+;	调出表情包	Win+↑	最大化窗口
Ctrl+Alt+Delete	打开 Windows 任务管理器	Alt+Tab	在打开的项目之间切换
Ctrl+Space	启动或关闭中文输入法	Ctrl+Shift	切换输入法
PrintScreen	整屏复制	Win+Shift+S	截图

注：表中的 Win 代表键盘上的 Windows 徽标键 ⊞。

3.1.3　控制面板的使用

在"控制面板"窗口（见图 3.15）中可以更改与 Windows 操作系统外观和工作方式有关的所有设置，其中的一系列工具或程序可以帮助用户调整计算机的设置，从而使得操作更加有趣。例如，可以通过"鼠标"工具自定义鼠标的相关设置，如鼠标键配置、双击速度、鼠标指针形状和移动速度等；可以通过"声音"工具设置音频设备的属性，更改计算机的声音设置。此外，如果某人习惯使用左手，还可以利用"鼠标"工具更改鼠标键，以便利用右按钮执行选择和拖放等主要功能。

可以通过以下两种方法来查找"控制面板"窗口中的项目。

① 使用搜索。若要查找感兴趣的设置或要执行的任务，请在搜索框中键入词语或短句。例如，键入"声音"可查找与声音相关的设置。

图 3.15 "控制面板"窗口（查看方式：类别）

② 浏览。在"查看方式"下，单击"大图标"或"小图标"以查看"控制面板"窗口中的所有项目。

若要打开某个项目，请单击它的图标；若要查看某一项目的详细信息，可以将鼠标指针停留在该图标的名称上，然后阅读显示的文本。

本节将简单介绍"控制面板"窗口中各个工具或程序的作用，然后着重介绍与操作系统相关的几个工具或程序。

1. 控制面板的组成

"控制面板"窗口中的图标对应计算机中安装的软硬件。其常用工具的功能如下。

① 鼠标：自定义鼠标设置，如改变鼠标指针的移动速度和双击速度，交换左/右按钮的功能，改变鼠标指针在不同状态下的形状等。

② 键盘：自定义键盘设置，如设置光标闪烁速度和字符重复速度等。

③ 系统：查看有关计算机的信息，并更改硬件、性能和远程连接的相关设置。

④ 日期和时间：设置计算机系统中的日期、时间和时区。

⑤ 程序和功能：卸载或更改计算机上的程序。

⑥ 设备管理器：查看并更新硬件设置和驱动程序软件。

⑦ 设备和打印机：查看和管理设备、打印机及打印作业。

⑧ 电源选项：选择计算机管理电源的方式以及节省能源或提供最佳性能。

⑨ 用户账户：更改共用此计算机的用户账户设置和密码。

在了解了这些工具的功能后，读者可以结合上机学习其操作方法。下面重点介绍其中的设备管理器和用户账户这两类常用工具。

2. 设备管理器

"设备管理器"是用户查看、管理和检修设备的有力工具。使用"设备管理器"，用户可以了解计算机上安装了哪些设备，更新这些设备的驱动程序软件，检查硬件是否正常工作并修改硬件设置。用户还可以使用"设备管理器"来更新未正常工作的驱动程序，或将驱动程序还原为以前的版本。由于系统中设备的配置信息是存储在注册表中的，所以当用户在"设备管理器"中更改设备的设置时，实质上是在编辑注册表中的相应信息。

启动图 3.16 所示的"设备管理器"的方法有以下 3 种。

① 在"控制面板"窗口的"查看方式"下单击"大图标"或"小图标",然后选择"设备管理器"。

② 在搜索框中键入"设备管理器",然后在结果列表中选择"设备管理器"。

③ 右击"此电脑"图标,在弹出的快捷菜单中选择"属性",然后选择"设备管理器"。

"设备管理器"启动后,用户可以根据实际需求寻找自己所需要的设备。一般情况下,在某一具体设备的选项上右击,会弹出相应的快捷菜单,通过快捷菜单中的命令就可以完成相应的操作。

当用户为某个设备(通常是非即插即用设备)设置了固定资源时,系统就不能对该设备的设置进行修改,发现资源冲突时也不能自行解决。

因此,用户应尽可能地让系统自动管理设备的安装和资源分配。对于非即插即用设备,可以在控制面板中选择"设备"→"添加设备"命令来进行安装。只有在需要对设备的驱动程序进行升级,或因资源的冲突而影响设备的正常工作时,才需要使用"设备管理器"来解决问题。

图 3.16 设备管理器

3. 用户账户

Windows 10 是一个多用户、多任务的操作系统,该操作系统允许每个使用计算机的用户建立自己的专用工作环境。每个用户都可以建立个人账户并设置密码,以保护自己的信息安全。

Windows 10 有两种类型的账户,分别为用户提供不同的计算机控制级别。

(1)管理员账户。这类用户账户是对计算机进行最高级别控制的账户,可以更改安全设置、安装软件和硬件、访问计算机上的所有文件,还可以对其他用户账户进行更改。安装完系统,第一次启动 Windows 10 时,系统将自动建立管理员账户。完成对计算机的设置后,通常建议用户使用标准用户账户进行日常工作。使用标准用户账户(而不是管理员账户)更安全,因为这样可以防止他人对计算机进行影响所有使用这台计算机的用户的更改。

(2)标准用户账户。这类账户是受到一定限制的账户,在系统中可以创建多个此类账户。可以利用标准用户账户使用计算机的大多数功能,但无法安装或卸载某些软件和硬件,无法删除计算机工作所需的文件,也无法更改影响计算机其他用户或安全的设置。如果使用的是标准用户账户,系统可能会提示用户先提供管理员密码,然后才能执行某些任务。

用户可以根据自己的需求来创建新账户或删除账户,以及更改账户的设置,如更改账户的名称、密码等。

3.1.4 Windows 10 中的常用工具与技巧

1. 管理工具

Windows 10 的管理工具中包含了很多有用的工具或程序,下面重点介绍两种常用的磁盘管理工具——磁盘清理以及碎片整理和优化驱动器。

(1)磁盘清理

为了释放硬盘上的空间并让计算机运行得更快,可使用磁盘清理来删除临时文件、清空回收站并删除各种系统文件和其他不再需要的项。如果计算机上有多个驱动器,系统则会提示用户选择希望进行磁盘清理的驱动器（见图 3.17），然后搜索并报告清理后可释放的磁盘空间，列出可被删除的目标文件类型（见图 3.18）。

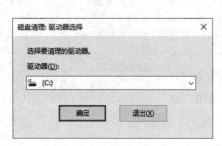

图 3.17　"磁盘清理：驱动器选择"对话框　　　　图 3.18　"（C:）的磁盘清理"对话框

（2）碎片整理和优化驱动器

随着时间的推移，保存、更改或删除文件的操作，会造成磁盘上文件和文件夹的增多，使 Windows 系统需要花费额外的时间来读取数据。碎片整理和优化驱动器程序将计算机硬盘上的碎片文件和文件夹进行合并，使每一项在卷上分别占据单个和连续的空间，有效提高系统访问文件和文件夹的效率，此操作可借助图 3.19 所示的"优化驱动器"对话框来实现。

图 3.19　"优化驱动器"对话框

2. 桌面的个性化设置

对 Windows 10 进行个性化设置的方法为：在桌面上的空白区域右击，在弹出的快捷菜单中选择"个性化"命令，进入个性化设置界面，如图 3.20 所示，单击相应的按钮便可以进行个性化设置。

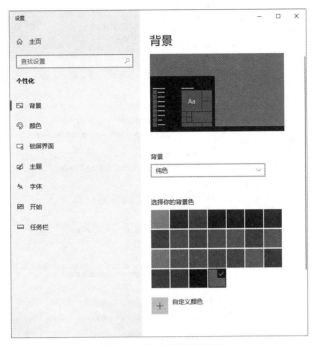

图 3.20　个性化设置界面

① 单击"背景"按钮：可以更改背景图片、选择图片契合度、设置纯色或者幻灯片放映方式等。

② 单击"颜色"按钮：可以为 Windows 操作系统选择不同的颜色，也可以单击"自定义颜色"按钮，在打开的对话框中自定义自己喜欢的主题颜色。

③ 单击"锁屏界面"按钮：可以选择系统默认的图片，也可以单击"浏览"按钮，将本地图片设置为锁屏界面。

④ 单击"主题"按钮：可以自定义主题的背景、颜色、声音以及鼠标指针样式等项目，最后可保存主题。

⑤ 单击"字体"按钮：可以选择多种样式的系统字体。

⑥ 单击"开始"按钮：可以设置"开始"菜单中要显示的应用。

⑦ 单击"任务栏"按钮：可以设置任务栏在屏幕上的位置和任务栏中的内容等。

3. IP 地址的配置

IP 地址配置的步骤如下。

① 启动"控制面板"，选择"网络和 Internet"，继续选择"网络和共享中心"，如图 3.21 所示。

② 单击窗口左侧的"更改适配器设置"超链接，在打开的窗口中右击"WLAN"命令，在弹出的快捷菜单中选择"属性"。

③ 打开"WLAN 属性"对话框后，勾选"Internet 协议版本 4（TCP/IPv4）"复选框，单击"属性"按钮，打开"Internet 协议版本 4（TCP/IPv4）属性"对话框。在对话框中选中"使用下面的 IP 地址"单选按钮；在"IP 地址"栏中输入"192.168.0.5"，在"子网掩码"栏中输入"255.255.255.0"，

在"默认网关"和"首选 DNS 服务器"栏中都输入"192.168.0.1"，相关设置如图 3.22 所示；单击"确定"按钮即可完成属性设置。

图 3.21　网络和共享中心

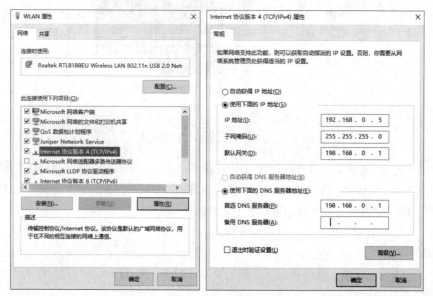

图 3.22　网络配置

4．整理桌面的技巧

（1）快速隐藏桌面图标

利用这个技巧可瞬间美化杂乱的桌面。在桌面上的空白区域右击，在弹出的快捷菜单中选择"查看"→"显示桌面图标"即可隐藏图标；若要重新查看它们，请再次选择"显示桌面图标"。

（2）清空工作区

清空工作区指将其他所有打开的应用最小化，使用户专心使用当前应用。选择并长按想要保留的窗口，然后轻微晃动鼠标，其他所有打开的应用将自动最小化以清空工作区。

（3）清理任务栏

右击任务栏空白处，选择"任务栏设置"，然后选择需要显示在任务栏上的图标即可，如图 3.23 所示。

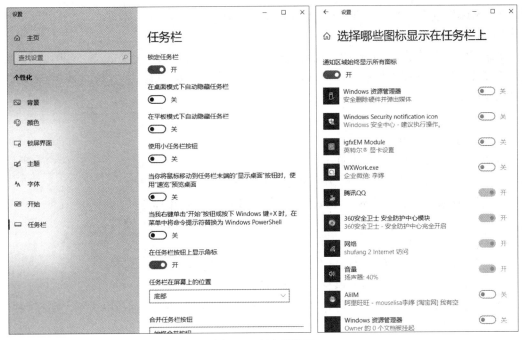

图 3.23 任务栏设置

3.2 Word 2016

文字处理是指利用计算机来编制各种文档，如文章、简历、信函、公文、报纸和书刊等，这是计算机在办公自动化方面的一个重要应用。要使计算机具有文字处理的能力，需要借助于专门的软件——文字处理软件。目前我国常用的文字处理软件有 Word、WPS 等。

Word 2016 是微软推出的 Microsoft Office 2016 套装软件中的一个组件，可以用来建立多种类型的文档。其最大的特点是"所见即所得"，最大的功能是能够实现图文的混合编排。Word 充分利用了 Windows 操作系统良好的图形界面，将文字处理和图表处理功能结合起来，使图形和文字可以混合编排，各种图形可以任意穿插于字里行间，以使文档内容清晰明了。与以前的版本相比，Word 2016 的文字处理和表格处理功能更强大，外观界面更为美观，功能按钮的布局也更合理，用户还可以自定义外观界面、默认模板、保存格式等。此外，Word 2016 还增添了不少新功能，如智能查找、搜索框、墨迹公式等。

3.2.1 Word 2016 概述

Word 2016 的常用功能可以很容易地通过图标形式的工具按钮来实现，用户不必强记命令，且在显示器上看到的内容和格式也就是最后打印出来的结果。Word 2016 可以快速地复制文字格式，使文字格式变化较多的文档的编排很容易就能实现；可以将多种格式的图形文件直接插入文档，以实现图文混排。同时，Word 2016 还具有快速产生表格的功能，并能完成基本的运算。

Word 2016 提供了相当丰富的公式、特殊符号和字符；同时，便利的书签、标注、索引与建立目录的功能可以使用户所编辑的文档逻辑清晰；通过拼写与语法检查，可以找到拼写错误的英语单词。Word 2016 还可以将重复性的操作录制成宏命令，用一个键盘按键或一个按钮即可完成多步操作。

Word 2016 提供了几十种模板，包括一般的公文文件、备忘录、传真格式、邀请函等，还有近百个图样可供用户随时套用。此外，Word 2016 还支持超链接功能，使文档能够链接到某些网站或者某个文件服务器上的文件。

1．Word 2016 的启动和退出

（1）启动 Word 2016

启动 Word 2016 的常用方法如下。

① 执行菜单命令"开始"→"所有程序"→"Word 2016"。

② 若已在桌面上建立了 Word 2016 的快捷方式，则双击该图标即可。

③ 双击任意一个 Word 文档，Word 2016 就会启动并且打开相应的文件。

（2）退出 Word 2016

完成文档的编辑工作后就要退出 Word 2016，几种常用的退出方法如下。

① 单击 Word 2016 窗口右上角的"关闭"按钮 ✕ 。

② 单击 Word 2016 窗口左上角的"文件"选项卡，在弹出的下拉面板中选择"关闭"按钮。

③ 在标题栏上右击，在弹出的快捷菜单中单击"关闭"按钮。

如果在退出 Word 2016 之前，文档还没有保存，那么在进行退出操作时，系统将提示用户是否将正在编辑的文档保存。

2．Word 2016 窗口的组成

启动 Word 2016 后，屏幕中将出现图 3.24 所示的 Word 2016 窗口。Word 2016 采用了 Windows 的图形操作界面，用户可以很方便地用它来编辑文字、图像和数据，从而制作出图文并茂的文档。在 Word 2016 的操作界面中，除了有工具菜单以外，还有许多直观且操作简便的按钮、图标和列表框等。Word 2016 窗口由编辑区、标题栏、快速访问工具栏、功能区、搜索框、滚动条、状态栏以及视图切换按钮等组成，各组成部分的作用如下。

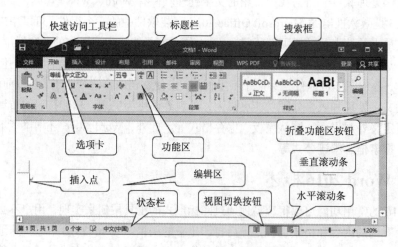

图 3.24　Word 2016 窗口的组成

（1）编辑区

编辑区又称文本区，它占据着屏幕的大部分空间。除了可以输入文本外，在编辑区中还可以插入表格和图片。编辑和排版也在该区中进行。

编辑区中闪烁的垂直光标被称为"插入点",表示当前输入的文字将要出现的位置。当鼠标指针在编辑区移动时,鼠标指针变成"I"形状,此时可快速地重新定位插入点。将鼠标指针移动到所需的位置后单击鼠标左键,插入点将出现在该位置。

（2）标题栏

标题栏中会显示 Word 2016 的商标名称"Word",以及正在编辑的文档的名称。标题栏的左端显示快速访问工具栏,右端显示"功能区显示选项""最小化""最大化(或向下还原)""关闭"按钮的图标。如果是新建立的且尚未命名的文档,则该文档会被自动命名为"文档 X"(X 表示文档的编号)。

（3）快速访问工具栏

快速访问工具栏主要显示工作中频繁使用的命令,安装好 Word 2016 之后,其默认显示"保存""撤销""重复(或恢复)"按钮。用户也可以单击此工具栏右侧的"自定义快速访问工具栏"按钮,在弹出的菜单中勾选某些命令项以将其添加到快速访问工具栏中,以便可以快速地使用这些命令。

（4）功能区

功能区横跨 Word 2016 窗口的顶部,由选项卡、组和命令 3 个基本组件组成。选项卡位于功能区的顶部,包括"开始""插入""设计""布局""引用""邮件""审阅""视图"等。单击某一选项卡,则会在功能区中看到若干个组,相关项集中在一个组中。命令则是指组中的按钮和用于输入信息的文本框等。Word 2016 还有一些特定的选项卡,它们只会在有需要的时候出现。比如,在文档中插入表格后,可以在功能区看到表格工具的"设计"选项卡。如果用户选择其他对象(如图片等),也会显示相应的选项卡。

在某些组的右下角有一个小箭头按钮 ,该按钮被称为对话框启动器。单击该按钮后,将会以对话框的形式显示与该组相关的更多选项,如"字体""段落"等对话框。

功能区将 Word 2016 中所有的功能选项巧妙地集中在一起,以便用户查找和使用。此外,当用户不需要功能选项而需要更大的编辑区时,则可以通过双击活动选项卡或单击功能区右下角的"折叠功能区"按钮 来暂时隐藏组,从而获得更多的空间。如果需要再次显示,则双击选项卡,组就会重新出现且保持打开状态。在 Word 2016 窗口中,标题栏右侧的"功能区显示选项"按钮 也可以控制功能区的显示与隐藏。

（5）搜索框

Word 2016 新增了搜索框,位于功能区中"视图"选项卡的右侧,显示有"告诉我您想要做什么"的文本字段。在搜索框中单击之后,会弹出"试用"的相关字段,此时可在搜索框中输入想要搜索的功能。例如,想要插入目录,就直接输入"目录"二字,此时将鼠标指针移至"目录"选项上,就会弹出目录的样式,然后直接选择所需的样式即可插入目录。所有搜索过的功能都会留下历史记录。

（6）滚动条

在 Word 2016 窗口中还有一个水平滚动条和一个垂直滚动条,它们分别位于窗口的底部和右侧。用户可以单击滚动条框两端的箭头或拖动滚动条来选择当前显示的文本的位置。

（7）状态栏

状态栏在 Word 2016 窗口的底部,用于显示与当前工作状态有关的信息,如插入点位置、页码、时间、打印状态、操作提示信息、Word 2016 的工作消息等。

（8）视图切换按钮

Word 提供的文档显示方式被称为"视图"，视图从不同的侧面展示文本内容。在 Word 2016 窗口中，状态栏右侧有 3 个视图切换按钮，分别是阅读视图、页面视图、Web 版式视图，用于改变文档的视图呈现方式。除以上 3 种视图方式，Word 2016 还提供了大纲视图和草稿视图，用户可以在功能区的"视图"选项卡中进行选择。

Word 2016 视图介绍

3. Word 文档的基本操作

无论是在工作中还是在日常生活中，人们都离不开各种文档，如文章、报告、报表、公文、信件等，所以文档的制作和编辑也就成了人们日常工作和生活中的重要组成部分。利用 Word 制作和编辑文档不仅省时省力，而且还可以制作或编辑出图文合一的精美甚至有声的文档，从而大大增强文档的表达效果。而在使用 Word 录入文字之前，一般要先创建文档，在编辑结束之后，也必须及时地保存文档。

（1）创建新文档

① 启动 Word 2016 之后，单击"空白文档"按钮，程序会创建一个新文档，并自动将该文档命名为"文档1"。

② 使用"文件"→"新建"→"空白文档"命令来创建新的空白文档。

③ 单击快速访问工具栏中的"新建空白文档"按钮（若无此按钮，可自行添加）或按【Ctrl+N】组合键来创建一个新的文档。

（2）文档的保存与关闭

① 保存文档。保存文档一方面是将已经录入或编辑好的文档保存起来，另一方面也是为了防止断电或其他意外事故导致正在录入或编辑的内容丢失。后者要求用户不定时地保存正在录入或编辑的文档。最简单的保存文档的方法就是单击快速访问工具栏中的"保存"按钮。如果是首次保存新创建的文档，这时窗口就会切换到"另存为"面板，选择保存路径后会弹出"另存为"对话框，在这个对话框中选择文档要保存的位置，输入文档的名称并选择保存类型，然后单击"保存"按钮即可保存新文档。如果是已经保存过的文档，Word 2016 就会自动地以新内容代替旧内容，并将其保存到原来的位置。

② 另存文档。如果需要将当前文档保存为另一个副本，则可执行"文件"→"另存为"命令，在弹出的"另存为"对话框中重新设置新文档的保存位置、名称和保存类型。

③ 自动保存文档。Word 2016 还提供了一种定时自动保存文档的功能：通过设定定时保存的间隔时间，使得 Word 2016 每隔一段时间就自动将当前所编辑的文档保存到指定的驱动器或文件夹中。设置自动保存的方法如下。

● 执行"文件"→"选项"命令，打开"Word 选项"对话框。

● 选择"保存"命令，在"保存文档"区域中勾选"保存自动恢复信息时间间隔"复选框。

● 在"分钟"文本框中，键入或选择要求自动保存文档的时间间隔（以分钟为单位）。

● 最后单击"确定"按钮。

④ 关闭文档。可执行"文件"→"关闭"命令，也可单击窗口右上角的"关闭"按钮。如果正在编辑的文档在关闭前还未保存，则 Word 2016 会打开一个对话框，询问是否保存对文档的更改。单击"保存"按钮，则程序将以当前文档名保存并关闭文档。

（3）文字的录入

① 插入／改写（替换）状态。在插入状态下，Word 2016 通常会自动将插入点后面已有的文

字右移。当需要用新输入的文字覆盖原有文字时，可以按键盘上的【Insert】键，或单击窗口底部状态栏中的"插入"按钮，使其文字变成"改写"，这时再输入的内容就会替换插入点后面原有的内容，我们称此时的文本编辑处于改写（替换）状态。

在改写（替换）状态下单击"改写"按钮又可以使文本编辑切换到插入状态。文字的录入总是在插入状态或改写（替换）状态中的某一种状态下进行，但插入状态相对用得更多一些。

② 插入点、行和段落。在当前活动的文档窗口里会有一个闪烁的光标，此处被称为插入点，它标识着文字录入的位置。随着文字的不断录入，插入点也不断地向右移动。当其到达本行行尾时，Word 2016 可以自动将插入点移到下一行，而不用通过按【Enter】键进行换行操作，除非用户想开始一个新的段落，或者在文档中插入一个空行。每按一次【Enter】键，就会产生一个段落标记符号↵。

有时也会遇到这种情况，即在插入点还没有到达行尾时就需要另起一行，但又不想开始一个新的段落，此时可按【Shift+Enter】组合键，产生一个人工换行符，即可实现既不开始一个新的段落又可换行的操作。

Word 2016 中还存在着一些有特殊意义的符号，它们被称为"非打印字符"（在最终的打印结果中这些符号并不出现），包括段落标记符、制表符、空格符号等。

③ 删除文字。在文字输入的过程中，用户可能会遇到各种各样的问题。例如，不小心输入了错误的文字，这时可以用【BackSpace】键或【Delete】键来删除。按【BackSpace】键可以删除插入点之前的文字，而按【Delete】键则可删除插入点之后的文字。

3.2.2　文本编辑

文本编辑主要包括文本内容的选择、查找、替换、复制、移动等一些基本的操作。

1. 选择文本

在对文本内容进行格式化、删除、复制等操作之前，必须先选择操作对象，如某一文本块或全部文本。下面介绍几种选择文本的方式。

（1）用鼠标选择

将鼠标指针移动到需要选择部分的第一个文字的左边，单击即将插入点移至该位置，再将鼠标指针移动到需要选择部分的最后一个文字的右边，按住【Shift】键的同时单击，即可选中该段文本。

（2）用方向键选择

先将插入点移至文本块的一端，在按住【Shift】键的同时按下方向键，即可从不同的方向选择文本。

（3）拖动选择

将鼠标指针移动到需要选择的部分的第一个文字的左边，按住鼠标左键，在将鼠标指针拖动至欲选择部分的最后一个文字后松开，此时被选中的文本会呈现反显状态。

（4）使用选定栏

窗口的左边有一个选定栏，专用于通过鼠标选定文本，当鼠标指针移入该栏时，会变为向右的箭头。在选定栏中单击可选中鼠标箭头所指的一整行，双击则会选中该行所在的文本段，三击即可选中整个文档（等同于"全选"命令）。另外，在选定栏中拖动鼠标指针可选中连续的若干行。在没有被选中的文本区中的任意位置单击，便可以取消文本的选中状态。

2. 对选定的文本的操作

在 Word 中，经常要对一段文本进行删除、移动或复制操作，这几种操作都涉及剪贴板。剪贴板就是 Windows 操作系统中一块位于内存里的存储区域，它是移动和复制的中转站。将文档中选择的一段文本放到剪贴板上，继而就可将这段文本放在文档中的另一个位置或其他文档。

涉及剪贴板的操作包括复制📋、剪切✂和粘贴📋。复制就是将文档中所选中的对象复制到剪贴板上，文档中的对象不受影响；而剪切则是将文档中所选中的对象移到剪贴板上，文档中的对象将被清除；粘贴就是把剪贴板上的内容复制到当前文档中插入点所在的位置。

（1）复制文本

距离较近时，可以通过拖放来复制文本，操作方法如下。

① 选定要复制的文本。

② 按住【Ctrl】键的同时将选定的文本拖到要复制的位置。（注意，此时鼠标指针下方有一个带"+"号的方框，表示正在进行复制操作。）

③ 松开鼠标左键及【Ctrl】键，即可完成复制。

如果复制的位置距原位置较远，则可以利用剪贴板来复制，操作方法如下。

① 选定要复制的文本。

② 执行如下操作（任选一种）。

● 单击"开始"→"剪贴板"组中的"复制"按钮📋。

● 按【Ctrl+C】组合健。

③ 把光标移动到要插入文本的位置，执行如下操作（任选一种）。

● 单击"开始"→"剪贴板"组中的"粘贴"图标按钮📋。

● 按【Ctrl+V】组合健。

（2）移动文本

距离较近时，如果要把某处的文本移动到其他位置，可以通过拖放来达到目的，方法如下。

① 选定要移动的文本。

② 将鼠标指针指向被选定的文本，此时鼠标指针会变成向左的箭头。

③ 按住鼠标左键，箭头的旁边会出现一条垂直的线段，箭头的尾部有一个虚线小方框。

④ 拖动线段到要插入文本的位置，然后释放鼠标左键即可移动文本。

移动距离较远时，可以利用 Word 2016 的剪切和粘贴功能来实现移动。这一点与复制文本的操作相似，只需将"复制"换成"剪切"即可。

（3）删除文本

删除文本的方法非常简单，只需事先选定欲删除的文本，然后直接在键盘上按【Delete】键即可。

3. 查找和替换文本

如果一篇文档很长，那么要查找其中某些文本是很费时的，在这种情况下，用户可以利用 Word 2016 中的"查找"命令来快速找到指定的文本，还可以在快速查看的同时用其他的内容来替换这些文本。"查找"和"替换"功能也可以用来查找或替换特殊符号，如制表符、分页符以及段落标记等。

查找和替换

（1）查找

单击"开始"选项卡，在"编辑"组中单击"查找"按钮右侧的下拉按钮，在下拉列表中选择"高级查找"命令，弹出"查找和替换"对话框。

在"查找内容"文本框中输入要查找的内容，或单击该框右侧的下拉按钮，在弹出的下拉列表中存放着最近几次查找的内容，用户可以直接在此选择。然后，单击"查找下一处"按钮即可开始查找。Word 2016 将会选中查找到的内容。若要继续查找，可再次单击"查找下一处"按钮。

在"查找"选项卡中，单击"更多"按钮后，会出现一些用来控制搜索条件的选项，此后该按钮的标签会显示为"更少"，如图 3.25 所示。

（2）替换

"替换"选项卡的作用在于用指定的文本代替查找到的文本。替换文本有两种方式：自动替换和手动替换。如果要计算机自动替换所有查找到的内容，单击"全部替换"按钮即可。如果要选择性地替换查找到的内容，应先单击"查找下一处"按钮，找到待替换的内容后，单击"替换"按钮进行替换；若不想替换，则可单击"查找下一处"按钮继续查找。

图 3.25　"查找和替换"对话框

"替换"选项卡中其他选项的功能和操作方法与"查找"选项卡相同。

3.2.3　文档排版

为了使文档具有漂亮的外观，便于阅读，必须对文本进行排版。Word 是"所见即所得"的文字处理软件，屏幕上显示的字符格式就是实际打印出来的形式，这给用户带来了极大的便利。Word 2016 在字体、中文版式等方面进行了改进，以满足用户多方面的需求。Word 2016 允许在字符级、段落级和文档级上改变格式。下面就文档在各个级别上的格式分别进行介绍。

1. 字符格式设置

在 Word 2016 中，用户可以为字符设置多种格式，其中包括字体、字号、大小写、粗体、斜体、上标、下标、字距、颜色等。设置字符的格式是一项比较简单的工作，但它对文本外观的影响很大。

设置字符格式有以下 3 种方法。

（1）使用"字体"组工具

使用"字体"组工具无疑是最快速、容易的一种方法。单击功能区的"开始"选项卡，此时可以看到"字体"组的相关命令项，它为用户提供了多个按钮和列表，如图 3.26 所示。

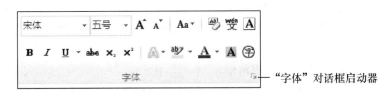
"字体"对话框启动器

图 3.26　"字体"组工具

（2）使用"字体"对话框

① "字体"选项卡。首先选定要设置格式的文本，然后右击，在弹出的快捷菜单中选择"字体"命令；或是单击"开始"选项卡，在"字体"组中单击右下方的"字体"对话框启动器，弹出图 3.27 所示的"字体"对话框，其中各选项的含义如下。

- 西文字体：设置西文的字体类型。单击右侧的下拉按钮，可以看到 Word 2016 所列举的可供当前打印机驱动程序使用的字体以及装入 Windows 操作系统的其他字体。这些都是 TrueType 字体，它可以保证屏幕上显示的和打印机输出的文本具有相同的效果。
- 中文字体：设置汉字的字体类型。

- 字形：Word 2016 为每种字体提供了 4 种字形修饰，即常规、倾斜、加粗、加粗倾斜。
- 字号：字体的字号是指字符在一行中垂直方向上的尺寸。在 Word 2016 中，字号的选择非常灵活，可以按照号数选择，如三号、六号等；也可按磅值来选择，如 10 磅、12 磅等（1 厘米≈28.35 磅）。此外，用户还可以在"字号"框中输入字号列表中没有的号数或磅值。

- 字体颜色：Word 2016 提供了多种预先设置好的颜色。单击"字体颜色"右侧的下拉按钮，可以给选定的文本设置颜色。
- 下划线：给字符添加下划线。单击"下划线线型"右侧的下拉按钮，打开该列表框，可在列表中选择所需的下划线类型。

图 3.27 "字体"对话框

- 效果：Word 2016 提供了删除线、双删除线、上标、下标、小型大写字母、全部大写字母、隐藏等多种类型的字符效果。

② "高级"选项卡。在"高级"选项卡中可设置字符间距、缩放的幅度和位置。

- 间距是指字符之间的距离的大小。Word 2016 提供了 3 种字符间距——标准间距、紧缩间距和加宽间距，默认采用标准间距。
- 缩放是指缩小和放大字符后宽、高的比值，用百分数表示。
- 位置表示字符在标准位置上上升、下降或不变。

③ "文字效果"按钮。文字效果是指文字的动态效果，在对话框中可设置文本的填充样式、文本轮廓、阴影、发光、三维效果等。

（3）通过浮动工具栏进行设置

当鼠标指针指向选定的文本时，在选定文本的右上角会出现浮动工具栏，利用它进行设置的方法与利用功能区的按钮进行设置的方法类似。

2. 段落格式设置

在 Word 2016 中，段落可以是文本，也可以是图形等，每一个段落的末尾都有一个段落标记符号。利用段落格式工具，可以调整行间距、缩进和对齐方式；此外，还能添加行号、边框和底纹等。设置段落格式后，可以使文档更具条理性，结构更清晰。

段落格式设置

在设置段落格式时，并不需要对每一个段落都进行格式设置。当设置完一个段落的格式后开始设置下一个段落的格式时，该段落的格式将和前一个段落完全一样。除非用户需要更改格式，否则该格式会一直保持到文档结束。

如果在文档界面上没有出现段落标记，可选择"文件"→"选项"命令，在弹出的"Word 选项"对话框中选择"显示"命令，勾选"段落标记"复选框，如图 3.28 所示。

用户可以通过以下方法对段落格式进行设置。

（1）使用"段落"对话框

首先选定要设置格式的段落，然后右击，在弹出的快捷菜单中选择"段落"命令；或单击"开始"选项卡，在"段落"组中单击右下方的"段落"对话框启动器 ，弹出图 3.29 所示的"段落"对话框，其中各选项的含义如下。

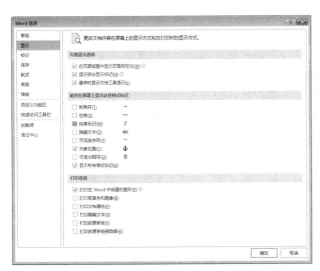

图 3.28　"Word 选项"对话框

图 3.29　"段落"对话框

① 对齐方式：文档中段落中的文字或其他内容相对于左右页边距的对齐方式。Word 2016 提供左对齐、右对齐、居中、两端对齐、分散对齐 5 种对齐方式。

② 大纲级别：可为选定的段落选择大纲级别，如正文文本、1 级、2 级等。当用户以大纲视图的方式编辑文档时此项设置将被应用。

③ 缩进：文字相对于左、右页距的位置。可以通过调整段落的缩进量来使之与其他文字区分，改善视觉效果。

④ 间距：段落中邻近行之间的距离（行间距）以及段落与段落之间的距离。有时在特定的段落中会包含一些图形、表格、签名等，为了给这些特殊格式留出足够的空间，需要调整段落中的行间距以及段落与段落之间的距离。

（2）使用"段落"组工具

使用"开始"选项卡下的"段落"组工具，可以调整段落的对齐方式、缩进量、项目符号等。

（3）使用标尺调整段落的缩进量

用户可以使用水平标尺上的 4 个标记来调整段落的缩进量，如图 3.30 所示。首先确定将要缩进的段落，方法是将插入点移动到该段落中，然后直接拖动标尺上的首行缩进标记，即可改变指定段落首行的缩进量。

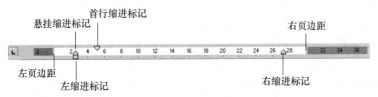

图 3.30　使用标尺调整段落的缩进量

如果要改变选定段落的左/右缩进量，同样拖动标尺上的左/右缩进标记到指定的位置即可。

悬挂缩进标记和左缩进标记是叠在一起的三角形标记和方块标记，拖动悬挂缩进标记将使选定的区域悬挂缩进，而拖动左缩进标记时，首行缩进标记和左缩进标记将同步移动。

如果用户的 Word 2016 窗口中没有显示标尺，可单击"视图"选项卡，选中"显示"组中的"标尺"复选框。

3. 格式刷的使用

经常出现这样的情况：用户希望将某段文本的格式复制到文档中的其他地方（注意：不是复制文本内容，仅是复制格式）。这时，使用格式复制功能就十分方便，不用再对每段文本进行同样的格式设置工作。具体方法是：先选取一段已设置好格式的文本，但要注意该段文本应具有统一的格式，然后单击或双击"开始"选项卡下"剪贴板"组中的"格式刷"按钮 ，这时鼠标指针会变成一个小刷子，这个小刷子代表了这段文本的格式，当用这个小刷子刷过一段文本（即用鼠标选取一段文本）后，被刷过的文本立即采用设置好的格式。单击与双击"格式刷"按钮的区别是：单击只能使用一次格式刷；双击则可以连续使用格式刷，将某一指定格式复制到多个地方，直到再次单击"格式刷"按钮为止。

4. 项目符号和编号

Word 2016 可以快速地给列表添加项目符号和编号，使文档更有层次感，还可在输入时自动产生带项目符号和编号的列表。项目符号除了使用"符号"外，还可以使用"图片"。

（1）创建项目符号和编号

如果在段落的开始处输入起始编号，按【Enter】键后，Word 2016 会自动将该段转换为列表，同时将下一个编号插入下一段的开始处。

（2）添加项目符号

对于已有的文本，可以通过"项目符号"按钮自动添加项目符号：选定要添加项目符号的段落，单击"段落"组中的"项目符号"按钮 ，就会在这些段落前加上统一的项目符号。若要改变项目符号的样式，可单击"项目符号"按钮右侧的下拉按钮，在弹出图 3.31 所示的下拉列表中选择其他的项目符号样式。如果对屏幕上显示的项目符号不满意，可以选择"定义新项目符号"命令，然后在打开的对话框中进行设置。

图 3.31 "项目符号"下拉列表

（3）添加编号

编号与项目符号的不同之处是：项目符号都使用相同的符号，而编号则为一组连续的数字或字母。

对于已有的文本，可以通过"编号"按钮自动转换成编号列表：选定要设置编号的段落，单击"段落"组中的"编号"按钮 ，就会在这些段落前加上数字编号。若要改变编号的形式，可单击"编号"按钮右侧的下拉按钮，在打开的下拉列表中选择其他的编号样式。如果对屏幕上显示的编号不满意，可以选择"定义新编号格式"命令，然后在打开的对话框中进行设置。

5. 页面格式设置

页面格式的设置直接影响文档的打印效果。为了打印出合乎要求的文档，在打印之前需要以页为单位，对文档进行整体性的格式调整，包括纸张大小的设置、纸张方向的设置、页边距的设置，以及如何添加页眉和页脚、如何将文档设计成多栏版式等。

（1）页面设置

由于创建一个新文档时，Word 2016 已经按照默认的格式（模板）设置了页面。例如，"空白文档"模板的默认页面格式为 A4 纸大小，上下边距为 2.54cm，左右边距为 3.17cm，每页有 44

行，每行有 39 个汉字等。因此，在一般情况下，用户无须再进行页面设置。当需要对纸张的大小和方向、页边距等进行设置时，可以单击"布局"选项卡，然后单击"页面设置"组中的"页面设置"对话框启动器，弹出"页面设置"对话框，如图 3.32 所示。

如果在"纸张大小"的下拉列表框中选择"自定义大小"命令，则需在"高度"和"宽度"编辑框中选定或输入纸张的高度和宽度值，否则这两个编辑框内显示的仍是当前选择的某一规格的纸张的尺寸。随着页面设置的改变，Word 2016 将自动重新排版，并在下方的"预览"区域中随时显示文档的外观。当外观合乎要求时，单击"确定"按钮即可完成设置。

页边距的设置是指决定在文本的边缘处留出多少空白区域，而且还可以为打印文档提供装订区域。用户可以利用"页边距"选项卡对页边距进行调整。

（2）页眉和页脚

页眉指的是显示在页面顶部空白处的文本或图形，页脚指的是显示在页面底部空白处的文本或图形。例如，公司标志可以显示在顶部的页眉中，而日期则可以显示在底部的页脚中。

要添加页眉，可以单击"插入"选项卡，在"页眉和页脚"组中单击"页眉"按钮，并在弹出图 3.33 所示的内置页眉下拉列表中选择一种页眉类型。此时屏幕上会出现页眉和页脚的工具栏以及被虚线围成的编辑区，当前选项卡也变成"页眉和页脚工具"的"设计"选项卡，如图 3.34 所示。

图 3.32 "页面设置"对话框

图 3.33 "页眉"下拉列表

图 3.34 "页眉和页脚工具"的"设计"选项卡

一般情况下，Word 2016 在文档中的每一页显示相同的页眉和页脚。当然，用户也可以设置成首页与其他页不同的页眉和页脚，或者奇偶页不同的页眉和页脚，只要在图 3.34 所示的选项卡的"选项"组中，勾选"首页不同"或"奇偶页不同"复选框即可。

单击"转至页脚"按钮，即可切换到页脚编辑区。

当把插入点置于页眉或页脚编辑区时，可直接输入页眉或页脚的内容。当页眉或页脚的内容中需要出现页码、日期、时间或图片时，直接单击"页眉和页脚工具"→"设计"选项卡中的"页眉和页脚"组中的"页码"按钮，"插入"组中的"日期和时间"按钮、"图片"按钮等，便可进行相应的设置。

（3）文档分栏

Word 2016 为文档提供了一种称为"栏"的格式。分栏就是将文字分成几栏排列，是一种常见于报纸、杂志中的排版形式。先选择需要设置分栏的文字，若不选择，则系统默认对整篇文档进行分栏排版；再单击"布局"选项卡，在"页面设置"组中单击"分栏"按钮，在弹出的下拉列表中选择某个命令，即可将所选内容分为相应的栏数。

如果想对文档进行其他形式的分栏，可选择"分栏"按钮下拉列表中的"更多分栏"命令，弹出"分栏"对话框，如图 3.35 所示。在此对话框中，可以设置栏数、栏宽、栏与栏的间距以及是否在两栏之间加分隔线等。

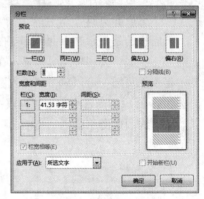

图 3.35 "分栏"对话框

3.2.4 表格制作

表格最大的优点是结构严谨，效果直观。一张简单的表格往往可以代替大量的文字叙述，而且能更直观地阐述含义。鉴于表格的这种优点，它被广泛地应用于科技、经济等类型的文档中。Word 2016 就具有处理各种表格的功能。

表格是由一个个小方框排列而成的，这些小方框通常被称为"单元格"，单元格中可以填入文字、数字以及图形。

1. 插入表格

在 Word 2016 中，插入表格的常用方法有以下 4 种。

（1）通过"插入表格"对话框创建表格

① 将插入点定位在需要插入表格的位置，选择功能区中的"插入"选项卡，在"表格"组中单击"表格"按钮，在打开的下拉列表中选择"插入表格"命令，弹出"插入表格"对话框，如图 3.36 所示。

② 分别在"列数"和"行数"编辑框中输入表格的列数和行数。

③ 如果要指定表格的列宽，则选择"固定列宽"，并在其右侧的编辑框中输入或选择所需的值；如果要使表格自动调整其列宽，则选择"根据内容调整表格"。

④ 单击"确定"按钮，即可在文档中创建一个指定行数和列数的空白表格。

（2）直接创建表格

① 将插入点定位在需要插入表格的位置并切换至"插入"选项卡，在"表格"组中单击"表格"按钮。在打开的下拉列表中，将鼠标指针指向第一个方格并按住鼠标左键进行拖动，如图 3.37 所示。

图 3.36 "插入表格"对话框　　　图 3.37 插入表格

② 拖动至需要的行、列数所在的位置时释放鼠标左键，即可创建表格。

（3）使用快速表格模板创建表格

① 将插入点定位在需要插入表格的位置并切换至"插入"选项卡，在"表格"组中单击"表格"按钮，在打开的下拉列表中选择"快速表格"命令，再在内置的表格样式库中选择需要的模板。

② 用所需的数据替换模板中的数据。

（4）将文本转换成表格

用户可以将已设置分隔符（如段落标记、Tab 制表符、逗号或空格等）的文本转换成表格，操作步骤如下。

① 选定要转换为表格的文本。

② 切换至"插入"选项卡，在"表格"组中单击"表格"按钮，在打开的下拉列表中选择"文本转换成表格"命令，设置相关属性后即可将文本转换成表格。

插入表格后，功能区会出现用于表格编辑的"表格工具"，包含"设计"和"布局"两个选项卡。

2. 在表格中插入单元格、行、列

将插入点定位在想要插入单元格、行或列的位置，然后按如下方法进行操作，即可插入相应的单元格、行或列。

（1）插入单元格

在"表格工具"的"布局"选项卡中，单击"行和列"组中的"表格插入单元格"对话框启动器，打开图 3.38 所示的"插入单元格"对话框，在其中选择一种插入方式。例如，选择"活动单元格右移"，即可在当前单元格的位置插入一个单元格，而原单元格则向右移动一格。

图 3.38 "插入单元格"对话框

（2）插入行

将插入点置于单元格内，在"表格工具"的"布局"选项卡中，单击"行和列"组中的"在上方插入"或"在下方插入"按钮，即可在当前单元格的位置按照该单元格所在行的行高插入一行，而原来所在的行则向下或向上移动一行。

（3）插入列

插入列的方法与插入行的方法相似。

3. 删除单元格、行或列

将插入点定位在想要删除的单元格、行或列所在的单元格上，然后按如下方法进行操作，即可删除相应的单元格、行或列。

（1）删除单元格

选定要删除的单元格，单击"表格工具"的"布局"选项卡，在"行和列"组中单击"删除"按钮，在展开的下拉列表中选择"删除单元格"命令；或者选定要删除的单元格，右击，在弹出的快捷菜单中选择"删除单元格"命令，即可弹出"删除单元格"对话框。

在"删除单元格"对话框中选择一种删除方式，例如，选择"右侧单元格左移"命令，即可删除当前所选定的单元格，并使原单元格右侧的单元格向左移动一格。

（2）删除行

单击"表格工具"的"布局"选项卡，在"行和列"组中单击"删除"按钮，在展开的下拉列表中选择"删除行"命令；或者右击，在弹出的快捷菜单中选择"删除单元格"命令，即可弹出"删除单元格"对话框。在对话框中选择"删除整行"命令，即可删除插入点所在的行或选定的行。

（3）删除列

删除列的方法与删除行的方法类似。

4. 合并/拆分单元格

在对表格进行编辑时，合并/拆分单元格是经常要进行的操作。单元格的合并是指将相邻的若干个单元格合并成一个单元格；单元格的拆分是指将一个单元格分割成若干个相邻的单元格。

使用合并/拆分单元格功能，能够让用户更方便地安排表格的布局。

① 选择要合并的单元格，切换到"表格工具"的"布局"选项卡，在"合并"组中单击"合并单元格"按钮；或者选择要合并的单元格，右击，在弹出的快捷菜单中选择"合并单元格"命令，即可合并选定的单元格。

② 选择要拆分的单元格，切换到"表格工具"的"布局"选项卡，在"合并"组中单击"拆分单元格"按钮；或者选择要拆分的单元格，右击，在弹出的快捷菜单中选择"拆分单元格"命令，打开"拆分单元格"对话框。在"列数"和"行数"编辑框中分别输入所需的数值，再单击"确定"按钮，即可拆分选定的单元格。

5. 调整表格的行高、列宽

创建表格时，如果用户没有设置行高和列宽，Word 2016 将使用默认的行高和列宽。用户也可以根据需要对其进行调整，方法如下。

（1）在"表格属性"对话框中设置具体的值

选择要调整行高或列宽的单元格，单击"表格工具"的"布局"选项卡，在"单元格大小"组中单击"表格属性"对话框启动器，弹出"表格属性"对话框，如图 3.39 所示。然后根据需要选择选项卡，以调整表格的行高、列宽或单元格的宽度等。

（2）使用"高度"或"宽度"编辑框

选择要调整行高或列宽的单元格，单击"表格工具"的"布局"选项卡，在"单元格大小"组中单击"高度"或"宽度"编辑框右侧的微调按钮，或者直接在框内输入数值。

（3）利用标尺调整

Word 2016 还提供了一种调整行高和列宽的快捷方式。将鼠标指针置于待调整列（或行）的左（或下）框线上，待鼠标指针变成带有双向箭头的形状时拖动鼠标，即可调整表格的列宽（或行高）。

6. 设置单元格内文字的对齐方式

单元格内文字的对齐方式有水平对齐和垂直对齐两种方式。进行单元格内文字的对齐方式的设置之前，先要选择相应的文字。

如果要设置单元格内文字的水平对齐方式，可以通过单击"开始"选项卡下"段落"组中的"左对齐""居中""右对齐""两端对齐""分散对齐"5 个图标按钮来设置，或在"段落"对话框中"缩进和间距"选项卡下的"对齐方式"下拉列表框中进行设置。

如果要设置单元格内文字的垂直对齐方式，可以在 "表格属性"对话框里单击 "单元格"选项卡，如图 3.40 所示，然后通过在"垂直对齐方式"区域中单击 3 个图标按钮来进行设置。

图 3.39 "表格属性"对话框之"行"选项卡

图 3.40 "表格属性"对话框之"单元格"选项卡

如果要同时设置单元格内文字的水平对齐方式和垂直对齐方式，可以先选中要设置的单元格，然后右击"表格工具"的"布局"选项卡。在"对齐方式"组中有 9 种对齐方式的图标按钮，分别是"靠上两端对齐""靠上居中对齐""靠上右对齐""中部两端对齐""水平居中""中部右对齐""靠下两端对齐""靠下居中对齐""靠下右对齐"，单击相应图标按钮即可进行设置。

7. 设置表格在文档中的对齐方式

当表格宽度小于页面宽度时，默认情况下采用左对齐方式。如果要改变表格在页面中的位置，可以按如下步骤进行设置。

① 将光标放置于表格中。

② 单击"表格工具"的"布局"选项卡，在"表"组中单击"属性"按钮，弹出"表格属性"对话框。

③ 选择"表格"选项卡。在"对齐方式"区域中做如下选择。

- 如要将表格与页面的左页边距对齐，选择"左对齐"。此时，"左缩进"编辑框被激活，在该框中输入或选择表格与左页边距之间的距离。
- 如要将表格放置于页面中央，选择"居中"。
- 如要将表格与页面的右页边距对齐，选择"右对齐"。

④ 单击"确定"按钮。

8. 设置表格的边框和底纹

改变表格外观的方式很多，如为表格设置边框、设置底纹以及套用表格样式等。默认情况下，在 Word 2016 中建立的表格都具有 0.5 磅的黑色单实线边框。

（1）设置边框

先选定要设置边框的单元格或表格，然后单击"表格工具"的"设计"选项卡，在"边框"组中单击"边框"下拉按钮，在打开的下拉列表中选择"边框和底纹"命令，打开"边框和底纹"对话框，选择"边框"选项卡。在对话框中，选择所需的线型、颜色、线的宽度及要设置的边框的类型。如果只想使某些部分具有边框或在表格中添加斜线，可在"预览"区域中通过单击来显示图形中的各条边框，或者使用按钮来添加边框。在"应用于"下拉列表框中选择"表格"或"单元格"。最后单击"确定"按钮。

设置表格的边框和底纹

（2）设置底纹

先选定要设置底纹的单元格或表格，在"边框和底纹"对话框中，选择"底纹"选项卡。在此选项卡中进行相应的设置后，单击"确定"按钮。

（3）套用表格样式

Word 2016 为用户提供了多种表格样式。选中表格，单击"表格工具"的"设计"选项卡下"表格样式"组中的"其他"按钮，在打开的下拉列表中选择一种表格样式，即可套用表格样式。

3.2.5 图文混排

Word 最大的特点之一是能够在文档中插入图形对象，实现图文混排，达到图文并茂的效果。Word 2016 中图形对象的来源有多种，如本地图片、联机图片、艺术字、文本框、SmartArt 图形等，对图形对象的操作有插入、格式设置等。Word 2016 允许用户在文档中编辑这些对象。

1. 插入本地图片

① 使光标定位于要插入图片的位置，单击"插入"选项卡下"插图"组中的"图片"按钮，打开"插入图片"对话框。

② 找到要选用的图片，单击"插入"按钮即可将图片插入文档。

插入后的图片的四周会出现 8 个不同方向的控制点，把鼠标指针移到控制点上，当其变成双向箭头形状时，拖动鼠标指针即可改变图片的大小。同时，功能区中会出现用于图片编辑的"格式"选项卡，如图 3.41 所示。该选项卡中有"调整""图片样式""排列""大小"4 个组，利用其中的命令按钮可以对图片进行位置、环绕方式、颜色等方面的设置。

图 3.41 "图片工具"的"格式"选项卡

通过"格式"选项卡下"调整"组中的按钮，可以为图片设置艺术效果、校正图片、调整颜色、压缩图片等。通过"图片样式"组中的按钮，不仅可以将图片设置成预设好的样式，还可以根据自己的需要通过"图片边框""图片效果""图片版式"3 个下拉按钮来对图片进行自定义设置，包括更改图片的边框以及设置阴影、发光、三维旋转等效果。通过"排列"组中的按钮，可以设置图片相对于文字的位置、环绕方式等。通过"大小"组的按钮可以调整图片的尺寸大小。

2. 插入联机图片

插入联机图片是指通过连接互联网并在其中搜索图片来帮助用户插入合适的图片。Word 2016 中插入联机图片的步骤如下。

① 单击"插入"选项卡下"插图"组中的"图片"→"联机图片"按钮，打开"插入图片"对话框。

② 在对话框的"必应图像搜索"文本框中输入要查找的图片的名称，单击搜索按钮，在对话框的列表中将显示所有找到的符合条件的图像。选中所需的图片，单击"插入"按钮。

插入联机图片后，在功能区同样会出现用于图片编辑的"格式"选项卡，设置联机图片格式的方法与设置本地图片类似。

3. 插入艺术字

艺术字作为一种特殊的文字效果，实际上是一种图形对象。Word 2016 中插入艺术字的步骤如下。

① 将光标放置于要添加艺术字的位置，单击功能区中"插入"选项卡下"文本"组中的"艺术字"按钮，选择一种艺术字样式。

② 在艺术字的"请在此放置您的文字"编辑框中输入文字。

插入艺术字后，功能区会出现用于艺术字编辑的"绘图工具"的"格式"选项卡，如图 3.42 所示。利用"形状样式"组中的命令按钮可以对艺术字的形状进行填充以及轮廓和效果方面的设置；利用"艺术字样式"组中的命令按钮可以对艺术字的文本进行填充以及轮廓和效果方面的设置。

图 3.42　"绘图工具"的"格式"选项卡

4. 绘制自选图形

Word 2016 提供了很多自选图形绘制工具，包括线条、矩形、基本形状、箭头和流程图等。插入自选图形的步骤如下。

① 单击功能区中"插入"选项卡下"插图"组中的"形状"按钮，在打开的形状下拉列表中选择所需的自选图形，这时鼠标指针变成十字形。

② 将鼠标指针移动到文档中需要放置自选图形的位置,按住鼠标左键并拖动至合适的大小后松开，即可绘制出自选图形。

插入自选图形后，在功能区会出现"绘图工具"的"格式"选项卡，与艺术字类似，也可以对自选图形进行填充以及轮廓和效果方面的设置。

5. 使用文本框

文本框是存放文本的容器，也是一种特殊的图形对象。文档中的任何内容，如一段文字、一个表格、一幅图及它们的组合等，只要被装进文本框，就如同被装入了一个容器，可以随时将其移动到页面的任何位置。

（1）插入文本框

单击"插入"选项卡下"文本"组中的"文本框"按钮，打开下拉列表，在内置的文本框样式中选择合适的类型即可，也可以手工绘制横排或竖排文本框。此时，新插入的文本框处于编辑状态，用户可以直接在其中输入内容。

（2）编辑文本框

选择要编辑的文本框，单击功能区中的"绘图工具"的"格式"选项卡，将显示各类操作按钮。文本框的编辑方法与艺术字类似，若想更改文本框中的文字方向，单击"文本"组中的"文字方向"按钮，在打开的下拉列表中进行选择即可。

6. 使用 SmartArt 图形

SmartArt 图形是信息和观点的视觉表示形式。可以通过在多种布局中选择合适的形式来创建 SmartArt 图形，从而快速、轻松、有效地传达信息。

插入 SmartArt 图形的步骤如下。

① 切换到"插入"选项卡，单击"插图"组中的"SmartArt"按钮，打开"选择 SmartArt 图形"对话框，如图 3.43 所示。

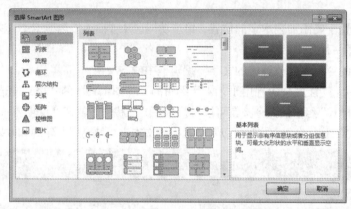

图 3.43 "选择 SmartArt 图形"对话框

② Word 2016 提供了 8 类 SmartArt 图形，虽然种类多样，但其操作方式大同小异。图 3.43 所示的对话框的左侧列出了 SmartArt 图形的分类，选择某一分类后，在对话框的中间会显示该类别下所有 SmartArt 图形的缩略图，单击某一图形，在右侧可以预览到该种 SmartArt 图形，并且在预览图的下方会显示出该图形的文字介绍。用户只需选择需要的 SmartArt 图形类型即可。

③ 单击"确定"按钮，即可插入 SmartArt 图形。在文档中插入了 SmartArt 图形后，在功能区会自动显示用于编辑 SmartArt 图形的"SmartArt 工具"，包括"设计"和"格式"两个选项卡。通过"SmartArt 工具"，可以为 SmartArt 图形进行添加形状、更改布局、更改颜色、更改形状样式等设置。

3.3 Excel 2016

Excel 是一种功能完整、操作简易的电子表格处理软件，除了提供基本的电子表格制作功能外，它还拥有丰富的函数以及针对表格数据的各种高级处理功能，如计算、统计分析、数据筛选、数据透视及各种数据统计图绘制等，有助于用户高效率地创建与管理资料，因此，被广泛应用于经济、行政等各个领域。Excel 2016 可以采用比以往更多的方法来分析、管理和共享信息，从而帮助用户做出更好、更明智的决策。

本节首先介绍 Excel 2016 的基本术语，然后分别介绍 Excel 2016 中的基本操作、图表的使用以及数据管理等基本技能和相关概念。

3.3.1 基本术语

下面介绍 Excel 涉及的几个重要的基本术语。

1. 工作簿

在 Excel 中，工作簿是用来处理和存储数据的文件。由于每个工作簿可以包含多张工作表，因此可在一个文件中管理多种类型的信息。工作簿文件的扩展名是 ".xlsx"。Excel 在打开、关闭、保存文件时，使用的便是工作簿文件。

2. 工作表

工作簿中的每一张表称为工作表，它是由若干行和若干列构成的表格，行号和列号分别用数字和字母来加以区别。一张 Excel 工作表由 1 048 576 行、16 384 列组成。每一行有行号，行号用数字表示，范围为 1～1 048 576；每一列有列号，列号用字母表示，范围为 A～XFD。

在同一时间内，只有一张工作表是活动工作表，即对用户输入的内容做出反应的工作表（当前工作簿窗口中显示的工作表）。可以通过单击工作表标签来切换活动工作表。工作表是 Excel 提供给用户的主要工作环境，用户对数据的处理工作都是在此环境下完成的。

3. 单元格

单元格是工作表的基本元素和最小的独立单位，可在其中输入文本、数字、日期、时间等不同类型的数据，也可在其中输入所要求的计算公式。同一时间内只有一个单元格是活动的，称为活动单元格。Excel 只允许在活动工作表的活动单元格中输入或修改数据。活动单元格由黑色粗边框线包围。当打开一张空白工作表时，活动单元格总是 A1 单元格。可以用鼠标或键盘将其他单元格设置为活动单元格，在同一时刻有且仅有一个活动单元格。

4. 单元格地址

单元格地址是单元格在工作表中的位置，用列号和行号的组合来表示，如第 1 行与第 A 列交叉处的单元格的地址可用 A1 来表示。在对工作表进行处理的过程中，单元格的引用是通过单元格地址来实现的，因而单元格地址是 Excel 的基本要素。

引用单元格的方式可以分为以下几种。

（1）绝对引用

绝对引用（绝对地址）用行号、列号以及符号$来表示，公式中引用的单元格地址在复制、移动公式时不会改变。

引用格式：$列坐标$行坐标。

例如，$B$6，$A$4，$C$5:$F$8。

（2）相对引用

相对引用（相对地址）用行号和列号来表示，公式中引用的单元格地址在复制、移动公式时自动调整。

引用格式：列坐标行坐标。

例如，B6，A4，C5:F8。

（3）混合引用

混合引用（混合地址）包含绝对列和相对行（如$A1），或是绝对行和相对列（如 A$1）。如果公式所在单元格的位置会改变，则相对引用部分会

单元格的引用方式

改变，绝对引用部分不会变；如果复制、移动公式，则相对引用的部分自动调整，绝对引用的部分不做调整。

5. 区域

在利用 Excel 处理数据的过程中，常常涉及很多个单元格，为此，Excel 引入了"区域"的概念。所谓"区域"，就是由工作表中若干个单元格组成的一组单元格，这些单元格可以是连续的，也可以是不连续的。在引用区域时，既可以用区域地址，也可以用区域名。对区域可以进行多种操作，如移动、复制、删除、计算等。

对于连续的单元格所形成的区域，可以利用左上角的单元格和右下角的单元格的地址引用该区域，中间用半角冒号":"隔开，如 A1:B6。当区域中只含有一个单元格时，则区域就是单元格，因而单元格地址就是区域地址。在用区域地址引用区域时，可以根据具体需要使用相对地址、绝对地址或混合地址。

区域名是用户为某特定区域定义的名字。Excel 允许为区域命名以便通过区域名引用区域。区域名必须先定义后使用，即只有在定义了区域名以后，才能在引用该区域时使用它。

6. 通配符

通配符是一类键盘字符，常用的通配符有星号"*"和问号"?"。当不知道真正字符或者不想键入完整名字时，常常使用通配符代替一个或多个真正字符，从而构成筛选、查找和替换内容时的比较条件。Excel 中常用的通配符如表 3.5 所示。

表 3.5　　　　　　　　　　　　　　　　　Excel 中常用的通配符

通配符	含　义	示　例
?	用于代替任何单个字符	如用 sm?th 查找"smith"和"smyth"
*	用于代替 0 个或多个字符	如用*east 查找"Northeast"和"Southeast"
~	代表波形符右侧的符号为普通字符	如用"fy91~?"查找"fy91?"

7. 样式

样式是单元格的格式组合，包括字体、对齐方式、边框线、图案等格式类型。用户定义了单元格的格式以后，可以将其作为样式保存，然后将该样式应用于其他的单元格或区域。样式保存以后，如有必要，还可以对其进行修改、补充。对一个样式进行修改后，所有应用此样式的单元格或区域的格式都将自动改变。

8. 图表

图表是数据的图形化描述。Excel 2016 版本提供了多种图表类型，如柱形图、折线图、饼图等，利用它们可以非常直观、醒目地描述工作表中数据之间的关系和变化趋势。用户可以根据需要在同一工作表中创建一个或多个图表。当工作表中的数据发生变化时，基于工作表的图表也会自动改变。图表可以和工作表中的数据一起保存、打印。

9. 数据清单

工作表中具有相同性质的若干行数据可以作为数据清单，其中的一行作为一条记录，一列作为一个字段。工作表中的数据无须经过特别说明就可以作为数据清单使用，进行有关数据管理的操作。

3.3.2　基本操作

1. Excel 2016 窗口的组成

Excel 2016 不仅具有一般软件所具有的处理数据、绘制图表和图形的功能，还具有智能化计算、数据管理和展示功能。它具有窗口、菜单、工具按钮以及操作提示等多种友好的界面特性，使用十分方便。启动后，其窗口的组成如图 3.44 所示。

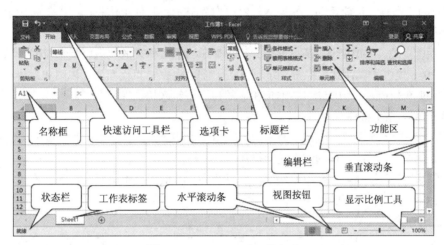

图 3.44　Excel 2016 窗口的组成

每次启动 Excel 2016 之后，它都会自动地创建一个新的空白工作簿，并将其命名为"工作簿 1"。工作簿是 Excel 2016 所生成的文件类型，一个工作簿可由多张工作表组成，每一张工作表的名称在工作簿的底部以标签形式出现，如图 3.44 中的"工作簿 1"由一张名为"Sheet1"的工作表组成。

（1）快速访问工具栏

快速访问工具栏用于放置命令按钮，方便用户快速启动经常使用的命令。默认情况下，快速访问工具栏中只有几个命令按钮（一般是保存、撤销和恢复），用户可以根据需要添加多个命令按钮。

（2）标题栏

标题栏位于窗口的最上方，用于显示当前正在使用的文件名称和程序名称等信息。单击标题栏右侧的最小化、最大化或关闭按钮，可以最小化、最大化或关闭窗口。

（3）文件按钮

Excel 2016 的文件按钮包含了对整个文件进行操作的命令，其对应的列表中还会列出最近打开及存储过的文件，方便用户再次使用。

（4）功能区及功能区选项卡

功能区以选项卡的形式列出 Excel 2016 中的操作命令。从窗口上方看起来像菜单的名称但其实是功能区选项卡的名称。单击这些名称时并不会打开菜单，而是切换到与之相对应的功能区面板。每个功能区面板根据功能的不同又分为若干个组，每个组下又包括若干个命令。

可以使用【Ctrl+F1】组合键最小化功能区，以显示更多单元格。

（5）编辑栏和名称框

在工作表中选中单元格后，可以在编辑栏中输入或修改该单元格中的内容，如公式、数据及文字等。位于编辑栏左边的是名称框，用于显示当前单元格或单元格区域的名称，以及用于命名和快速定位单元格及单元格区域。由于单元格的默认宽度在一般情况下无法使单元格中的数据完整显示出来，因此在编辑栏中编辑数据会比较方便。

当用户在单元格中编辑内容时，在名称框右边会出现和两个按钮，它们用于取消和确认输入编辑的内容。在这两个按钮的旁边还有一个按钮，用于插入函数。

（6）工作表标签

工作表标签位于窗口的左下方，初始名称为"Sheet1"，代表工作表的名称。单击标签名即可切换到相应的工作表。当前活动工作表的标签以白底显示，其他工作表标签以灰底显示。

（7）状态栏与视图按钮

状态栏位于 Excel 2016 窗口的最下面，用于显示当前工作表的状态以及相应的提示信息。

Excel 2016 提供了 3 种显示视图，分别为"普通"视图、"页面布局"视图和"分页预览"视图，可以通过单击 Excel 2016 窗口右下角相应的视图按钮来切换视图。

2. 单元格的基本操作

在创建和编辑工作表的过程中，经常要对一组单元格进行操作，如对某一区域内的所有单元格执行删除、清除、复制、移动、填充等操作。在 Excel 2016 中，当某一单元格区域被选定后，该区域中除活动单元格外的其余单元格都呈反显状态，并被黑色粗边框线包围。若选定了区域，则活动单元格总是位于选定的区域中。

（1）选定单元格区域

在 Excel 2016 中，可以选定连续的单元格区域，也可以选定工作表中的整行或整列单元格区域，或者选定非相邻的单元格区域，甚至是可变范围的单元格区域。

① 选定连续的单元格区域。将鼠标指针移动到欲选定区域的任意一个角所对应的单元格上，按住鼠标左键并拖动鼠标指针到欲选定区域的对角单元格，松开鼠标左键即可。此时，被选定的区域会呈反显状态，而当前的活动单元格仍为白色背景。

当选定的区域超出屏幕显示范围时，可以先单击欲选定区域的第一个单元格，然后使用滚动条移动工作表，找到该区域的对角单元格，按住【Shift】键的同时单击该单元格即可。若要选定工作表中的所有单元格，可以单击位于工作表左上角行号和列号交叉处的"全部选定"按钮；若要选定某一整行或整列，只需单击行号或列号即可。

② 选定非相邻的单元格区域。选定若干个不连续的单元格或单元格区域的方法是：在选定了第一个单元格或单元格区域之后，按住【Ctrl】键不放，再选取其他的单元格或单元格区域。

③ 选定可变范围的单元格区域。利用【F8】功能键，可以选定可变范围的单元格区域，具体方法是：单击欲选定区域的任意一个角所对应的单元格，按一下【F8】功能键，此时，窗口底部的状态栏中的键盘状态区会显示"扩展式选定"，表示现在处于扩充选择模式，然后单击欲选定区域的对角单元格，再按一下【F8】功能键，使键盘状态区中的"扩展式选定"文字消失，即可结束选取。

当按下【Shift+F8】组合键时，状态栏中的键盘状态区将显示"添加或删除所选内容"，表示现在处于扩大选择区域模式，这相当于按住【Ctrl】键。此时可以连续选定单元格区域，而已选定的区域不会释放。连续按两次【F8】功能键后，即可结束选取。

若要释放选定的单元格区域，可以单击任意一个单元格，则选定的区域将变为正常显示状态。

（2）常量

单元格可接受两种基本类型的数据：常量和公式。

Excel 2016 能够识别常量数据，包括文本型、数值型、日期和时间型等。在日常工作中输入数据时，经常用到的是简单数据输入和系列数据自动填充两种方法。输入数据时常常会涉及编辑、查找和替换等操作。

① 简单数据输入是指每次选择一个单元格，输入一个数据。输入数据前需先将鼠标指针移到所选单元格处，然后双击，此时在该单元格四周将出现一圈加粗的边框线，表示此单元格已被激活。单元格激活后，即可输入数据。Excel 2016 中可以更改多项设置，以使手动输入数据变得更容易。一些更改会影响工作簿，一些更改会影响整个工作表，而一些更改只会影响指定的单元格。

② 在工作表中输入数据时，有时会用到一些系列数据，即符合排列顺序的数据，如 1，3，5，7，…；一月，二月，…，十二月；星期日，星期一，… Excel 2016 提供的"填充"功能，可以帮助用户快速地输入整个系列的数据，使用户不必逐个输入。这种自动输入功能可通过在功能区的"开始"选项卡下的"编辑"组中单击"填充"按钮来实现，也可用鼠标拖动填充柄来实现，后者的操作更为简便。

Excel 2016 中，除被识别为公式、数值或日期的常量数据外，其余输入的数据均被认为是文本数据。文本数据可以由字母、数字或其他字符组成，在单元格中显示时一律靠左对齐。而在一个未设置格式的单元格中输入正确的数字后，显示时均采用靠右对齐的方式。用户可以根据需要设置单元格格式。

- 负数前加负号"–"，或将数据填入括号中，如–234 或(234)。
- 分数应使用整数加分数的形式，以免把输入的数字当作日期，如 1/2 应写成 0 1/2（0 与 1/2 之间有一个半角空格）。
- 如果数字太长无法在单元格中完整显示，单元格将以"###"显示，此时需增加列宽。
- 数字前加"￥"或"$"则以货币形式显示，如￥123，$21。
- 可以使用科学记数法表示数字，如 123 000 可写成 1.23E+05。
- 数字也可用百分比形式表示，如 45%。
- 若要将数字当作文本输入，可先输入一个单引号（英文状态下）。

Excel 2016 内置了一些日期与时间的格式。当输入的数据的格式与这些格式相匹配时，Excel 2016 将把它们识别为日期型数据。yyyy/mm/dd、dd-mmm-yy、h:mmAM/PM 等都是 Excel 2016 常用的内置格式。

- 使用斜线或连字符"–"输入日期时，格式比较自由，如"9/5/95"或"1995-9-5"均可。
- 用冒号":"输入时间时，一般以 24 小时格式表示时间，若要以 12 小时格式表示，需在时间后加上 A（AM）或 P（PM）。A 或 P 与时间之间要空一格。
- 在同一单元格中可以同时输入时间和日期，不过二者之间要空一格。
- 按【Ctrl+;】组合键可输入当前日期；按【Ctrl+Shift+;】组合键可输入当前时间。
- 若要同时输入当前日期和时间，应先选取一个单元格，先按【Ctrl+;】组合键，然后按空格键，最后按【Ctrl+Shift+;】组合键。

（3）公式

公式是 Excel 2016 的核心部分，它是对数据进行分析的等式。公式的语法为"=表达式"。其中，表达式是数据和运算符的集合。

通过添加运算符，可对公式中的元素进行特定类型的运算。Excel 2016 包含 4 种类型的运算符：算术运算符、比较运算符、文本运算符和引用运算符。

算术运算符用于完成基本的数学运算，如加、减、乘、除等，如表 3.6 所示。

表 3.6   算术运算符

算术运算符	含义（示例）	算术运算符	含义（示例）
+	加法运算 （3+3）	−	负数（−1）
−	减法运算 （3−1）	%	百分比 （20%）
*	乘法运算 （3*3）	^	乘方运算 （3^2）
/	除法运算 （3/3）		

比较运算符又称关系运算符，用于比较两个值，其结果是一个逻辑值，即 "True" 或 "False"。"True" 表示比较的条件成立，"False" 表示比较的条件不成立。比较运算符及其含义如表 3.7 所示。

表 3.7   比较运算符

比较运算符	含义（示例）	比较运算符	含义（示例）
=	等于 （A1=B1）	>=	大于或等于 （A1>=B1）
>	大于 （A1>B1）	<=	小于或等于 （A1<=B1）
<	小于 （A1<B1）	<>	不相等 （A1<>B1）

文本运算符只有一个——&，用于加入或连接一个或多个文本字符串以产生一串文本，如表 3.8 所示。

表 3.8   文本运算符

文本运算符	含义（示例）
&	将两个文本值连接或串起来以产生一个连续的文本值 （"North"&"wind"）

引用运算符的功能是引用，用于将单元格区域合并计算，引用运算符如表 3.9 所示。

表 3.9   引用运算符

引用运算符	含义（示例）
:（冒号）	区域运算符，对以左右两个被引用的单元格为对角的矩形区域内的所有单元格进行引用，如 B5:D15
,（逗号）	合并运算符，将多个引用合并为一个引用，如 SUM(B5:B15, D5:D15)
空格	交叉运算符，取引用区域的公共部分，又称为交，如 B7:D7 C6:C8
!（感叹号）	三维引用运算符，可以引用另一张工作表中的数据 同一工作簿中单元格引用格式为"〈工作表名称〉!〈单元格地址〉"，如 Sheet2!A6 表示工作表 Sheet2 中的 A6 单元格 不同工作簿中单元格引用格式为"[〈工作簿名称〉]〈工作表名称〉!〈单元格地址〉"，如 [Book2]Sheet2!A6，表示工作簿 Book2 中工作表 Sheet2 的 A6 单元格

运算符是有优先级的。如果公式中包含多种运算符，Excel 2016 将按表 3.10 所示的顺序进行运算；如果公式中包含相同优先级的运算符，如公式中同时包含乘法和除法运算符，则 Excel 2016 将从左到右进行计算。

表 3.10　　　　　　　　　　　　　　　运算符优先级

运算符	说　　明	优先级
引用运算符	见表 3.9	高
–	负号	
%	百分比	
^	乘方	
* 和 /	乘和除	
+ 和 –	加和减	
&	连接两个文本字符串	
=、<、>、<=、>=、<>	比较运算符	低

　　若要更改计算的顺序，可将公式中要先计算的部分用括号括起来。例如，公式"=5+2*3"的结果是 11，因为 Excel 2016 先进行乘法运算后进行加法运算；而公式"=(5+2)*3"因为使用了括号所以计算顺序改变，最后得到结果 21。

（4）函数

　　函数是 Excel 2016 提供的内部工具，是一些已定义的公式。

　　函数的语法为：函数名(参数 1,参数 2,…)。

　　函数名用来标识一个函数，参数是函数的输入值，用来计算数据。参数可以是常量、单元格地址、数组、逻辑值或者其他的函数。

　　若要在工作表中使用函数，则必须先输入函数，可以手动输入或使用"函数参数"对话框输入。

　　Excel 2016 提供了多种类型的函数，扩充了老版本 Excel 的功能，比如财务函数、日期和时间函数、数学和三角函数、统计函数、查找和引用函数、数据库函数、文本函数、逻辑函数、信息函数、工程函数、多维数据集函数等类别。

　　常用的函数主要有以下 7 种。

① 函数名称：SUM。

主要功能：为值求和。

语法：SUM(number1,number2, …)。

number1：必需，要相加的第一个参数。该参数可以是数值，也可以是包含数值的单元格或单元格区域的地址。number2,…：可选，要相加的其他参数。

② 函数名称：AVERAGE。

主要功能：返回其参数的算术平均值。

语法：AVERAGE(number1, number2, …)。

number1：必需，要计算平均值的第一个参数。该参数可以是数值，也可以是包含数值的单元格或单元格区域的地址。number2,…：可选，要计算平均值的其他参数。

③ 函数名称：MAX。

主要功能：返回一组数值中的最大值。

语法：MAX(number1, number2, …)。

number1：必需。number2,…：可选。

④ 函数名称：MIN。

主要功能：返回一组数值中的最小值。

语法：MIN(number1, number2, …)。

number1：必需。number2, …：可选。

⑤ 函数名称：INT。

主要功能：将数值向下取整为最接近的整数。

语法：INT(number)。

number：必需，需要向下取整的实数。

⑥ 函数名称：COUNTIF。

主要功能：统计某个区域中满足某个条件的单元格的数量。

语法：COUNTIF(range, criteria)。

range：必需，要进行计数的单元格区域。该参数可以是命名区域，也可以是单元格区域的地址。criteria：必需，以数字、表达式或文本形式定义的条件。

⑦ 函数名称：IF。

主要功能：判断是否满足某个条件，如果满足则返回一个值，如果不满足则返回另一个值。

语法：IF(logical_test, value_if_true, value_if_false)。

logical_test：必需，用于判断的条件。value_if_true：必需，logical_test 的结果为 TRUE 时，希望返回的值。value_if_false：可选，logical_test 的结果为 FALSE 时，希望返回的值。

函数使用介绍

3. 工作表的基本操作

工作表是 Excel 2016 提供给用户的主要工作环境，用户的数据处理工作都是在此环境下完成的。

（1）选择活动工作表

工作簿常由多张工作表组成，要对单张或多张工作表进行操作则必须先选择工作表。活动工作表的选择可通过单击位于工作簿底部的工作表标签实现。如果在当前页面中无法显示所有的工作表标签，则可单击标签滚动按钮对工作表标签进行翻页，直到找到需要的工作表标签为止。

（2）插入或删除工作表

编辑工作表时，经常需要在当前工作簿中插入一张新的工作表。若要插入一张工作表，应首先选定某一工作表为当前活动工作表，然后在该工作表标签上右击，在弹出的快捷菜单中选择"插入"命令，在"插入"对话框中选择"工作表"并单击"确定"按钮，即可在当前工作表的前面插入一张新的工作表（即标签位于当前工作表标签的左侧），且新工作表自动成为活动工作表。也可直接单击工作表标签右侧的"插入工作表"按钮 ⊕，即可在最后插入一张新的工作表。

若要删除工作表，可在该工作表标签上右击，在弹出的快捷菜单中选择"删除"命令。如果工作表中有内容，则 Excel 2016 会弹出一个提示对话框，用户可根据实际情况决定是否删除该工作表。若单击"删除"按钮，则当前活动工作表被删除，同时后面一张工作表成为当前活动工作表。

在删除工作表的时候一定要慎重，因为工作表一旦被删除将无法恢复。

（3）移动或复制工作表

Excel 2016 允许将某张工作表移动或复制到同一个或其他工作簿中，有两种方法可以实现此功能。

① 用鼠标拖动。将鼠标指针放到要移动的工作表标签上，按住鼠标左键将工作表标签拖到目标位置。若在拖动的同时按住【Ctrl】键，则为复制。

② 利用菜单命令（可在不同的工作簿之间移动）。在需移动或复制的工作表标签上右击，从弹出的快捷菜单中选择"移动或复制"命令，弹出"移动或复制工作表"对话框，如图 3.45 所示。从"将选定工作表移至工作簿"列表框中选择目标工作簿，从"下列选定工作表之前"列表框中选择插入位置。如果进行复制操作，还需勾选此对话框下面的"建立副本"复选框；如果进行移动操作，则无须勾选"建立副本"复选框。最后单击"确定"按钮即可完成操作。

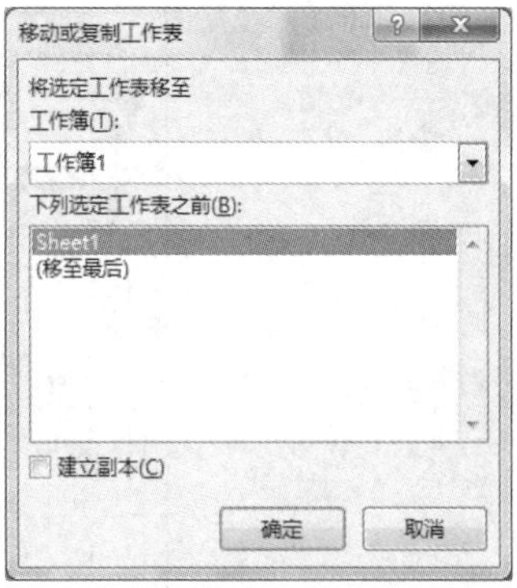

图 3.45　"移动或复制工作表"对话框

（4）工作表的隐藏或取消隐藏

对于工作簿窗口中暂时不用的工作表，或者是包含有重要信息需要保护的工作表，Excel 2016 允许将它们暂时隐藏起来，这样既可以减少窗口中工作表的数量，又可以防止工作表中的重要数据因错误操作而丢失。

要隐藏工作表，可以在需隐藏的工作表标签上右击，从弹出的快捷菜单中选择 "隐藏"命令即可。对于已隐藏的工作表，虽然不能在窗口中看见，但它仍然是打开的。

要重新显示已隐藏的工作表，可以在其他任意一个工作表标签上右击，从弹出的快捷菜单中选择 "取消隐藏"命令，在弹出的"取消隐藏"对话框中选择要恢复显示的工作表名称，然后单击"确定"按钮即可。

（5）工作表的重命名

为了对工作表进行有效方便的管理，常需要为工作表取一个与其内容相关的名字。要为工作表重命名，只需双击工作表标签，即可输入新名称；或在工作表标签上右击，从弹出的快捷菜单中选择"重命名"命令，然后输入新名称，再按【Enter】键结束输入即可。

（6）工作表的格式

① 改变行高和列宽。调整行高和列宽的方法如下。

● 用鼠标拖动某单元格列号的右边界或行号的下边界。

● 在功能区"开始"选项卡下的"单元格"组中单击"格式"按钮，在打开的下拉列表中选择"行高"或"列宽"命令，然后在弹出的"行高"或"列宽"对话框中进行精确设置。

● 要使行高与单元格内容的高度相适合，或使列宽与单元格内容的宽度相适合，可以双击行号的下边界或列号的右边界；或在功能区"开始"选项卡下的"单元格"组中单击"格式"按钮，在打开的下拉列表中选择"自动调整行高"或"自动调整列宽"命令。

② 隐藏与取消隐藏行或列。Excel 2016 中可以隐藏或取消隐藏行或列，以仅显示需要查看或打印的数据，或者显示全部数据。选中需要隐藏的列，切换到"开始"选项卡，选择"单元格"组中的"格式"命令，在弹出的菜单中选择"隐藏和取消隐藏"中的"隐藏列"选项，该列就会被隐藏。选择"取消隐藏列"选项，隐藏的列会继续显示。

③ 设置数据格式。先选择要设置数据格式的单元格区域，然后在功能区"开始"选项卡下的"单元格"组中单击"格式"按钮，在打开的下拉列表中选择"设置单元格格式"命令；或右击选中的区域，在快捷菜单中选择"设置单元格格式"命令，都可以打开图 3.46 所示的"设置单元格格式"对话框，方便用户进行各项设置。

在"设置单元格格式"对话框中，可以设置单元格的数字格式、对齐格式、字体格式、边框、填充图案等。

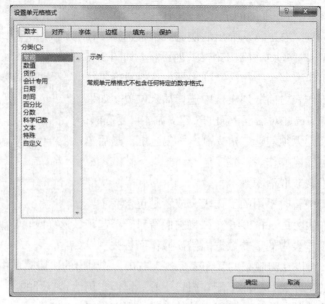

图 3.46 "设置单元格格式"对话框

（7）工作表的打印

表格可以通过打印输出。用户可以设置连续或非连续页面打印，并在打印之前可以更改页面设置和布局。打印工作表之前，最好先预览，以确保其外观符合需要。

可打印全部或部分工作表和工作簿；可一次打印一个，也可一次打印多个。如果要经常打印工作表中特定的内容，可定义一个只包含该内容的打印区域，当不想打印整个工作表时，打印的将是指定的一个或多个单元格区域，即仅打印打印区域内容。读者还可以根据需要添加单元格以扩展打印区域，并且可以清除打印区域以打印整个工作表。工作表可以有多个打印区域，每个打印区域将作为单独的页面进行打印。

此外，还可以将工作簿打印到文件，而不是打印到打印机。

（8）工作表的保护

若要防止其他用户意外或有意更改、移动、删除工作表中的数据，可以锁定 Excel 2016 工作表上的单元格，然后使用密码保护工作表。通过使用工作表保护功能，可以使工作表的特定区域可编辑，但无法修改工作表中其他任何区域中的数据。

4. 工作簿的基本操作

工作簿是 Excel 2016 中工作表的集合文件，打开一个工作簿时，就会打开一个窗口。当工作簿窗口最大化时，它的标题栏会合并到 Excel 2016 窗口的标题栏内，并在其中显示工作簿的名称；当工作簿窗口处于浮动状态时，工作簿的名称将显示在自己的标题栏中。Excel 2016 允许同时打开多个工作簿文件，同时还允许为一个工作簿打开多个窗口。这样，我们不仅可以在多个窗口中显示同一个工作簿的不同工作表，还可以在多个窗口中显示同一个工作表的不同部分。对于打开同一个工作簿的不同窗口，在任何一个窗口中对工作表的修改都将影响到打开该工作簿的全部窗口。

（1）新建工作簿

新建工作簿主要分为以下几种情况。

① 创建新的空白工作簿。操作方法：选择"文件"中的"新建"命令，选择"空白工作簿"，如图 3.47 所示，即可出现"工作簿 1"界面。

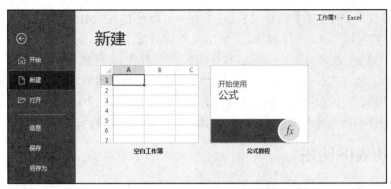

图 3.47　新建空白工作簿界面

② 基于可用模板创建工作簿。操作方法：选择"文件"中的"新建"命令，可以看到一些如"个人月预算"之类的模板，单击该模板即可基于该模板创建一个工作簿。界面上还有更多可以获取的工作簿模板。

（2）打开与保存工作簿

打开一个已存在的 Excel 2016 工作簿的方法很多，常用的方法是选择"文件"中的"打开"命令，从中选择文件所在的位置，单击文件名即可打开所需文件。

完成数据输入、编辑后，下一步需要完成的工作就是保存工作簿。实际上，用户在使用工作簿的过程中，应及时对输入的内容进行保存，以免丢失数据，造成不必要的损失。在初次保存一个工作簿文件时，Excel 2016 会提示用户为工作簿命名。

除了编辑结束时要保存工作簿，在编辑过程中为避免意外事故造成损失，也需经常保存工作簿。单击"快速访问工具栏"中的"保存"按钮，或选择"文件"中的"保存"命令，即可保存工作簿。

如果想将当前工作簿保存到另一个位置，可选择"文件"中的"另存为"命令。先确定要保存工作簿的位置，然后在"另存为"对话框中输入工作簿的名称，最后单击"保存"按钮即可。"另存为"对话框中的"保存类型"下拉列表框还可用于转换文件的格式。

（3）工作簿窗口的缩放

工作簿窗口的常用操作是窗口缩放。当工作表较大时，通常可使用隐藏功能区、编辑栏、状态栏、滚动条等方法来扩大工作表的显示范围，但是这给工作带来了不便，而且这种方法只能有限地增加行列。当工作表较大时，可以通过窗口缩放来调整工作表的显示比例，以扩大窗口的显示范围。单击状态栏右侧的"显示比例工具"，或使用"视图"选项卡中的"缩放"命令，都可以达到调整显示比例的目的。缩放控制只对当前活动窗口起作用，对其他窗口没有影响。如果只选定工作表中的某一区域并对其进行缩放控制，那么，Excel 2016 将以整个工作簿窗口为基础，以某一合适的缩放比例将选定区域的内容显示在整个工作簿窗口中。

（4）工作簿的共享和保护

可以直接在 Excel 2016 窗口中与他人共享工作簿，也可让他人编辑工作簿，或者只让他们进行查看。

为了防止其他用户查看我们想要隐藏的工作表，可以添加、移动或隐藏工作表以及为工作表重命名，也可以使用密码隐藏工作簿的结构。

（5）工作簿与其他格式文件的相互转换，以及嵌入或链接其他应用程序对象

其他格式文件（如文本（扩展名为".txt"或".csv"）文件）可以导入或导出 Excel 工作表。

有两种方法可将文本文件中的数据导入 Excel 2016：可以在 Excel 2016 中打开该文件，也可以将其作为"外部数据区域"导入。可将 Excel 2016 文件保存为其他格式的文件，方法是选择"文件"中的"另存为"命令，在弹出的"另存为"对话框中进行保存。"另存为"对话框中可用的文件格式因处于活动状态的工作表类型（工作表、图表工作表或其他类型的工作表）的不同而不同。

在工作表中可以嵌入或链接其他应用程序对象，比如 Word。用户可通过创建动态链接来插入在其他 Office 程序中创建的内容，并且可以在其原始程序中处理该内容。

3.3.3　图表的使用

就视觉而言，文字及表格数据固然能够反映问题，然而人们无法记住一连串的数字，以及数字之间的关系和趋势。但是，人们却可以很轻松地记住一幅图画或者一条曲线。因此，一张设计良好的图表可能比精确的文字和表格数据更具吸引力和说服力。图表简化了数据间的复杂关系，描绘了数据的变化趋势，使人们能够更清楚地了解数据所代表的意义。

用图表来描述电子表格中的数据是 Excel 2016 的主要功能之一，它能够将电子表格中的数据转换成各种类型的统计图表。数据的图表化就是将表格中的数据以各种统计图表的形式展示出来，从而使得数据更加直观、易懂。当工作表中的数据源发生变化时，图表中的对应项也会自动更新。

1.　图表元素

图表的类型很多，但组成元素是类似的，图表元素和图表示例分别如图 3.48 和图 3.49 所示。

图 3.48　图表元素

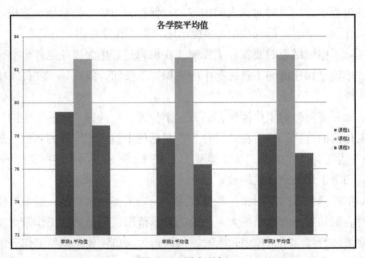

图 3.49　图表示例

2.　创建图表

图表可分为两种类型：一种是嵌入式图表，它和图表的数据源位于同一张工作表中，打印的时候也同时打印；另一种是独立图表，它是一张独立的图表工作表，打印时将与数据表分开。正确地选定数据区域是成功创建图表的关键。选定的数据区域可以连续，也可以不连续。

创建图表前，必须先在工作表中输入数据，然后选择用于创建图表的数据源，再在功能区的"插入"选项卡的"图表"组中选择相应的图表类型，如图 3.50 所示。

图 3.50　"插入"选项卡的"图表"组

3.　编辑图表

用户在创建了图表以后，还可以对图表进行编辑。要编辑图表，首先要将图表选中。图表的位置不同，选中图表的方式也不同。对于独立图表，可以通过单击工作表标签选中；而对于工作表中的嵌入式图表，需要通过单击该图表来选中。这时屏幕上功能区的右侧会出现"图表工具"的各选项卡，表明图表已处于选中状态。

（1）选择图表类型

先选中图表，然后在功能区"设计"选项卡下的"图表样式"组中选择一个图表类型，图表的外观就会自动发生改变。

用户可以根据需要选择不同的图表类型，但图表中所表示的数值并没有变化，这表明图表仍然与它所表示的数据相联系。同一组数据能用许多不同的图表类型来进行表示，因此在选择图表类型时可以选择最适合表示该数据内容的图表类型。如果要表示各部分数据的对比情况，可以选择柱形图；如果要表示数据的变化趋势，可以选择折线图；若要表示比例关系，则可以选择饼图。

（2）插入图表标题

先选中图表，然后在功能区"设计"选项卡下的"图表布局"组中单击"添加图表元素"按钮；在下拉列表中将鼠标指针移至"图表标题"命令上，然后选择待插入图表标题的位置（如"图表上方"），即可在图表区中相应的位置插入图表标题。其默认标题内容为"图表标题"，用户删除默认标题内容，输入自己定义的标题即可。

（3）向图表中添加数据

向图表中添加数据的操作步骤如下。

① 选择需添加的数据区域，选择"复制"命令。

② 在图表区右击，在弹出的快捷菜单中选择"粘贴"命令。

（4）从图表中删除数据

如果要同时删除工作表和图表中的数据，则仅需删除工作表中的数据，图表中的数据将会自动删除。如果仅需删除图表中的数据系列，而不影响工作表中的数据，则方法如下：选中图表，单击欲删除数据系列的一个数据点，即选中要删除的数据系列，此时该数据系列的各数据点周围会出现小方框，然后直接按【Delete】键即可从图表中删除该数据系列。

（5）将图表移动到一张新工作表中

先选中图表，然后在功能区"设计"选项卡下的"位置"组中单击"移动图表"按钮，出现"移动图表"对话框，如图 3.51 所示。选中"新工作表"单选按钮，在文本框中输入新工作表标题，然后单击"确定"按钮，就可将该图表移动到一张新工作表里，即生成了一张独立图表；选中"对象位于"单选按钮，可将该图表嵌入指定的工作表，即生成了一张嵌入式图表。

图 3.51　"移动图表"对话框

4. 修饰图表

创建一张图表后，图表中的信息都是按照确定的外观显示的。如果获得更理想的显示效果，就需要调整图表中各个对象的格式，以改变它们的外观。

最简单的方法是直接用鼠标指针指向需要调整格式的对象（如"图例""数据系列""坐标轴""主要网格线""图表区"等），然后双击弹出相应的对话框，在对话框中进行相应的设置即可。虽然可以通过双击来弹出相应的对话框，但是需要注意所指的对象不能有偏差，否则出现的对话框并不是所需要的。可以通过查看对话框标题来确定此对话框是不是需要的对话框，如果不是，就直接关闭对话框并重新进行选择。

由于不同对象所对应的格式选项不同，所以对话框的组成也不相同，有些对话框中可能有多个选项卡，单击选项卡标签便可打开该选项卡的页面。通过改变各选项卡中的设定值，便可改变图表的外观。

3.3.4 数据管理

Excel 2016 具有数据管理功能，在 Excel 2016 中，不必经过专门的操作来将数据清单转换为数据库，只要执行了 Excel 2016 中的数据库操作指令，如查找、排序或分类汇总，Excel 2016 就会自动将数据清单视作数据库。

1. 数据清单

为了对工作表中的数据进行查询、排序和筛选，Excel 2016 可以把工作表中一个连续的数据区域当作数据库来处理，这一数据区域称为数据清单。在工作表中创建数据清单的准则如下。

① 数据清单的第一行应有列标题，此标题相当于数据库中的字段名，而每一列相当于字段。

② 每一行相当于数据库中的一个记录。

③ 同一列的所有单元格的数据格式应一致。

④ 数据清单中不能有空行或空列。

⑤ 为了方便处理数据，最好每张工作表中只存在一个数据清单。

2. 数据排序

在用 Excel 2016 处理数据的时候，经常要对数据进行排序。最常用、快捷的方法就是单击"数据"选项卡下"排序和筛选"组中的升序 和降序 按钮。

但如果需要精确排序，则应该用以下方法：将光标定位在数据清单的任意一个单元格中，在功能区"数据"选项卡下的"排序和筛选"组中单击"排序"按钮，出现图 3.52 所示的"排序"对话框。

图 3.52 "排序"对话框

对数据清单中的数据进行排序时，首先要确定关键字，先根据主要关键字排序，当主要关键字的数值相等时再根据次要关键字来排序，当次要关键字的数值相等时则根据第三关键字来排序。其次，要确定是按升序（从小到大）还是降序（从大到小）排序。

在"排序"对话框的"主要关键字"下拉列表框中选择主要关键字，在"次序"下拉列表框中选择"升序"或"降序"。如果要设置多个关键字，可以单击"添加条件"按钮，且可以添加多次。最后单击"确定"按钮，即可完成设置。

3. 数据筛选

数据筛选是从数据清单中快速选出满足条件的数据，而将所有不满足条件的数据都隐藏起来。

（1）自动筛选

自动筛选用于简单的条件，为用户提供了在包含大量记录的数据清单中快速找出符合某种条件的记录的功能。常见操作如下。

① 进行自动筛选：选定数据清单内的任意一个单元格，在功能区"数据"选项卡下的"排序和筛选"组中单击"筛选"按钮，在列标题（字段名）的右边会出现一个下拉按钮；此时单击列标题右侧的下拉按钮即可选择筛选条件，再根据具体情况进行相应的操作即可。

② 恢复全部显示：在功能区"数据"选项卡下的"排序和筛选"组中单击"清除"按钮，即可恢复全部显示。但此时仍处于自动筛选的状态。

③ 取消自动筛选：在功能区"数据"选项卡下的"排序和筛选"组中，再次单击"筛选"按钮，即可取消自动筛选。

（2）高级筛选

"自动筛选"只能用于条件简单的筛选操作，不能实现字段之间包含"或"关系的操作；"高级筛选"则能够完成比较复杂的多条件查询，并能将筛选结果复制到其他位置。

要进行高级筛选，必须先在工作表中输入筛选条件，然后选定数据清单内的任意一个单元格，在功能区"数据"选项卡下的"排序和筛选"组中单击"高级"按钮。此时默认被选定的区域将用虚线框包围，并弹出"高级筛选"对话框，如图 3.53 所示。在弹出的"高级筛选"对话框中，可以设置筛选方式、列表区域、条件区域等。

4. 分类汇总

分类汇总是指将数据清单中关键字相同的记录合并为一组，然后对每组记录进行相关的计算。汇总方式是针对数值数据且按列进行的，包括求和、计数、平均值、最大值、最小值、乘积、数值计数、标准偏差、总体标准偏差、方差、总体方差等方式。

为了能够正确进行分类，首先必须按照关键字字段对数据进行排序。

要对已经排序的数据清单进行分类汇总，需要在功能区"数据"选项卡下的"分级显示"组中单击"分类汇总"按钮，这时出现"分类汇总"对话框，如图 3.54 所示。

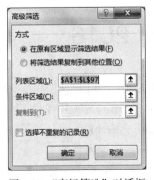

图 3.53　"高级筛选"对话框

图 3.54　"分类汇总"对话框

在"分类汇总"对话框中，"分类字段"项用来设置决定分类的关键字字段，它所对应的数据必须是已经经过排序的；"汇总方式"项用来决定汇总的计算方式，可以在不同的统计方式中进行挑选；"选定汇总项"用来选择哪些数值字段需要进行汇总。然后，在"替换当前分类汇总""每组数据分页""汇总结果显示在数据下方"3个复选框中根据实际需要进行选择，最后单击"确定"按钮即可完成分类汇总。

5. 数据透视表的创建与编辑

数据透视表是用于计算、汇总和分析数据的强大工具，可以帮助用户了解数据的对比情况、模式和变化趋势。可以通过创建数据透视表来实现数据分析。

选择要用于创建数据透视表的单元格，然后在功能区"插入"选项卡下的"表格"组中单击"数据透视图"下拉按钮，在下拉列表中选择"数据透视图和数据透视表"命令，弹出"创建数据透视表"对话框，如图3.55所示。

在"请选择要分析的数据"区域中选择"选择一个表或区域"，在"表/区域"编辑框中核对单元格区域。在"选择放置数据透视表的位置"区域中选择"新工作表"，即可将数据透视表放置在新工作表中；或选择"现有工作表"，然后选择要放置的数据透视表的位置。单击"确定"按钮。

图3.55 "创建数据透视表"对话框

可使用字段列表的字段部分将字段添加到数据透视表中，方法是选中"字段名称"旁边的复选框以将这些字段放在字段列表的默认区域中。在字段列表的区域部分，可通过在4个区域之间拖动字段来按所需方式重新排列字段。数据透视表中将显示放置在不同区域中的字段。如果一个区域中有多个字段，则可以通过将字段拖动到所需的位置来重新排列顺序。想要删除某个字段，可直接将该字段拖出区域部分。

数据透视图通过对数据透视表中的汇总数据添加可视化效果来对其进行补充，以便用户轻松查看和比较数据。借助数据透视表和数据透视图，用户可根据关键数据做出明智的决策。

创建数据透视图时，会显示数据透视图筛选窗格，读者可使用此筛选窗格对数据透视图的基础数据进行排序和筛选。对关联数据透视表中的布局和数据的更改将立即体现在数据透视图的布局和数据中。与图表相同，数据透视图将显示数据系列、类别、数据标记和坐标轴等，也可以更改其图表类型和其他选项，比如标题、图例位置、数据标签和图表位置等。

3.4　PowerPoint 2016

PowerPoint是Office应用软件的重要组件之一，它是优秀的幻灯片制作和放映软件，功能强大，简单易学，性能良好。PowerPoint可以轻松地帮助用户将想法变成具有专业风范和富有感染力的演示文稿，其中包括文字、图像、音频以及视频等元素。演示文稿图文并茂，形象生动，广泛应用于课程教学、学术交流、产品演示、会议报告和广告宣传等场合。

用PowerPoint制作的文件称为演示文稿，演示文稿中的每一页称为一张幻灯片。每张幻灯片中可以包含文字、图形、表格、音频、视频等各种多媒体对象，也可以包含可链接到其他幻灯片（可以是同一演示文稿中的幻灯片，也可以是其他演示文稿中的幻灯片）的超链接。这些幻灯片一般都具有相同的风格。

3.4.1　PowerPoint 2016 概述

1. PowerPoint 2016 的功能与特点

利用 PowerPoint 2016，可以创建联机演示文稿、网上使用的 Web 页面、用于彩色和黑白投影机的幻灯片、35mm 幻灯片、观众讲义、演讲者备注等，同时还可以实现彩色和黑白纸张的打印输出。在 PowerPoint 2016 中，网络、多媒体和幻灯片实现了有机结合。它和 Word、Excel 等应用软件一样，都属于微软推出的 Office 系列产品，所以它们之间具有良好的信息交互性和相似的操作方法。

2. PowerPoint 2016 的启动与退出

启动 PowerPoint 2016 的方法如下。

① 依次选择"开始"→"所有程序"→"PowerPoint 2016"命令。

② 双击快捷方式图标。

③ 双击扩展名为".pptx"的文件，即可在启动 PowerPoint 2016 的同时打开该文件。

退出 PowerPoint 2016 的方法如下。

① 按【Alt+F4】组合键。

② 在 PowerPoint 2016 的窗口中单击右上角的"关闭"按钮。

3. PowerPoint 2016 的窗口

PowerPoint 2016 的窗口如图 3.56 所示。

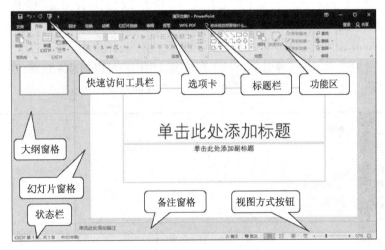

图 3.56　PowerPoint 2016 窗口

① 视图方式按钮。在状态栏的右侧，PowerPoint 2016 提供了视图方式按钮，用于快速切换到不同的视图。PowerPoint 2016 还提供了普通视图、幻灯片浏览视图、阅读视图等视图方式，单击相应按钮，即可进入相应的视图状态。

② 大纲窗格。在大纲窗格中可以组织和开发演示文稿中的幻灯片。

③ 幻灯片窗格。在幻灯片窗格中可以查看每张幻灯片中的文本外观，可以在单张幻灯片中添加图形、影片和声音等，并创建超级链接以及向其中添加动画。

④ 备注窗格。在备注窗格中，用户可以添加与观众共享的信息。

4. PowerPoint 2016 的视图方式

① 普通视图。普通视图是 PowerPoint 2016 的默认视图，也是主要的编辑视图。它包含 3 种

窗格：大纲窗格、幻灯片窗格和备注窗格。这些窗格使得用户可以在同一界面中使用演示文稿的各种功能。拖动窗格边框可调整不同窗格的大小。

② 大纲视图。大纲视图中仅显示幻灯片的主题和主要的文本信息，最适合组织和创建演示文稿的内容。视图中，按编号由小到大的顺序和幻灯片内容的层次关系，显示演示文稿中全部幻灯片的编号、图标、标题和主要的文本信息。

③ 幻灯片浏览视图。在幻灯片浏览视图下，可以在屏幕上同时看到演示文稿中的所有幻灯片，这些幻灯片是以缩略图形式显示的。这样就可以很容易地添加、删除、移动幻灯片或选择动画切换，还可以预览多张幻灯片中的动画。

④ 阅读视图。阅读视图用于向用自己的计算机查看演示文稿的人员放映演示文稿。如果用户希望在一个设有简单控件且方便审阅的窗口中查看演示文稿，而不想全屏放映演示文稿，就可以使用阅读视图。

⑤ 备注页视图。备注页视图一般供演讲者使用，可以记录演讲者讲演时的一些重点。在备注页视图下，用户可以看到画面变成上下两半：上面是幻灯片，下面是一个文本框。在文本框中可以输入备注内容，并且可以将其打印出来作为演讲稿。可以单击"视图"选项卡下"演示文稿视图"组中的"备注页"按钮来切换到备注页视图。

3.4.2　演示文稿的创建

创建演示文稿就是利用 PowerPoint 2016 创建一个由若干张幻灯片组成的文件，其内容可以是文本、图片、图形、视频等，文件类型默认为"PowerPoint 演示文稿"。

启动 PowerPoint 2016 后，用户可以自行新建演示文稿。具体方法如下：启动 PowerPoint 2016 后，系统会显示图 3.57 所示的"新建"窗口，在该窗口中用户可以创建系统默认的不包含任何内容的空白演示文稿，也可以用"联机模板和主题"来创建演示文稿。

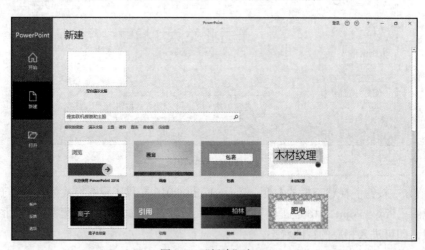

图 3.57　"新建"窗口

1. 利用"联机模板和主题"来创建演示文稿

使用该方法时，系统将下载模板并安装到用户的系统中，下次即可直接使用该模板创建演示文稿。如图 3.58 所示，搜索"演示文稿"，选择"新式演示文稿"，然后单击"创建"按钮，则系统会自动创建一个包含多张幻灯片的演示文稿，用户只需根据实际情况来填写和改写相关内容即可。

图 3.58　搜索"演示文稿"

2．利用可用的模板和主题来创建演示文稿

（1）模板

选择某种系统自带的模板，然后单击"创建"按钮，则系统会自动创建一个演示文稿。

（2）主题

选择某种系统自带的主题，然后单击"创建"按钮，则该演示文稿中所有的幻灯片将应用此主题。

（3）我的模板

用户可以选择一个自己已经编辑好的模板来创建演示文稿。

3．通过导入大纲创建演示文稿

如果演示文稿以 Word 文档为基础，那么就可以把在 Word 2016 中准备好的大纲发送到 PowerPoint 2016。

一般情况下，在转换文档格式的过程中，只能把属于标题样式的文字转换成演示文稿，而属于正文样式的文字则不能转换成演示文稿。

在 Word 2016 中执行"发送到 Microsoft PowerPoint"命令，即可把 Word 文档转换为演示文稿。

3.4.3　演示文稿的编辑

演示文稿由幻灯片组成，因而演示文稿的设计效果主要通过幻灯片的设计质量来体现。对幻灯片的编辑将是制作演示文稿的一个重要组成部分。

编辑演示文稿包括在幻灯片中插入文本、文本框、图形、表格、图片等，以及选择、插入、删除、复制、移动幻灯片等操作。

1．编辑幻灯片

（1）输入文本

往幻灯片中添加文字的方法很多，最简单的方法就是将文本输入幻灯片的占位符和文本框中。占位符就是创建幻灯片时依据不同版式设置好的带有虚线的边框，在这些边框内可以放置标题、正文、图片、表格、图形等对象。

如果要在占位符以外的位置输入文本，可以在幻灯片中插入文本框。单击"插入"选项卡下"文本"组中的"文本框"按钮，然后在幻灯片中的适当位置插入文本框，此时就可以在文本框的插入点处输入文本了。

（2）插入图片

单击"插入"选项卡下"图像"组中的"图片"按钮，打开"插入图片"对话框。在对话框中选择要插入的图片。

（3）插入几何图形

单击"插入"选项卡下"插图"组中的"形状"按钮，在打开的下拉列表中选择一种图形，然后在幻灯片中的适当位置插入图形即可。

（4）插入 SmartArt 图形

单击"插入"选项卡下"插图"组中的"SmartArt"按钮，在弹出图 3.59 所示的"插入 SmartArt 图形"对话框中选择一种 SmartArt 图形，然后单击"确定"按钮即可。可对插入的图形进行大小、位置等方面的调整：在插入的图形上右击，选择快捷菜单中的"编辑文字""更改形状"等命令即可对图形进行编辑操作。

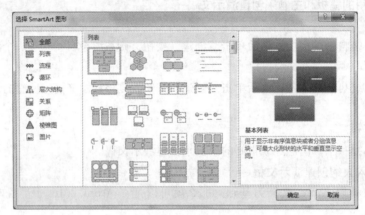

图 3.59　"选择 SmartArt 图形"对话框

2. 选择幻灯片

① 在大纲视图下，单击左侧窗格中要选择的幻灯片序号后面的图标即可选中该张幻灯片；或者在普通视图下，单击左侧窗格中的某一张幻灯片，即可选中该张幻灯片。

② 若要选择连续的多张幻灯片，可以先单击第一张幻灯片，按住【Shift】键，然后单击最后一张幻灯片即可。

③ 若要选择不连续的多张幻灯片，可以先单击一张幻灯片，按住【Ctrl】键，然后分别单击其他幻灯片即可。

3. 插入新幻灯片

在普通视图或幻灯片浏览视图下选中要插入新幻灯片位置的前一张幻灯片，单击"开始"选项卡下"幻灯片"组中的"新建幻灯片"按钮即可插入一张新幻灯片。

4. 删除幻灯片

删除幻灯片的操作非常简单：在普通视图或幻灯片浏览视图下选中需要删除的幻灯片，然后按键盘上的【Delete】键即可删除所选中的幻灯片。

5. 移动幻灯片

移动幻灯片的方法通常有以下 3 种。

① 在大纲窗格中选中要移动的幻灯片，拖动鼠标，则鼠标指针变成上下双箭头形状并伴有一

条随之移动的虚线，当虚线移动到用户要放置选定段落的新位置时，松开鼠标即可。

②　进入幻灯片浏览视图，选择要移动的幻灯片，按住鼠标左键并拖动鼠标指针，松开鼠标左键后，幻灯片即可移动到新的位置。

③　在大纲窗格中，选择需要移动的幻灯片，单击"开始"选项卡下"剪贴板"组中的"剪切"按钮，或者按【Ctrl+X】组合键；然后在需要粘贴幻灯片的位置单击，再单击"剪贴板"组中的"粘贴"按钮，或者按【Ctrl+V】组合键即可。

6. 复制幻灯片

复制幻灯片是指将一张幻灯片的内容和格式复制并粘贴到演示文稿中的另一个位置。用户可以通过下面几种方法来复制幻灯片。

①　先选中需要复制的幻灯片，单击"开始"选项卡下"剪贴板"组中的"复制"按钮，或者按【Ctrl+C】组合键；然后在需要粘贴幻灯片的位置单击，再单击"剪贴板"组中的"粘贴"按钮，或者按【Ctrl+V】组合键即可。

②　在幻灯片浏览视图下，选中需要复制的幻灯片，保持鼠标指针在原位置不变，然后在按住【Ctrl】键的同时，按住鼠标左键并拖动鼠标指针。当幻灯片移动到用户要放置幻灯片的新位置时，即可放开鼠标左键。

3.4.4　演示文稿的修饰

1. 设置幻灯片的格式

（1）文本格式

设置文本的格式也是演示文稿制作过程中一项必不可少的工作。对文本进行恰当的编辑，能使幻灯片更加清晰、生动。

设置文本格式的方法是先选择要设置格式的文本，然后在"开始"选项卡下的"字体"组中进行设置。

演示文稿中设置文本格式的功能与电子表格和 Word 文档中的功能相似，略有不同的是，在演示文稿中用户不仅可以选择需要设置格式的特定文本，还可以选择一个占位符并设置其中的文本格式。

（2）段落格式

在演示文稿中，除了可以设置文本的格式，还可以设置段落格式。所谓段落格式，一般就是段落的对齐方式、缩进方式、间距等内容的集合。用户如果使用过 Word 文档，那么对于段落格式一定不陌生。对于演示文稿，合理地设置好段落格式，不但可以使演示文稿更加美观，还有助于演讲者更加清晰、明确地表达自己的观点。

在 PowerPoint 2016 中，设置段落格式通常包括改变段落级别、改变行距和改变项目符号与编号等。改变段落的对齐方式、缩进方式、间距等操作的方法可参见 3.2 节中的有关内容。

（3）项目符号格式

项目符号是位于文本前面的标记符号。演示文稿中，在段落前面添加项目符号，将会使演示文稿更加有条理、易于阅读。

在默认情况下，单击"开始"选项卡，在"段落"组中单击"项目符号"按钮，即可插入一个圆点作为项目符号；也可以单击"项目符号"按钮右侧的下拉按钮以选择其他样式的项目符号。

值得注意的是，如果要更改项目符号，则应选中与此项目符号相关的文本，而不是选择项目符号本身。

2. 设置演示文稿的外观

利用 PowerPoint 2016 制作演示文稿时，可以使演示文稿中的所有幻灯片具有一致的外观。影响幻灯片外观的元素有母版、幻灯片版式、主题、背景等。

（1）母版

母版用于设置演示文稿中每张幻灯片的预定格式，这些格式包括每张幻灯片中标题及正文文字的位置和大小、项目符号的样式、背景图案等。每个演示文稿都有 3 个母版，即幻灯片母版、讲义母版和备注母版。

① 幻灯片母版。最常用的母版是幻灯片母版，因为幻灯片母版控制除标题幻灯片以外的所有幻灯片的格式。单击"视图"选项卡，在"母版视图"组中单击"幻灯片母版"按钮，即可进入幻灯片母版视图。

幻灯片母版包含文本占位符和页脚（如日期、时间和幻灯片编号）占位符。如果要修改多张幻灯片的外观，不必对每张幻灯片都进行修改，而只需在幻灯片母版上修改一次即可，PowerPoint 2016 将自动更新已有的幻灯片，并对以后新添加的幻灯片应用这些修改。如果要修改文本格式，可选择占位符中的文本进行修改。

② 讲义母版。讲义母版用于控制幻灯片以讲义形式打印时的格式，可增加页码、页眉和页脚等。

③ 备注母版。主要供演讲者对幻灯片进行备注以及设置备注页面的格式。

（2）幻灯片版式

幻灯片版式是指幻灯片中各个对象的数目和摆放的位置等。PowerPoint 2016 提供的幻灯片版式很多，如"标题幻灯片""标题和内容"等。如果要改变当前幻灯片的版式，可以单击"开始"选项卡，在"幻灯片"组中单击"版式"按钮 ，或在幻灯片空白处右击，从弹出的快捷菜单中选择"版式"命令，在弹出的列表框中选择一种合适的版式，单击后即可应用于当前幻灯片。

（3）主题

使用主题是使演示文稿外观统一的最方便、快捷的方法。PowerPoint 2016 提供的多种主题效果是由专业人员精心设计的，其中的文本位置的安排较适当，配色方案较醒目，适用于大多数情况。使用主题可以帮助用户快速创建外观统一的幻灯片。

除了在创建演示文稿时选择主题，还可以在创建演示文稿之后应用其他的主题。要在当前演示文稿中应用其他主题，可以单击"设计"选项卡，在"主题"组中选择一种主题，单击图标按钮后，系统将会以新的主题修饰整个演示文稿。

（4）背景

可以为幻灯片的背景设置纯色、图片、纹理或图案等填充效果，操作步骤如下。

① 选中要设置背景的幻灯片，单击"设计"选项卡，在"自定义"组中单击"设置背景格式"按钮。

② 在图 3.60 所示的"设置背景格式"面板中进行设置，完成后单击"关闭"或"应用到全部"按钮即可。

该面板上有"纯色填充""渐变填充""图片或纹理填充""图案填充""隐藏背景图形"等命令。单击"关闭"按钮，则所设置的背

图 3.60　"设置背景格式"面板

景格式只应用于选中的幻灯片；单击"应用到全部"按钮，则所设置的背景格式将应用于全部幻灯片。

3.4.5 设置演示文稿的放映效果

1. 设置幻灯片的切换效果

生动的演示文稿总是更能吸引人。在幻灯片放映过程中，由一张幻灯片切换到下一张幻灯片时，可以设置下一张幻灯片以不同的效果出现在屏幕上，如水平百叶窗、盒状收缩等效果。此外，在切换幻灯片时，添加动画和声音能够增添生动性，以帮助用户更好地展示演示文稿。

添加切换效果可以在普通视图或幻灯片浏览视图下进行。在幻灯片浏览视图下，可以为选择的一组幻灯片添加同种切换效果，并且还可预览切换效果。

设置幻灯片切换效果的步骤如下。

① 选择要设置切换效果的幻灯片。

② 单击"切换"选项卡下"切换到此幻灯片"组中的"其他"按钮，弹出"切换效果"下拉列表，如图 3.61 所示。

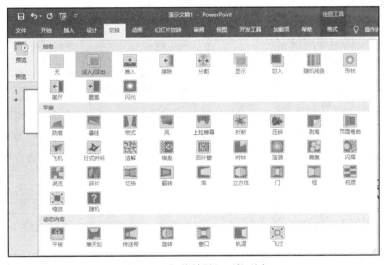

图 3.61 "切换效果"下拉列表

③ 在列表框中选择一种切换效果，如选择"擦除"，即可将当前幻灯片的切换效果设置为"擦除"。

④ 单击"切换到此幻灯片"组中的"效果选项"按钮，在打开的下拉列表中选择一个选项，如"自左侧"。

⑤ 单击"计时"组中的"声音"右侧的下拉按钮，在打开的下拉列表中选择一种声音效果，如"鼓掌"。

⑥ 在"计时"组中的"持续时间"数值框中，单击右侧的微调按钮，根据需要设置持续时间。

⑦ 在"计时"组中将"换片方式"设置为"设置自动换片时间"，则经过待定的时间后会自动切换至下一张幻灯片，而无须单击。

2. 设置幻灯片的动画效果

设置幻灯片的动画效果的目的是在放映一张幻灯片时，随着放映的进展，逐步显示该幻灯片中不同层次、类型的内容。PowerPoint 2016 提供了两种途径来设置动画效果：一是采用系统预设的动画方案，二是自定义动画方案。

自定义幻灯片动画效果的步骤如下。

① 选中要添加动画效果的幻灯片。

② 单击"动画"选项卡，在"高级动画"组中单击"动画窗格"按钮，系统将打开图 3.62 所示的"动画窗格"面板。

③ 选中要添加动画效果的对象。

④ 单击"高级动画"组中的"添加动画"按钮，打开图 3.63 所示的"动画效果"下拉列表。

图 3.62 "动画窗格"面板

图 3.63 "动画效果"下拉列表

⑤ 下拉列表中，动画效果分为进入、强调、退出、动作路径 4 类，也可以把这些效果组合起来使用。

● 进入：设置对象进入时的动画效果。

● 强调：设置强调对象时的动画效果。

● 退出：设置对象退出时的动画效果。

● 动作路径：设置对象移动时的动画效果，可以使对象上下移动、左右移动或者按照用户自定义的路径移动。

⑥ 每个子菜单项的下方都有若干选项，从中可以选择不同的动画效果。若选择"更多进入效果"命令，则会弹出图 3.64 所示的"添加进入效果"对话框，对话框中有更多的动画效果可供选择。在"动作路径"子菜单项下方，选择"自定义路径"命令后，可随意绘制对象的运动路径。绘制时，单击表示路径的转折点，双击表示绘制结束。

⑦ 每添加一种动画效果，都会显示在"动画窗格"面板中，同时在幻灯片中也会显示相应的数字编号。

⑧ 单击"动画"选项卡，在"动画"组中单击"效果选项"按钮，就会显示图 3.65 所示的"效果选项"下拉列表，在其中可进一步设置方向、形状等效果。

图 3.64　"添加进入效果"对话框　　　　图 3.65　"效果选项"下拉列表

3. 添加超级链接

用户可以在演示文稿中添加超级链接，然后通过该超级链接跳转到不同的位置。这些位置可以是演示文稿中的某张幻灯片，也可以是其他演示文稿、Word 文档、Excel 电子表格、Internet 地址等。

添加超级链接的具体步骤如下。

① 选择用于代表超级链接的文本或对象。

② 单击"插入"选项卡，在"链接"组中单击"超链接"按钮，出现图 3.66 所示的"插入超链接"对话框。

图 3.66　"插入超链接"对话框

③ 单击"链接到"区域中的"本文档中的位置"按钮，在"请选择文档中的位置"区域中显示出当前演示文稿的结构。选择要链接到的幻灯片的标题。

④ 最后单击"确定"按钮，即可设置超级链接。若单击"链接到"区域中的"现有文件或网页"按钮，则可以跳转到已有的文档、应用程序或 Internet 地址等。

编辑超级链接的方法：右击欲编辑超级链接的对象，从弹出的快捷菜单中选择"编辑超链接"命令，弹出"编辑超链接"对话框，在其中可进行设置。

删除超级链接的方法：右击欲删除超级链接的对象，从弹出的快捷菜单中选择"取消超链接"命令即可。

4. 使用动作按钮

动作按钮可以用来创建幻灯片与其他幻灯片、其他演示文稿或其他文件之间的链接，还可以用来启动指定的程序、宏或者开始某些动作。这样在放映幻灯片时，用户就可以通过单击或将鼠标指针移过动作按钮的上方来执行事先设置好的命令。

创建动作按钮的步骤如下。

① 选择欲设置动作按钮的幻灯片。

② 单击"插入"选项卡下"插图"组中的"形状"按钮，在下拉列表的"动作按钮"区域中选择一个按钮。

③ 当鼠标指针变成"十"字形时，在幻灯片中的适当位置按住鼠标左键并拖动鼠标指针至合适的位置，所绘制的图案就是动作按钮，同时会弹出"操作设置"对话框。

④ 在"单击鼠标"选项卡中选择"超链接到"（若要让该按钮在鼠标指针移过时产生动作，则选择"鼠标悬停"选项卡），单击下拉按钮，在下拉列表中选择跳转的位置，单击"确定"按钮即可创建动作按钮。

3.4.6　放映幻灯片

1. 放映幻灯片的方法

精心制作了幻灯片后，能否成功地演示也是一个重要的问题。放映幻灯片的方法有以下几种。

① 单击"幻灯片放映"选项卡，在"开始放映幻灯片"组中根据需要选择放映方式，包括"从头开始""从当前幻灯片开始""联机演示""自定义幻灯片放映"等。

② 单击窗口状态栏右侧的"幻灯片放映"按钮，即可从当前位置开始放映幻灯片。

③ 直接按【F5】键，即可从头放映幻灯片。

在放映幻灯片的过程中，单击当前幻灯片或按键盘上的【Enter】键、【N】键或【↓】键，可以切换到下一张幻灯片；按键盘上的【P】键或【↑】键，可以切换到上一张幻灯片；按【Esc】键可终止放映。

2. 设置放映方式

单击"幻灯片放映"选项卡下"设置"组中的"设置幻灯片放映"按钮，弹出"设置放映方式"对话框，如图3.67所示。

① 选择放映类型。放映时默认为"演讲者放映（全屏幕）"，如果放映时有人看管，可以选择这一放映类型；若放映幻灯片的地方类似于会议室、展览中心等场所，同时又允许观众自己动手操作，则可以选择"观众自行浏览（窗口）"类型；如果放映时无人看管，可以选择"在展台浏览（全屏幕）"类型。

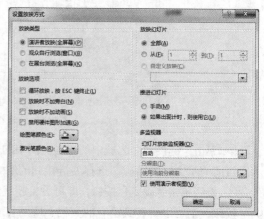

图3.67　"设置放映方式"对话框

② 在"放映幻灯片"区域中指定放映的幻灯片范围。

③ 在"推进幻灯片"区域中选择切换方式。

3. 隐藏和取消隐藏

PowerPoint 2016 允许将某些暂时不用的幻灯片隐藏起来，从而在幻灯片放映时不放映这些幻灯片。

① 隐藏幻灯片的方法。选定需要隐藏的幻灯片，然后单击"幻灯片放映"选项卡下"设置"组中的"隐藏幻灯片"按钮。此时，被隐藏的幻灯片的编号上将出现一根斜线，表示该幻灯片已被隐藏。

② 取消隐藏的方法。选定需要取消隐藏的幻灯片，然后单击"幻灯片放映"选项卡下"设置"组中的"隐藏幻灯片"按钮，即可取消隐藏。

本 章 小 结

Windows 操作系统是 PC 常用的操作系统，本章介绍了其最新版本 Windows 10 的基本概念及其基本操作（如资源文件管理器、控制面板的使用等），这些概念和操作都需要读者牢固掌握和熟练使用。Office 办公软件是常用的应用软件，本章介绍了 Word 2016 的文本编辑、文档排版、表格制作和图文混排功能；Excel 2016 的基本操作、图表的使用和数据管理功能；PowerPoint 2016 的演示文稿的编辑、修饰、放映等功能。这些常用办公软件的功能需要读者熟练掌握并灵活运用。

思 考 题

1. Windows 10 的桌面由哪些部分组成？

2. 如何在"资源文件管理器"中进行文件的复制、移动、改名？共有几种方法？

3. Windows 10 的控制面板有何作用？

4. Windows 10 中整理桌面的技巧有哪些？

5. Windows 10 中有哪些常用工具？

6. 在 Word 2016 中，选取文本的方式有哪些？

7. 在 Word 2016 中，如何添加项目符号？

8. 在 Word 2016 中，如何为表格添加边框和底纹？

9. Excel 2016 中的相对地址、绝对地址和混合地址有何区别？

10. 在 Excel 2016 中，如何创建和修改图表？

11. 在 Excel 2016 中，如何创建数据透视表？

12. 在 PowerPoint 2016 中，如何使用母版使演示文稿中的所有幻灯片具有一致的外观？

13. 幻灯片的切换效果和动画效果有何区别？

14. 在 PowerPoint 2016 中，如何设置演示文稿的放映方式？

第4章
多媒体技术基础

计算机多媒体技术的发展极大地改变了人们获取信息的方式，多媒体系统更是以极强的渗透力进入人类生活的各个领域。多媒体技术通过计算机将文本、图像、声音、动画、视频等媒体信息数字化，并建立逻辑连接，使其成为一个交互式系统。而多媒体技术与网络通信技术相结合，使得多媒体信息处理在规范化和标准化的基础上更加多样化和人性化。各种科学技术不断地融合、创新，必定会推动社会的发展，并对人类的生活方式产生深远的影响。

4.1 多媒体技术概述

多媒体的英文为"multimedia"，可以将其看成是"multi"和"media"的组合。但多媒体并非多种媒体的简单叠加，在具体表现时要注意各种表示媒体在时间、空间上的同步。多媒体技术融合了众多技术，如信息存储技术、网络通信技术、数据压缩技术、计算机专用芯片技术、多媒体软件技术和虚拟现实技术等，从而使得用户能够直观、生动地与计算机进行实时的信息交流。

4.1.1 基本概念

多媒体技术中的媒体（media）是指表示和传播信息的载体，如文字、声音、图形、图像等。根据国际电信联盟（international telecommunication union，ITU）下属的国际电报电话咨询委员会（consultative committee on international telegraph and telephone，CCITT）对媒体的定义，媒体可分为以下 5 类。

① 感觉媒体（perception medium）。具体表现为音乐、文字、符号、图形、图像、视频、动画和自然界的各种声响等。

② 表示媒体（representation medium）。表示媒体是信息的存储和表现形式，即信息的编码格式。例如，文本采用 ASCII（american standard code for information interchange，美国信息交换标准代码）；音频采用 PCM（pulse code modulation，脉冲编码调制）的方法来编制；静态图像采用静止图像压缩标准来编码；运动图像采用运动图像压缩标准来编码；视频图像采用不同的电视制式，如 PAL（phase alternating line）制式、NTSC（national television system committee）制式、SECAM（sequential color and memory）制式。

③ 表现媒体（presentation medium）。表现媒体是计算机输入、输出设备，可用于获取和还原感觉媒体。如键盘、鼠标、扫描仪、摄像头、话筒等输入设备，可将感觉媒体转换为数字信号；

显示器、打印机、投影仪、扬声器等输出设备，可将数字信号转换为感觉媒体。

④ 存储媒体（storage medium）。存储媒体指可存储表示媒体信息的物理设备，如硬盘、U 盘、光盘等。

⑤ 传输媒体（transmission medium）。传输媒体指可传输数据信息的物理载体，如双绞线、同轴电缆、光纤等。

各类媒体之间的关系如图 4.1 所示，其中，表示媒体是核心，计算机信息处理过程就是表示媒体处理信息的过程。

图 4.1　媒体概念关系示意图

多媒体技术（multimedia technology）是指通过计算机对文字、音频、视频、图形、图像、动画等多种媒体信息进行数字化采集、获取、压缩、解压缩、编辑、存储等加工处理，再以单独或合成的形式将这些信息表现出来的一体化技术。简单地说，多媒体技术就是利用计算机综合处理声、文、图等多种媒体信息的技术。实际上，"多媒体"经常被认为是一种"技术"，主要是指处理和应用它的一整套相关技术，而不是指多种媒体本身。"多媒体"常被作为"多媒体技术"的同义语。

4.1.2　多媒体技术的主要特征

多媒体技术是一门由多种学科和多种技术交叉而形成的综合技术，一般认为其具有以下几个特点。

（1）多样性

多样性包括上文提到的表示媒体的多样性，以及媒体处理方式的多样性。媒体处理方式可分为一维、二维、三维等不同方式，如文本属于一维媒体，图形属于二维或三维媒体。

（2）集成性

集成性指以计算机为中心，综合处理多种信息媒体的特性，既包括各类信息媒体的集成，还包括处理这些信息媒体的硬件与软件的集成。与多媒体技术相关的硬件包括 CPU、大容量的存储器、适合多媒体多通道的输入/输出接口电路、网络传输设备等；软件则包括操作系统、信息管理系统、用于各类媒体创作和编辑的应用软件等。

（3）交互性

交互性指用户可以对各类信息进行编辑、控制和传递等操作。交互性不仅加深了用户对信息的理解，而且交互活动本身也可作为一种媒体加入信息传递和转换的过程，从而使用户获得更多的信息。

（4）实时性

实时性指多种媒体信息有机地组合在一起，展示时必须保持同步，这样才能准确、有效地表达主题，所以多媒体系统在处理信息时有着严格的时序要求和速度要求。

综上所述，多媒体技术是一门基于计算机技术，且融合了数字信号处理技术、音频和视频技术、多媒体计算机系统（硬件和软件）技术、多媒体通信技术、图像压缩技术、人工智能和模式识别技术等多种技术的综合高新技术。

4.1.3　多媒体应用技术

多媒体技术发展至今，声音、视频、图像方面的基础技术已逐步成熟，并形成产品进入了市场。现在热门的技术，如模式识别、虚拟现实技术也走入了人们的日常工作和生活中。多媒体技术的涉及面相当广泛，这里仅简单介绍与多媒体的发展密切相关的一些关键技术：数据压缩和编码技术、多媒体信息存储技术、多媒体网络通信技术、多媒体专用芯片技术、虚拟现实技术。

1.　数据压缩和编码技术

在多媒体系统中，涉及的媒体信息（如音频和视频等）所需要的存储空间是巨大的。超大数据量给存储器的存储容量、带宽及计算机的处理速度都带来了极大的压力，仅依靠增加存储器容量和通信信道的带宽及提高计算机的运算速度等办法是不现实的，需要通过多媒体数据压缩编码技术来解决数据存储与信息传输的问题。

压缩技术一直是多媒体技术领域的热点之一。多媒体中数据的压缩主要指图像、视频和音频的压缩，是计算机处理图像和视频以及网络传输的重要基础。通过压缩编码算法可对信息的数据量进行压缩，将信息以压缩的形式传输和存储。一般认为，字符数据量通过合适的压缩技术可以压缩到原来的 1/2 左右，语音数据量压缩到原来的 1/2～1/10，图像数据量压缩到原来的 1/2～1/60。

从 PCM 编码理论开始，到现今成为多媒体数据压缩标准的 JPEG 和 MPEG，已经产生了各种各样针对不同用途的压缩算法、压缩手段和实现这些算法的大规模集成电路或计算机软件。

与数据压缩相对应的处理称为解压缩，又称数据还原。它是指将压缩数据通过一定的解码算法还原到原始信息的过程。通常，人们把包括压缩与解压缩内容的技术统称为数据压缩技术。

2.　多媒体信息存储技术

多媒体数据有两个显著的特点：一是数据表现形式多样化，且数据量很大，动态的声音、视频尤为明显；二是多媒体数据的传输具有实时性，如视频中的声音和画面必须同步。这就要求存储设备的存储容量必须足够大、存取速度必须够快，以便高速传输数据，从而使多媒体数据能够实时地传输和显示。

多媒体信息存储技术主要研究多媒体信息的逻辑组织，存储体的物理特性，逻辑组织到物理组织的映射关系，多媒体信息的存取访问方法、访问速度、存储可靠性等问题，具体包括磁存储技术、缩微存储技术、光盘存储技术以及其他存储技术等。

3.　多媒体网络通信技术

随着多媒体应用领域的不断扩展，多媒体通信对通信网络提出了更高的要求。多媒体网络通信技术是指通过对多媒体信息特点和网络技术的研究，建立适合多媒体信息的信道、通信协议和交换方式等，从而实现一对多或多对多的实时的、不间断的信息传输的技术。总的来说，就是要满足 3 个要求：网络吞吐量、实时性及时空约束、分布处理要求。

现有的通信网是多网共存，大体上可分为计算机网、电话网、广播电视网等，其发展重点是业务综合化和多媒体化。多媒体网络通信技术通过分布环境实现多点通信、资源共享和远程服务，其技术进展将直接影响"信息高速公路"的建设速度，并对人类的生活生产方式产生深远的影响。

4. 多媒体专用芯片技术

为了实现音频、视频信号的快速压缩、解压缩和实时播放，需要进行大量的快速计算，而专用芯片是改善多媒体计算机硬件体系结构并提高其性能的关键。专用芯片技术的发展依赖于大规模集成电路技术的发展。

多媒体计算机专用芯片可分为两种类型：一种是具有固定功能的芯片，如处理多媒体信息的采集和播放芯片，对语音和视频数据进行压缩和存储的高速信息处理芯片；另一种是 DSP（Digital Signal Processing，数字信号处理）芯片，DSP 芯片是为了完成某种特定信号处理而设计的，在通用机上需要多条指令才能完成的效果，在 DSP 芯片上只需一条指令即可完成。

5. 虚拟现实技术

虚拟现实（virtual reality，VR）技术出现于 20 世纪 80 年代末，是指通过计算机技术模拟、再现一个逼真的多媒体交互的虚拟世界，用户借助必要的设备，以自然的方式与集视觉、听觉、触觉于一体的虚拟环境（virtual environment，VE）中的对象进行交互，从而产生与真实环境下相同的感受和体验。该技术涉及计算机图形学、传感器技术动力学、光学、人工智能及社会心理学等研究领域，是多媒体发展的更高境界，已在娱乐、建筑、机械、军事模拟、医疗、教育、金融等领域得到广泛应用，如电影特效、三维地形图、物联网应用、虚拟外科手术及复杂建筑结构的构建系统等。

VR 系统具有 3 个重要的特征：沉浸感，交互性，构想性。用户通过视觉、触觉、听觉、嗅觉、味觉而感到被虚拟世界包围，就像完全融入其中一样，通过真实世界中的交互手段来感受虚拟世界。而 VE 通常都是针对某一特定领域的，可以创造使用户产生丰富想象力的环境，并帮助用户获取知识或形成新的概念。

图 4.2 所示为常用虚拟设备，它们有些是能产生沉浸感受的输出装置，有些是能测定视线方向和手指动作的输入装置。

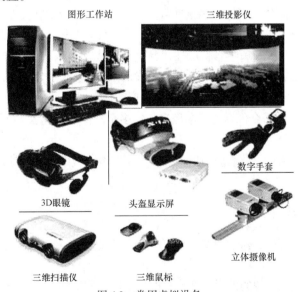

图 4.2　常用虚拟设备

目前，实物虚化、虚物实化和高性能的计算处理技术是 VR 技术的 3 个主要发展方面。实物虚化是现实世界空间对多维信息化空间的一种映射，主要包括基本模型构建、空间跟踪、声音定位、视觉跟踪和视点感应等关键技术；虚物实化是确保用户从虚拟环境中获取同真实环境下一样或相似的视觉、听觉、触觉等感官认知的关键技术；高性能的计算处理技术主要包括图形、图像生成与显示技术，三维位置方位跟踪与视、听、嗅等传感及识别技术，高速计算能力及计算复杂性问题，动态环境三维建模技术，分布式与并行计算，以及高速、大规模的远程网络技术等。

4.2 图像与图形

计算机中的图分为两类——图像和图形，它们都是可以被显示、打印出来的非文本信息。但图像与图形有着本质上的不同，前者是从现实世界中通过扫描仪、数码照相机等设备获取的图像，主要以光栅（位图）方式描述，被称为点阵图像或位图图像，简称图像；后者是使用计算机合成（制作）的图像，主要以矢量方式描述，被称为矢量图形或向量图形，简称图形。下面将首先介绍图像再介绍图形。

4.2.1 图像数据的获取

从现实世界中获得数字图像的过程称为图像的获取，该过程实质上是模拟信号的数字化过程，大致分为以下几步。

① 扫描。画面被划分成 $M \times N$ 个网格，每个网格就是一个取样点，称为像素。这样，一幅画面就转换为由 $M \times N$ 个像素组成的阵列。

② 取样。对每一个像素的颜色分量（R、G、B 分量）或黑白图像（又称灰度图）像素的亮度值进行测量。

③ 量化。将各像素的颜色分量的亮度值使用 N 位二进制数来表示。

图像数字化后成了像素点的颜色量化数字阵列，这些数据的前后顺序构成了图像的位置关系和颜色成分，这时的图像称为数字图像。将这些数据以一定的格式存储在文件中，便形成了图像文件。

如果数字图像中每个像素的颜色值只用 1 位二进制数来存储，那么这种图像称为二值图像（单色图像），它只有黑白两种颜色，只能保存诸如笔迹、图案拓片、黑白线条之类的图案；如果用 1 个字节来存储亮度值，则能形成256 级灰度过渡的黑白照片效果，这种图像称为灰度图像（也有 4 位的 16 级灰度图像）；而彩色图像的每个像素的色彩信息需用多个彩色分量表示，彩色图像按照颜色的数目划分为 16 色、256 色和真彩色图像等。

图像数据获取过程

数字图像可通过扫描仪、数码照相机等数字设备获取，数字图像的输出可通过显示器、打印机等输出设备实现。

4.2.2 图像属性

图像的属性包括分辨率、像素深度、真/伪彩色、图像的表示法和种类等方面。

1. 分辨率

分辨率是指组成一幅图像的像素密度，根据显示场合的不同，可以分为图像分辨率、显示分辨率、打印分辨率等。

图像分辨率是指单位图像线性尺寸中所包含的像素数目，通常以"像素/英寸"（业界常写作 ppi）为计量单位。对于同样大小（相同的长度和宽度）的一幅图，如果组成该图的像素数目越多，则说明图像分辨率越高，看起来就越精细逼真。但每英寸的像素数超过 300 个后，人眼就无法看出区别。

　　显示分辨率是指屏幕上每单位长度能够显示的像素数目，通常以"点/英寸"（业界常写作 dpi）为计量单位。屏幕显示时，图像分辨率只需满足 96ppi 即可。当图像的分辨率高于显示器的分辨率时，图像在屏幕上显示的尺寸比实际的尺寸大。还要注意一点，日常表达时我们会听到"显示分辨率为 800×600"这样的说法，指的是将显示屏看成由 600 行、每行 800 个像素点构成。

　　当图像在打印机或绘图仪上输出时，与输出设备有关的是打印分辨率，指打印机每英寸产生的油墨点数，可作为输出设备成像精细程度的参考值，通常以"点/英寸"（业界常写作 dpi）为计量单位。如果图像用于打印输出，则需要较高的分辨率，如 300～600dpi，否则打印输出时会出现明显的颗粒和锯齿边缘。目前如高档的激光照排机的分辨率在 1 200dpi 以上。注意，打印分辨率是印刷时的计量单位，指每英寸上印刷的点数，这和计算机屏幕上显示的像素点数是不同的。

　　在进行图像设计时，首先要从概念上将图像分辨率、显示分辨率和打印分辨率区分清楚。例如，图像的像素个数在图像生成时就已经确定下来，它的像素是一个抽象的概念，表示的是一个"色彩记录者"，所以像素的大小并不固定，也未必都是正方形。在 Photoshop 中，可设置像素长宽比，如果是 1∶1，则为正方形；如果是 2∶1，则为长方形。因此，图像的像素个数与图像的尺寸是两个概念，像素个数体现的是记录色彩信息的数量。

　　屏幕像素指显示屏的像素，如电视屏幕、计算机显示屏、手机显示屏等，它们的像素是实实在在的，具有物理尺寸，单位通常是英寸。故调节 Windows 的分辨率使之变大，则相当于显示器的单位尺寸的点数变多，而同一幅图像的像素数保持不变。按照像素与点之间的对应关系，从显示屏上看到的图像就变小了，也就是图像的抽象像素变小了；若 Windows 的分辨率小于图像的分辨率，则显示屏只能显示图像的一部分。

Windows 分辨率调整

　　在 Photoshop 软件中打开一幅图像。在图 4.3 所示的对话框中，"像素大小"是指图像的大小，"文档大小"是指打印的尺寸。设置文档大小中的"分辨率"不影响图像在电子设备中的显示，但是会影响其打印图的大小，因为打印尺寸的计算公式是：像素数÷打印分辨率（dpi）。以图 4.3 所示数据为例，图像水平像素数为 853，垂直像素数为 640，打印分辨率为 72 像素/英寸，则打印输出的宽度为 853 像素÷（72 像素/英寸）×（2.54 厘米/英寸）≈30.09 厘米，高度为 640 像素÷（72 像素/英寸）×（2.54 厘米/英寸）≈22.58 厘米。

图 4.3　Photoshop 中"图像大小"对话框

2. 像素深度

　　像素深度是指存储每个像素的颜色所用的二进制位数。像素深度决定彩色图像的每个像素可能有的颜色数，或者确定灰度图像的每个像素可能有的灰度级数。例如，一幅彩色图像的每个像素用 R、G、B 这 3 个分量表示，若每个分量用 8 位量化，那么一个像素共用 24 位表示，就说像素的深度为 24，则颜色数可达 2^{24}=16 777 216 种，可以认为是真彩色。像素深度越深，所占用的存储空间越大；像素深度太浅，则会影响图像的质量。由于设备和人眼分辨能力的限制，用于一般显示的图像使用 8 位或 16 位的像素深度即可，用于打印照片的图像则需要达到 24 位的颜色深度。

3. 真彩色与伪彩色

真彩色是指图像中各像素点的颜色值直接由 R、G、B 这 3 个分量同时确定。例如，R、G、B 都用 8 位来表示，共 3 个字节，每个像素的颜色由这 3 个字节中的数值直接决定，可生成的颜色数达到 16 777 216 种。这种真彩色又称为全彩色，目前颜色质量最高可设置 32 位真彩色。这种表示方式需要的存储空间很大，而人的眼睛也很难分辨出这么多种颜色，因此在许多场合往往用 "RGB 5∶5∶5" 来表示，也就是 R、G、B 各用 5 位进行量化，再加 1 位显示属性控制位，共 2 个字节，生成的真彩色数目为 $2^{16}=65\ 536$，这时已经完全能够满足人眼对颜色辨识的需要了。

伪彩色是把像素值当作颜色索引，到颜色调色板中查找对应颜色的 R、G、B 值，用查找出的 R、G、B 值来产生彩色。彩色图像本身的像素数值和颜色索引表的索引号存在映射关系，据此查找得到的数值显示的彩色是真的，但不是图像本身的颜色，所以称为伪彩色。

4. 数据量

图像文件占据的存储器空间非常大。影响文件大小的因素主要是图像分辨率和像素深度。图像数据量与图像的像素数、像素深度成正比关系，公式如下。

$$图像数据量（字节）= 水平像素数 \times 垂直像素数 \times 像素深度 \div 8$$

例如，一幅真彩色图像的分辨率为 800×600，像素深度为 24 位，则图像的数据量为 $800 \times 600 \times 24bit \div （8bit/B）=1\ 440\ 000B$；一幅同样分辨率的 256 色的图像，像素深度为 8 位，数据量是 480 000B；而同样分辨率的二值图像，像素深度为 1 位，数据量仅有 60 000B。

4.2.3 图像的颜色模型

颜色是人的视觉系统对可见光的感知结果，可见光指波长在 380～780nm 的电磁波。研究表明，我们所见的大多数光是由许多波长不同的光组合而成的，而不是一种波长的光。

任何一种颜色都具有色相、饱和度和亮度这 3 个基本属性。

色相也称为色调，指色彩的相貌，是不同波长的色光被感觉的结果，这是颜色最显著的特征。光谱中有红、橙、黄、绿、蓝、紫 6 种基本色光，人的眼睛可以分辨出约 180 种不同色相的颜色。

饱和度也称为纯度，指颜色的鲜艳程度。光谱色的饱和度最高。饱和度取决于该色中含色成分和消色成分（灰色）的比例。含色成分越高，饱和度越大；消色成分越高，饱和度越小。在纯粹的颜色中掺入白色、黑色或其他颜色，都会使该颜色变暗发灰，也就是被"消饱和"了。

亮度是指颜色的明暗程度，它取决于反射光的强度。它有两种意思：一种指各种色光本身给人以不同的亮度感觉，例如，黄色亮度最高，紫色亮度最低，绿、红、蓝、橙的亮度相近，为中间亮度；另一种是指同一色相的颜色中还存在深浅的变化，如绿色中由浅到深有淡绿、中绿、深绿等亮度变化。

图像的颜色模型指彩色图像所使用的颜色描述方法，常用的有 RGB 模型、CMYK 模型、YUV 模型、HSV 模型等。理论上这些颜色模型都可以相互转换。下面就对这些颜色模型进行简单的介绍。

一般认为，任何一种颜色都可以使用红、绿、蓝 3 种基本颜色按不同的比例混合得到。颜色与三基色之间的这种关系用等式表示为：颜色=R（红色的百分比）+G（绿色的百分比）+B（蓝色的百分比）。

当三基色按不同强度相加时，总的发光强度增强，并可得到任何一种颜色，所以组合这 3 种光波以产生特定颜色的光波就称为相加混色，也就是 RGB 相加模型。

RGB 相加模型是计算机应用中定义颜色的基本方法。三基色等量相加时得到白色；等量的红、绿相加而蓝为 0 时得到黄色；等量的红、蓝相加而绿为 0 时得到品红色；等量的绿、蓝相加而红为 0 时得到青色。

在计算机中除用 RGB 模型来表示图像外，还可用 HSL（色相、饱和度、亮度）模型来表示。HSL 模型中，H（色相）定义颜色的波长；S（饱和度）定义颜色的强度，表示颜色的深浅程度；L（亮度）定义掺入的白光量，即亮度。若把 S 和 L 的值设置为 1，当改变 H 时就是选择不同的纯颜

饱和度和亮度变化演示

色；减少饱和度 S 时，就可体现掺入白光的效果；降低亮度 L 时，颜色就变暗，相当于掺入黑色。

印刷彩色图片采用的是 CMYK 相减混色模型。理论上，任何一种颜色也可以用青色、品红和黄色 3 种基本色按一定比例混合得到，用这种方法产生的颜色减少了与混合色成补色的色光，所以称为减色混合。

在相减混色中，三种基本色等量混合时得到黑色；等量黄色和品红混合而青色为 0 时，得到红色；等量青色和品红混合而黄色为 0 时，得到蓝色；等量黄色和青色混合而品红为 0 时，得到绿色。而由于彩色墨水和颜料的化学特性，用等量的三种基本色混合得到的黑色不是真正的黑色，因此在印刷术中常加入一种真正的黑色（black），所以 CMY 又写成 CMYK。

一般来说，一个能发光的物体的颜色由该物体所发出的光波决定，使用 RGB 相加模型来描述；而一个不发光的物体的颜色由该物体吸收或者反射的那些光波决定，使用 CMYK 相减模型来描述。

另外，在彩色电视制式中，通常使用 YUV 模型和 YIQ 模型来表示彩色图像。

4.2.4　图像压缩标准

通过前面的介绍可以看出，即使是单幅的数字图像，其数据量也很大。为了降低存储成本，便于数据传输，对图像的数据量进行大幅度压缩就显得非常重要。由于图像在画面和色彩上都是连续的，所以数据的强相关性造成的冗余度很大，因此对数字图像进行数据压缩是完全可行的。而且人眼视觉有一定的局限性，即使压缩后的图像有些失真，只要在人眼无法察觉的误差范围之内也是允许的。

数据压缩分为有损压缩和无损压缩两类。无损压缩利用数据统计特性来编码，典型的编码方法有 Huffman 编码、RLE 编码、LZW 编码等。这类无损压缩的特点是对压缩后的数据进行还原时，重建的图像与原始图像几乎完全相同，所以压缩比较小，一般在 2∶1 至 5∶1 之间。有损压缩利用人的视觉特性和视觉心理进行数据压缩，主要的压缩方法有变换编码、子带编码、分形编码、基于重要性的滤波方法、矢量量化、混合编码、运动补偿编码、帧内预测、帧间预测、插值等。对有损压缩后的数据进行还原时，重建后的图像与原始图像虽有一定的误差，但在允许的范围内，所以它的压缩比较高，如对动态视频的压缩比可达到 100∶1 甚至 200∶1。通常为了得到较高的压缩比，一般都采用有损压缩。

评价一种有损压缩编码方法时主要看 3 个方面：压缩比、重建图像的质量、压缩算法的复杂程度。ISO 和 IEC（international electrotechnical commission，国际电工委员会）两个机构组建的一个联合图像专家小组（joint photographic experts group）开发了一个静止图像数据压缩编码的国际标准，称为 JPEG 标准。该标准可用于自然景象或任何连续色调的彩色或灰度图像。其中，JPEG 2000 采用以离散小波变换算法为主的多解析编码方式，而且面向彩色、灰度、二值等各种类型的图像，它是既支持低比率压缩又支持高比率压缩的通用编码方式，具有高压缩率、渐进传输、感兴趣区域压缩几方面的优势，在数码照相机、扫描仪、网络传输、无线通信、医疗影像等领域得到了广泛应用。

4.2.5 常用的图像文件

表 4.1 列举了部分常用的图像文件类型及其简单说明。

表 4.1　　　　　　　　　　　　常用的图像文件

名　　称	压缩编码方法	性　质	说　　明
BMP 文件	RLE（游程长度编码）	无损	微软开发，Windows 环境下运行的所有图像处理软件都支持，色彩逼真但数据量大
GIF 文件	LZW 编码（字典编码）	无损	CompuServe 公司开发，图像数据量较小，可设置透明背景，实现多幅图像的切换，在网页中被大量使用
JPEG 文件	DCT，Huffman	有损	ISO 和 IEC 联合制定，适用范围广
TIFF 文件	RLE，LZW	无损	由 Aldus 公司和微软为扫描仪和桌面出版系统研制开发
PNG 文件	LZW 派生的压缩算法	无损	20 世纪 90 年代中期由万维网联盟开发，目的是替代 GIF 和 TIFF 文件格式，具有很多有利于图像在网络上浏览和传播的特性

4.2.6 矢量图形

矢量图形是利用软件绘制出来的，而不能通过扫描得到。它采用一系列计算机指令来表示一幅图，这些指令描述一幅图中所包含的直线、圆、弧、矩形的大小和形状，也可以表示平面、曲面、光照、材质等效果。它实际上是用数学方法来描述一幅图，并不直接描述图中的每一点，而是描述产生这些点的过程和方法，所以要用到大量的数学方程式，并且它所占的存储空间很小。

矢量图形中的基本单位称为图元，一条直线、一个圆、一个封闭区域、一个电路符号等都可以作为图元。图元是矢量图形中的信息单位，若干个图元的集合构成一个图段，图段还可以进一步组成图层。计算机存储的是生成矢量图形的指令，形成矢量图形的过程称为矢量化。矢量图形的图元结构使得矢量图中各部分可以分别进行移动、缩小、放大、旋转、复制、改变属性等操作。

矢量图形有很多优点：与分辨率无关，用户可以任意对图元进行放大或缩小，而不会影响它的清晰度和光滑性；便于修改，可任意修改其形状；图元结构，相同或类似的图可以作为构造块被存到图库中，从而加速图的生成，减小文件的存储量。

矢量图形的缺点是不易制作色彩丰富、内容复杂的图。

图形通常分为二维图形和三维图形两类。二维图形是平面的实体表现形式，如工程建筑图、电子线路图；三维图形是在三维空间中表现实体的形式，如地理信息系统、仿真和模拟系统等。

矢量图与图像之间的区别

常用的图形图像制作软件有 Photoshop、Illustrator、AutoCAD、CorelDRAW、FreeHand 等，它们的特长在于制作、修饰图像，而不是分析、识别图像。

4.3　视　　频

视频包括运动的图像、音效或伴音，具有信息丰富、表现力强的特点。本节主要介绍其数字化过程以及常见的压缩技术和文件格式。

4.3.1　视频的基本概念

如果将多幅连续静态图像沿时间轴排列，然后以 1/30～1/20s 的间隔依次播放图像，根据视觉暂留原理，人眼无法察觉出画面之间的停顿，从而产生平滑连续的视觉效果。计算机中将这种内容随时间变化的图像序列称为动态图像，而序列中的每一幅图像就称为一帧。视频就是动态图像，它包括了运动的图像和音效。当帧速率达到 12f/s（帧/秒）以上时，可以产生连续的显示效果。

获取视频信息有以下几种常见的途径：①利用视频采集卡设备；②利用数字摄像机、数字摄像头设备；③利用已有的数字化视频资源；④利用专门的软件进行制作。

数字摄像机所拍摄的视频图像及伴音采用 MPEG 或 MPEG-2 标准进行压缩后，记录在磁带或硬盘上，需要时通过 USB 或 IEEE 1394 接口输入计算机进行处理。数字摄像头通过光学镜头采集图像，然后直接将图像转换成数字信号输入计算机中。大多数摄像头采用 USB 接口，有些采用 IEEE 1394 接口。视频采集卡简称视频卡，有内置和外置之分，内置卡插在计算机主板的 PCI（peripheral component interconnect，外设组件互连标准）或 PCIE（PCI Express，高速 PCI）扩展槽中，外置卡采用 USB 接口。视频卡至少要具有一个复合视频接口（video in），以便与模拟视频设备相连。视频卡能将接收到的模拟视频信号、伴音信号数字化，然后存储在硬盘中。

视频信号数字化的过程，是指在一定的时间内以一定的速度对单帧视频信号进行采样、量化、编码等处理，实现模数转换、彩色空间变换和编码压缩等操作的过程。不压缩的视频信号数据量的大小是帧数乘以每帧数据量。

① 采样。由于模拟信号在时间和数值上都是连续的，故采样需要实现空间位置的离散和亮度电平值的离散。即在时间维上把连续的图像分为离散的一帧一帧的图像，在每一帧图像内又在垂直方向上将图像分为一条一条的水平扫描行。把图像分成若干帧的过程，实际是在时间方向上采样的过程；把图像分成若干行的过程，实际是在垂直方向上采样的过程。

② 量化。将一帧的图像划分为 $M \times N$ 个网格，每个网格用一个亮度值表示，对亮度值进行取整，每个网格对应允许的范围中的一个整数值，这样的过程就是量化。

③ 编码。编码就是将量化后的数据进一步压缩编码，转换为数字信号（二进制编码）。

4.3.2　视频压缩技术

相邻图像的内容具有连贯性，再加上人眼的视觉特性，因而存在压缩的可能性。目前，ISO 制定的有关视频压缩编码的几种常用标准及应用范围如表 4.2 所示。

表 4.2　　　　　　　　　　　　　视频压缩编码的标准及应用范围

名　称	源图像格式	压缩后的码率	应用范围
MPEG-1	CIF 格式	1.2～1.5Mbit/s	VCD、数码照相机、数字摄像机等
H.261	CIF 格式、QCIF 格式	$P \times 64$kbit/s（P 为 64kbit/s 的取值范围，是 1～30 的可变参数。P=1、2 时，只支持 QCIF 格式；$P \geq 6$ 时，可支持 CIF 格式）	可视电话、会议电视等视频通信方面

续表

名　称	源图像格式	压缩后的码率	应用范围
MPEG-2（MP@ML）	720×576	$5 \sim 15$Mbit/s	DVD、150 路卫星电视直播、540 路 CATV 等
MPEG-2 High Profile	$1\,440 \times 1\,152$，$1\,920 \times 1\,152$	$80 \sim 100$Mbit/s	高清晰度电视（HDTV）
MPEG-4	多种不同的视频格式	可低于 64kbit/s	远程教学、虚拟现实等交互式多媒体应用

4.3.3　计算机动画

计算机动画技术就是使用计算机产生连续画面的一种技术。视频和动画都是由一系列的帧组成的，相邻帧的画面具有连续性，当以一定的帧速率进行播放时，画面就产生了动感。但是，由模拟电视信号经过数字化得到的数字视频是将真实世界的图像与声音再现，而计算机动画的每一帧图像是由计算机合成产生的。在实际应用中，帧速一般设为 25f/s，而在高清效果下设为 60f/s，实时监控采样时设为 16f/s 即可。

动画的制作要借助于动画创作软件。目前常用的动画制作软件有 Animator Studio、Animate CC、Retas、3ds Max、Maya、C4D 等。

几种常用的视频文件格式如表 4.3 所示。

表 4.3　　　　　　　　　　　　常用视频文件格式

文件格式	说　明
AVI	微软开发的一种符合 RIFF 文件规范的数字音频与视频文件格式。它允许视频和音频同步播放，但压缩比较小
MOV	QuickTime 的文件格式。QuickTime 是苹果公司开发的一种流媒体文件格式，其图像画面的质量要比 AVI 格式高。ISO 选择该格式作为开发 MPEG-4 规范的统一的数字媒体存储格式
MPEG	采用 MPEG 国际标准进行压缩的全运动视频文件格式。MPEG 标准包括 MPEG 视频、MPEG 音频和 MPEG 视频音频同步 3 个部分。它的特点是压缩比大，图像和音频的质量也很好
DAT	VCD 专用的视频文件格式
ASF	微软开发的一种流媒体文件格式
RM	RealNetworks 公司开发的流式视频文件格式，它包括 Real Audio、Real Video 和 Real Flash

常见的动画文件格式有 GIF 文件格式和 SWF 文件格式。

GIF 文件是由 CompuServe 公司推出的一种高压缩比的彩色图像文件格式，主要用于图像文件的网络传输。

SWF 文件是 Macromedia 公司（现已被 Adobe 公司收购）开发的 Flash 软件生成的矢量动画格式。该格式的动画文件将音乐、动画、声效和交互方式融合在一起，而且文件较小，可以直接嵌入网页中的任一位置，因此被广泛应用于网页。

4.4 文本信息的数字化

在多媒体被广泛应用的今天，文字仍然是十分重要的媒体元素之一。计算机对文字的处理包括文字的输入、字符编码和输出，下面分别对各个环节进行介绍。

4.4.1 文字输入

文字输入的方式主要包括键盘输入、手写输入、扫描识别输入、语音识别输入、信息载体识别输入（条形码、磁卡、射频卡等）等。

通过键盘向计算机输入汉字时，从键盘上输入的是某个汉字的输入码，输入码可以随输入法而变。例如，同一个汉字的五笔和拼音输入法的按键组合不同。

汉字的手写识别技术是通过对字迹的轨迹、抬笔和落笔等不同时间段的书写特征进行模式识别的技术。我国目前在汉字的手写识别技术上走在世界前列，不仅突破了手写识别对笔顺的依赖，而且实现了"工整字识别—连笔字识别—行草字识别"的跨越，可以识别 GB 18030 字符集的所有汉字。

扫描识别输入是指通过扫描仪或数码照相机等光学输入设备将印刷体文字转换成数字图像，再利用文字识别（optical character recognition，OCR）软件，借助各种模式识别算法对文字形态特征进行分析，从而判断出汉字的标准编码并将其传入计算机。

语音识别是指借助人工智能技术对语音信息进行模式识别，通过对声音波形的特征提取，再和声学基元模型库、语言模型库、常识库进行匹配分析，推断出语音中所包含的汉字信息，并将其转换成相应的汉字标准编码。

如今，手机上很常见的"扫一扫"功能就属于信息载体识别输入，如对条形码、磁卡、IC 卡和射频卡上的信息进行自动识别。条形码分为一维条形码、二维条形码，是对文字符号的图形化表示，可通过图像输入设备或光电扫描设备进行识读。磁卡类似于磁盘存储器，因保密性差而逐步被 IC 卡替代。IC 卡就是集成电路卡。射频识别（radio frequency identification，RFID）又称无线射频识别，是一种通信技术，可通过无线电信号识别特定目标并读写相关数据，无须机械或光学接触。

4.4.2 字符编码

通过各种方式识别字符信息后，要对字符进行编码，而计算机存储和处理的就是该编码。下面重点介绍西文字符的 ASCII 和汉字的国标码。

1. 西文信息在计算机内的表示

西文是指拉丁字母、数字、标点符号以及一些特殊符号。所有字符的集合被称为"字符集"。其中的每个字符都具有一个唯一的编码，字符集中所有字符的编码的表格称为"码表"。

目前，计算机中西文信息采用的字符集码表是 ASCII（american standard code for information interchange，美国信息交换标准代码）。

ASCII 采用了 7 位二进制的编码方式，可以表示 $2^7=128$ 个西文字符，如表 4.4 所示。

表 4.4   ASCII 表

$b_3b_2b_1b_0$	$b_6b_5b_4$							
	000	001	010	011	100	101	110	111
0000	NUL	DEL	SP	0	@	P	`	p
0001	SOH	DC1	!	1	A	Q	a	q
0010	STX	DC2	"	2	B	R	b	r
0011	ETX	DC3	#	3	C	S	c	s
0100	EOT	DC4	$	4	D	T	d	t
0101	ENQ	NAK	%	5	E	U	e	u
0110	ACK	SYN	&	6	F	V	f	v
0111	BEL	ETB	,	7	G	W	g	w
1000	BS	CAN	(	8	H	X	h	x
1001	HT	EM	)	9	I	Y	i	y
1010	LF	SUB	*	:	J	Z	j	z
1011	VT	ESC	+	;	K	[	k	{
1100	FF	FS	,	<	L	\	l	|
1101	CR	GS	–	=	M	]	m	}
1110	SO	RS	.	>	N	^	n	~
1111	SI	US	/	?	O	_	o	DEL

ASCII 表中，前 32 个（编码为 000 0000～001 1111）和最后一个（编码为 111 1111）是不可显示的控制字符。其中常用的控制字符的作用如下。

BS（Backspace）：退格   HT（Horizontal Table）：水平制表

VT（Vertical Table）：垂直制表   LF（Line Feed）：换行

FF（Form Feed）：换页   CR（Carriage Return）：回车

CAN（Cancel）：取消   ESC（Escape）：换码

DEL（Delete）：删除

ASCII 表中其余的 95 个字符为普通字符。其中，SP（space）为空格；数字字符 0～9 按照顺序排列，其编码为 011 0000～011 1001，对应十进制数是 48～57；大写字母 A～Z 按照顺序排列，编码为 100 0001～101 1010，对应十进制数是 65～90；小写字母 a～z 也是按照顺序排列，编码为 110 0001～111 1010，对应十进制数是 97～122；大写字母与对应的小写字母的编码相差 32。

由于计算机中普遍采用 8 个二进制位为 1 个字节，所以计算机中 ASCII 的 b_7 位通常置为 0，并称之为基本 ASCII。也可以将 b_7 位置为 1，然后另外安排 128 个字符（如希腊字母等），通常称之为扩展 ASCII。在传输西文字符信息时，也常将 b_7 位作为奇偶校验位。因此，计算机中西文信息的输入、处理、存储、传输可以统一采用 ASCII。

西文字符除了常用的 ASCII 外，有时也采用 EBCDIC（extended binary coded decimal interchange code，扩展二—十进制交换码）。这种编码可表示 256 个字符，主要用于大型计算机中。

2. 中文信息在计算机内的表示

中文信息是由汉字组成的，在计算机处理汉字时，无论运用哪种识别方式输入汉字，汉字都将转换为统一的编码。中文编码标准包括 GB 2312—1980、GB 18030—2005 等。

（1）GB 2312—1980 汉字字符集与编码

为了适应计算机系统处理汉字的需要，我国在 1981 年颁布了《信息交换用汉字编码字符集 基本集》（GB 2312—1980）的强制性国家标准。它的编码方式如表 4.5 所示。

表4.5　　　　　　　　　　　　　GB 2312—1980 编码方式

		b6	0	0	0	0	0		1	1	1	1
	第二字节	b5	1	1	1	1	1		1	1	1	1
		b4	0	0	0	0	0		1	1	1	1
		b3	0	0	0	0	0	...	1	1	1	1
		b2	0	0	0	1	1		0	1	1	1
		b1	0	1	1	0	0		1	0	0	1
		b0	1	0	1	0	1		1	0	1	0
第 1 字节		位	*1*	*2*	*3*	*4*	*5*		*91*	*92*	*93*	*94*

b6	b5	b4	b3	b2	b1	b0	区
0	1	0	0	0	0	1	*1*

非汉字图形符号682个

（第1~15区，含空白区）

b6	b5	b4	b3	b2	b1	b0	区	
0	1	0	1	1	1	1	*15*	空白区
0	1	1	0	0	0	0	*16*	啊 阿 埃 挨 哎 … 胞 包 褒 剥
0	1	1	0	0	0	1	*17*	簿 雹 保 堡 饱 … 丙 秉 饼 炳

一级汉字3755个

b6	b5	b4	b3	b2	b1	b0	区	
1	0	1	0	1	1	1	*55*	住 注 祝 驻 抓 … 空白
1	0	1	1	0	0	0	*56*	亍 丌 兀 丏 廿 … 伋 攸 佚 佝

二级汉字3008个

b6	b5	b4	b3	b2	b1	b0	区	
1	1	1	0	1	1	1	*87*	鳌 鰊 鲜 訾 謦 … 鳆 鳇 蝙
1	1	1	1	0	0	0	*88*	空白区
1	1	1	1	1	1	0	*94*	

　　整个字符集是一个二维平面，排成一张"94行×94列"的字符表。表中的行称为区，表中的列称为位。表中每个字符的代码由其行列位置决定，字符代码的二进制值由2个字节组成，由行位置决定的代码为第1字节，由列位置决定的代码为第2字节。

　　字符集中的字符主要由3部分组成，第1~9区是其他字母及图形符号，共682个；第16~55区为3 755个常用汉字，按照汉语拼音的字母顺序排列，称为一级汉字；第56~87区是3 008个非常用汉字，按照偏旁部首顺序排列，称为二级汉字；第10~15区和第88~94区为预留的空白区，留待扩充字符用。

　　① 国标区位码。由字符集中的字符的区和位所决定的代码，简称为区位码。区位码常用 2位十进制数字表示区号，紧接着再用2位十进制数字表示位号。区位码也可以用2个7位二进制数字来表示，它们分别是区号和位号的二进制值，也是区号在前、位号在后。若用8位二进制数字来表示，则 b_7 位置为 0。

　　例如，一级汉字中的"啊"，其区号为 16，位号为 01，所以其区位码是 1601，即二进制的0001 0000 0000 0001；一级汉字中的"雹"，其区号为 17，位号为 02，所以其区位码是 1702，即二进制的 0001 0001 0000 0010；二级汉字中的"丏"，其区号为 56，位号为 04，所以其区位码是5604，即二进制的 0011 1000 0000 0100。

　　② 国标交换码。国标交换码简称为国标码，也常称为交换码。因为国标码要沿用 ASCII 中前32个控制字符，所以将汉字编码（区位码）向后偏移32，而偏移后的编码就是国标码。

　　故国标码与区位码之间的对应关系是：国标码=区位码+2020H。从十进制角度来说，就是将区位码的区号和位号分别加上 32。

　　例如，一级汉字中的"啊"，其区位码是 1601，即二进制的 0001 0000 0000 0001，其国标码的十进制为4833，二进制为0011 0000 0010 0001，即 3021H；一级汉字中的"雹"，其区位码是

1702，即二进制的 0001 0001 0000 0010，其国标码的十进制为 4934，二进制为 0011 0001 0010 0010，即 3122H；二级汉字中的"丐"，其区位码是 5604，即二进制的 0011 1000 0000 0100，其国标码的十进制为 8836，二进制为 0101 1000 0010 0100，即 5824H。

③ 汉字机内码。汉字机内码简称内码，是汉字处理系统中存储、处理、传输汉字时所用的编码。

在西文处理系统中，没有国标码和内码之分，即直接使用 ASCII 作为内码。而在汉字处理系统中，如果直接使用国标交换码，就会造成汉字编码与西文编码的混淆，故为方便 CPU 区分西文和汉字，可再将国标码的 2 个字节的最高位 b_7 置为 1（ASCII 中 b_7 为 0），这样 CPU 看见最高位为 0，即可知晓其由 ASCII 表示的西文字符。如果最高位为 1，就检测下一个字节信息的最高位是否也为 1，如果也是 1，可知晓这两个字节表示一个汉字。

综上，汉字的区位码、国标码、内码之间的对应关系可表示为：内码=国标码+8080H=区位码+A0A0H。

从十进制角度来说，将汉字的区位码的区号和位号分别加上 32，即为国标码；将汉字的区位码的区号和位号分别加上 160（32+128），即为内码。

例如，"啊"的区位码是1601，二进制为0001 0000 0000 0001；国标码为3021H，二进制为0011 0000 0010 0001；内码为B0A1H，二进制为1011 0000 1010 0001。"雹"的区位码是1702，二进制为0001 0001 0000 0010；国标码为3122H，二进制为0011 0001 0010 0010；内码为B1A2H，二进制为1011 0001 1010 0010。"丐"的区位码是5604，二进制为0011 1000 0000 0100；国标码5824H，二进制为0101 1000 0010 0100；内码为D8A4H，二进制为1101 1000 1010 0100。

查看编码的演示过程

图 4.4 展示了一个文本文件中中西文字符在内存中的对应编码。

图 4.4 编码示意图

（2）BIG5 码

BIG5 码是我国香港和台湾等地区使用的繁体汉字的编码方法，被称为大五码，该编码标准共包括 13 060 个汉字。BIG5 码采用双字节编码，高位字节使用了 0x81-0xFE，低位字节使用了 0x40-0x7E 与 0xA1-0xFE。

（3）GBK 编码

GBK（汉字内码扩展规范，GB 表示国家标准，K 表示扩展）编码是由我国制定的，目的是解决汉字收录不足、简繁同平面共存、简化代码体系间转换等汉字信息交换的问题，并在保持已有应用软件兼容性的前提下，向最终的国际统一双字节字符集标准 ISO 10646.1 迈进。

GBK 编码仍以 2 字节表示 1 个汉字，第 1 字节从 81H 到 FEH，第 2 字节从 40H 到 FEH。虽然第 2 字节的最高位可能不为 1，但汉字内码总是 2 个字节连续出现，所以可以与 ASCII 明确区分。GBK 内码的第 1、2 字节的 A1H～FEH 与 GB 2312—1980 内码完全一致，从而可以较好地与旧的系统兼容。GBK 收录了 GB 2312—1980 中的所有字符，同时又在字汇一级支持 CJK 汉字，并且还增加了一些其他汉字及符号。

（4）GB 18030

2001 年 7 月 1 日开始正式实施的中华人民共和国国家标准 GB 18030—2000 是对 GB 2312—1980 的扩展。GB 18030—2000《信息技术　信息交换用汉字编码字符集　基本集的扩充》是我国继 GB 2312—1980 和 GB 13000—1993 之后最重要的汉字编码标准，是我国计算机系统必须遵循的基础性标准之一。该编码规范延续了 GB 2312—1980 编码的体系结构，提供了 150 万个码位，收录了 27 484 个汉字，为解决人名、地名用字问题提供了方案，为汉字研究、古籍整理等领域提供了统一的信息平台基础，较好地适应了多文种信息交换的需要。GB 18030—2000 采用单/双/四字节混合编码的方式，在字位上与 GB 13000.1 一致，同时收录了藏文、蒙古文、维吾尔文等主要少数民族文字，为各种中文信息的传输与处理提供了坚实的基础。GB 18030 的当前版本为 GB 18030—2005《信息技术　中文编码字符集》，其在 GB 18030—2000 的基础上增加了 42 711 个汉字和多种我国少数民族文字的编码。

3. 其他编码

Unicode、ISO/IEC 10646 是两种主流的国际字符编码标准，下面分别进行简要介绍。

① ISO/IEC 10646 是 ISO 与 IEC 联合开发的国际通用的字符编码标准。UCS（universal coded character set，通用字符集）是 ISO/IEC 10646 标准所定义的字符编码方式，它包含了已知语言的所有字符集，而且还保证了与其他字符集的双向兼容，即 UCS 与其他任何编码之间进行翻译，都不会出现信息丢失的情况。

② Unicode（统一码）是由多语言软件制造商组成的统一码协会所制定的一种国际字符的编码标准，它为每种语言中的每个字符都设定了统一并且唯一的二进制编码，以满足跨语言、跨平台进行文本转换处理的要求。如今，Unicode 已经获得了网络、操作系统、编程语言的广泛支持。

4.4.3　文字输出

当计算机操作系统需要对字符进行显示或打印输出时，需要用到字形码。该过程是：字库管理程序先将字符的编码（ASCII、内码）转换为该字符在字库中的地址码，再根据地址码从字库中取得字符的字形码，通过显示程序按字形码显示或打印该字符以供用户查看。

下面主要介绍汉字的字形码。汉字的字形码将内码转换为人们可以阅读的方块字形象。

字符集中所有汉字的字形描述信息集合为字库（字形信息库）。不同的字体（如黑体、楷体）、字形（如粗体、斜体）对应不同的字库，它们都必须预先存储在计算机中，当需要输出汉字时，应用程序从字库中找到相应的字形描述信息，然后进行输出。

汉字字形的描述方法有点阵法和轮廓法两种。

轮廓法将汉字的字形转化为一组直线和曲线，并记录这些直线和曲线的数学描述数据，需要输出时再将这些数据转化为字形，如图 4.5 所示。这种方式的描述精度较高，字形美观，放大缩小不会引起失真，但对计算机软件和硬件的要求较高。目前，轮廓法被广泛使用，Windows 操作系统的 TrueType 字库使用的就是这种描述方法。

点阵法将汉字的字形离散为由点组成的方阵，每个点采用一位二进制数字描述，由此组成汉字的字形点阵（称为字模），如图 4.6 所示。计算机系统的显示和打印输出本质上都是通过点阵方式实现的。点阵法对计算机的软硬件的要求相对较低，但点阵汉字在放大后会出现锯齿状失真，目前只在一些比较简单的系统和字符界面的系统中被使用。

汉字点阵字形根据描述的精度要求，通常有 16×16、24×24、32×32、48×48 等多种形式，图 4.6 所示为 16×16 点阵的一个汉字的字模。由于点阵中的每一个点对应一个二进制位，所以

图 4.6 所示的字模将占据 16×16÷8=32 个字节的存储空间。GB 2312—1980 字符集收录了 682+3 755+3 008=7 445 个字符，所以 16×16 点阵的一个字库将要使用 32B×7 445=238 240B≈233KB 的存储空间。

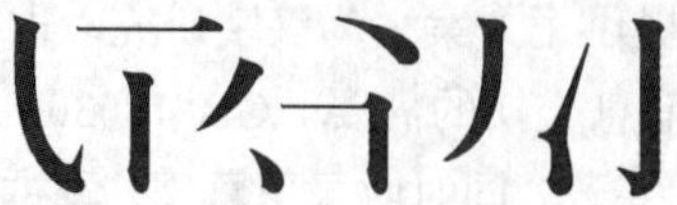

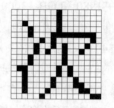

图 4.5 汉字的轮廓示意图   图 4.6 汉字的点阵示意图

通过前文的介绍，读者可以了解到计算机在处理汉字时，输入、存储、处理、传输、输出等各个环节的编码要求各不相同，通常情况下的流程如图 4.7 所示。

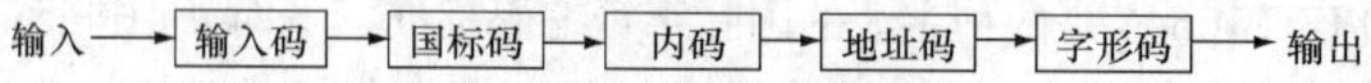

输入 ⟶ 输入码 ⟶ 国标码 ⟶ 内码 ⟶ 地址码 ⟶ 字形码 ⟶ 输出

图 4.7 计算机处理汉字的流程

而图 4.8 是在图 4.7 的基础上，将各环节对应的输入/输出设备联系起来的基本处理过程图。

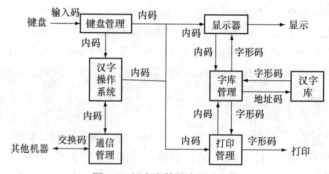

图 4.8 汉字字符基本处理过程

4.5 音 频

声音是计算机信息处理的主要对象之一。那么，计算机是如何存储、处理、传输声音的呢？本节将对声音的数字化过程进行相关介绍。

4.5.1 什么是声音

声音是由材料（如二胡的琴弦）振动产生的物理现象。振动导致材料周围的空气产生疏密变化，形成压力波，压力波在空气中传播，其振荡图形称为波形。当压力波到达耳朵时，我们听到声音。声音信号是模拟信号，是关于时间的连续函数，又称为模拟音频，如图 4.9 所示。

人耳可感受到的声音信号频率范围为 20～20 000Hz，

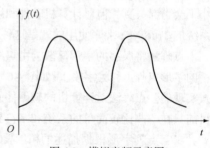

图 4.9 模拟音频示意图

这个范围内的声音信号称为音频信号。其中，人的说话声音是一种特殊的声音，其频率范围约为300～3 400Hz。现实世界中的其他各种声音，如风声、狗叫声、音乐声等，其频率范围可达到20Hz～20kHz，称为全频带声音。一般来说，频率范围（称为带宽）越宽，声音质量越高。

声音信号有 3 个基本要素：音调、响度、音色。

音调与声音的频率有关。频率高则音调高，频率低则音调低。

响度用来描述声音的强弱，主要取决于声压，还与频率、波形等相关。

音色由混入基音的泛音决定。音频信号由许多不同频率和幅度的信号组成，其中最低频率为基音，其他频率为泛音，基音和泛音组合起来，就决定了声音的音色。

4.5.2　声音信号的数字化

音频信号是一种连续变化的模拟信号，而计算机只能识别二进制的数字信号，因此音频信号必须经过一定的变化和处理，转换成计算机可存储和编辑的二进制数据，这个转换过程就称为声音信号的数字化。声音信号的数字化过程如图 4.10 所示。

模拟音频 → 采样 → 量化 → 编码 → 数字音频

图 4.10　声音信号的数字化过程

（1）采样

采样是指每隔一个时间间隔在模拟信号上取一个幅度值。采样后得到的是离散的声音振幅样本序列，称为采样值，其仍是模拟值。通过采样，可以把连续的声音信号变成离散的声音信号。

单位时间内的采样次数称为采样频率 f，根据奈奎斯特采样定理（又称香农采样定理），采样频率不小于最高频率的两倍，采样之后的数字信号能完整地保留原始信号中的信息，低频才能不失真。语音信号的采样频率一般为 8kHz（电话音质），无线电广播的采样频率通常一般为 22kHz，而音乐信号的采样频率通常在 40kHz 以上，如 44.1kHz 是高保真效果。

（2）量化

量化是将采样所得到的值取整，即用二进制数来表示。量化的二进制位数是量化精度，用 N 位二进制码可以表示 2^N 个不同的量化水平。量化精度越高，可以表示声波振幅的动态范围就越大，误差就越小，声音的保真度就越好。

一般量化位数为 8 位、16 位，专业的为 24 位或 32 位。

（3）编码

经过采样和量化后的音频信号数据量很大，会占用大量的存储空间，因此还必须对它进行压缩编码处理，以便在计算机中存储以及在网络上进行传输等。

声音数字化后，常以波形声音的 WAV 文件格式存储，称为数字化波形声音。WAV 是体积较大的未压缩的原始音频，属于无损格式。

音频文件的主要编辑参数包括采样频率、量化位数、声道数目、使用的压缩编码方法以及比特率（也称为码率）。声道的依据原理是双耳效应，即人们能依靠双耳间的音量差、时间差和音色差来判别声音方位。故为了达到更好的视听效果，声卡在输出的时候提供了声道数的选项。

码率指的是每秒钟的数据量。无损格式音频文件的码率的计算公式为：码率=采样频率×量化位数×声道数。例如，一个采样频率为 22.05kHz 的双声道的无损音频数据，采用 16 位的量化位数，则数据量为 88.2KB/s（22.05×16×2/8）。音频压缩编码后的码率的计算公式为：压缩后码率=压缩前码率÷压缩比。

4.5.3　音频压缩技术

WAV 文件的数据量很大，为了适应存储和传输的需求，通常要对原始音频进行压缩处理。声音信号中存在许多冗余成分，如一些间隔和一些人耳分辨不出的信号，因而存在压缩的可能性。

表 4.6 列举了几种常见的音频压缩标准。

表 4.6　　　　　　　　　　　　　　　　　音频压缩标准

名　称	码率（每个声道）	声道数目	用　途
MPEG-1 层 1	192kbit/s（压缩比 4∶1）	2	数字盒式录音带
MPEG-1 层 2	128kbit/s（压缩比 6∶1）	2	数字广播声音、CD、VCD
MPEG-1 层 3	64kbit/s（压缩比 12∶1）	2	ISDN 上的声音传输
MPEG-2 audio	与 MPEG-1 层 1、层 2、层 3 相同	5.1、7.1	同 MPEG-1
Dolby AC-3	64kbit/s	5.1、7.1	DVD、DTV、家庭影院

MP3 的音乐格式最为常见，它能以 10 倍左右的压缩比降低高保真数字声音的存储量，使一张普通的 CD 光盘上可以存储大约 100 首 MP3 格式的歌曲。

MP4 采用 MPEG-2 AAC 音频压缩技术，能将压缩比提高到 15∶1，且不影响音乐的实际听感。MP4 文件的大小仅为 MP3 的 3/4。更重要的是，它采用独特的 Solana 数字水印技术，方便追踪和发现盗版发行行为，能有效地保护版权，这是 MP3 所无法比拟的。

杜比数字 AC-3 是美国杜比实验室开发的多声道全频带声音编码系统，它提供的环绕立体声系统由 5 个（或 7 个）全频带声道加一个超低音声道组成，在数字电视、DVD 和家庭影院中得到广泛使用，使人们真正享受到 5.1（或 7.1）通道立体声效果。

根据将压缩文件还原后的效果，同样可将音频压缩分为无损压缩和有损压缩。如果将压缩后的音频文件还原，其能够实现与原始音频文件近乎相同的大小、比特率，则称之为无损压缩。常见的格式有 APE、FLAC、TTA、TAK 等。而有损压缩则是降低了原始音频的采样频率与比特率，常见的格式有 MP3、WMA、OGG 等。

4.5.4　MIDI

MIDI（musical instrument digital interface，乐器数字化接口），是为了将电子音乐设备与计算机相连而制定的一个规范，是数字音乐的国际标准。它规定了电子乐器与计算机之间连接的电缆和接口标准；规定了电子乐器之间或电子乐器与计算机之间传送数据的通信协议；定义了编码的规则等。通常把 MIDI 格式的文件简称为 MIDI 文件，其文件扩展名为 ".mid"。

MIDI 音乐如何制作呢？我们需要一种称为音序器的软件。常用的音序器软件有 Cakewalk、Encore 等。音序器将 MIDI 演奏器（如 MIDI 键盘）的弹奏过程以 MIDI 消息的形式记录下来，如按了哪个键、力度多大、时间多长、音色如何变化等。按规定的编码规则进行记录。可以说 MIDI 消息是乐谱的一种数字化定义和表现。一首乐曲所对应的全部 MIDI 消息组成一个 MIDI 文件。音序器软件不仅可以制作 MIDI 文件，还可以对已有的 MIDI 文件进行编辑。

播放 MIDI 音乐的时候，通过媒体播放器软件将读入的 MIDI 文件中的一个个 MIDI 消息发送至声卡上的音乐合成器，由音乐合成器解释并执行 MIDI 消息中的相应操作，合成出各种音色的音符，最终通过扬声器将乐曲播放出来。MIDI 系统的工作流程如图 4.11 所示。

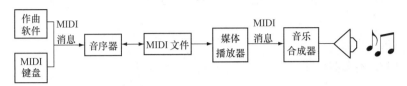

图 4.11　MIDI 系统的工作流程示意图

MIDI 文件记录的不是声音的比特流，而是各种指令的集合。所以，相同时间长度的 MIDI 音乐文件一般都比 WAV 文件小得多。例如，1 分钟的音乐，MIDI 文件只需 10KB，而 WAV 文件则需 10MB。所以 MIDI 文件不需要进行压缩处理，很适合在网上传播。此外，MIDI 文件便于编辑，且可以作为伴音和其他的媒体一起播放。正是 MIDI 文件的这些优点使其得到了广泛的应用。

4.5.5　常用的音频文件

常用的音频文件如表 4.7 所示。

表 4.7　　　　　　　　　　　　　　　　常用的音频文件

文件格式	说　明
WAV	微软与 IBM 公司联合开发的音频文件格式，来源于对声音模拟信号的采样
MP3	以 MPEG-1 layer 3 标准压缩编码的一种音频文件格式
WMA	微软开发的 Windows 媒体格式之一，同音质的 WMA 文件大小为 MP3 的 1/2
MID	Windows 操作系统中常用的 MIDI 文件存储格式
RMI	微软的 MIDI 文件存储格式
MOD	MIDI 文件存储格式，其内部自带了一张波形表，通常比 MID 文件大很多
RA	RealNetworks 公司开发的流式音频文件格式，可以在网上边下载边收听
VOC	Creative 公司开发的波形音频文件格式
AU	Sun 公司开发的声音文件存储格式，主要用于 UNIX 工作站

本 章 小 结

本章介绍了多媒体技术的基本概念、主要特征及相关应用。在对多媒体基本知识有所了解的基础上，以模数转换为主线，分别介绍了图像与图形、视频、文本信息、音频等几种不同类别的媒体信息的数字化过程。这些过程既有宏观的相似之处，又有各自不同的专属特征。例如，分辨率、像素深度、颜色模型、字符编码、码率、无损压缩、有损压缩等。读者在日常学习与生活中，可结合实际应用加深对这些多媒体术语的理解。

思 考 题

1. 如何理解多媒体的定义？

2. 多媒体技术有哪些特征？

3. 简述图形与图像的区别。

4. 如何计算一幅未压缩的数字图像的数据量？

5. 图像的基本属性有哪些？

6. 简述 RGB 相加模型的概念。

7. 结合 Photoshop 软件的设置参数，说明图像分辨率、显示分辨率、打印分辨率之间的关联性。

8. 视频信息的获取途径有哪些？

9. CPU 如何区分内存中的西文字符和汉字？

10. ASCII 中，大小写字母之间的差值是多少？数字字符有什么特点？

11. 简述汉字从语音输入至打印输出的基本过程，以及不同过程中的码值变化。

12. 简述数字波形声音的获取步骤。

13. 数字波形声音的码率如何计算？

14. 全频带声音的压缩编码有哪些常用标准？

15. 简述 MIDI 音乐与波形声音的区别。

16. 简述对图像、音频进行压缩的必要性和可行性。

第5章
计算机网络基础

计算机的发明是伟大的，但计算机却是在计算机网络诞生后才深入人们的生活。Internet、物联网、互联网+、基于互联网大数据上的人工智能，这些都是在计算机网络的支撑下发生的重大技术革命。计算机网络的出现不光促进了经济的发展，也促进了整个社会的发展，改变了人们的工作生活方式。计算机网络是当代信息社会的基础，在人们的知识构成中，计算机网络的基础知识已不可或缺。本章将介绍计算机网络的结构与操作、网络的应用以及网络安全问题。

5.1 计算机网络概述

计算机网络是指将地理位置不同的具有独立功能的多台计算机及其外部设备通过通信线路连接起来，在网络操作系统、网络管理软件及网络通信协议的管理和协调下，实现资源共享和信息传递的计算机系统。构建计算机网络的最初目的是连接多台独立的计算机，但现代计算机网络的首要目的之一，可以说是连接人与人。置身于世界各地的人们可以通过网络建立联系、相互沟通、交流思想，网络已给人们的日常生活、教育科研、企业发展以及整个人类社会带来了巨大的变革。

5.1.1 计算机网络的组成和功能

1. 计算机网络的组成

计算机网络由3部分组成：网络硬件、通信线路（传输介质）和网络软件。在网络系统中，硬件对网络的选择起着决定性作用，而软件则是挖掘网络潜力的工具。

（1）网络硬件

网络硬件是计算机网络系统的物质基础。要构成一个计算机网络系统，首先要将计算机及其附属硬件设备与网络中的其他计算机连接起来。不同的计算机网络系统在硬件方面是有差别的。随着计算机技术和网络技术的发展，网络硬件日趋多样化，功能更加强大也更加复杂，但主要包括客户机、服务器、网卡和网络互连设备。

① 客户机，指用户上网使用的计算机。

② 服务器，指提供某种网络服务的计算机，通常由运算功能强大的计算机担任。

③ 网卡，也就是网络适配器，是计算机与传输介质连接的接口设备。

④ 网络互连设备包括集线器、中继器、网桥、交换机、路由器和网关等。

（2）通信线路

用来进行信息传递的有线或无线介质。有线介质主要包括双绞线、同轴电缆和光纤，无线介质主要包括微波等。

（3）网络软件

在网络系统中，网络上的每个用户都可享有系统中的各种资源，系统必须对用户进行控制，否则就会造成系统混乱、信息数据的破坏和丢失。为了协调系统资源，系统需要通过软件工具对网络资源进行全面的管理、调度和分配，并采取一系列的安全保密措施，防止用户对数据和信息进行不合理的访问，并防止数据和信息的破坏与丢失，因此网络软件是实现网络功能不可缺少的。网络软件通常包括如下几种。

① 网络协议软件。通过协议程序实现网络协议功能。

② 网络通信软件。通过网络通信软件实现网络工作站之间的通信。

③ 网络操作系统。是用于实现系统资源共享，管理用户对不同资源的访问的系统软件，是最主要的网络软件。

④ 网络管理软件。是用来对网络资源进行管理和对网络进行维护的软件。

⑤ 网络应用软件。是为网络用户提供服务并为网络用户解决实际问题的软件。

网络软件最重要的特征是：网络管理软件所研究的重点不是在网络中互连的各个独立的计算机本身的功能，而是如何实现网络本身的特有功能。

2．计算机网络的功能

计算机网络的功能主要体现在信息交换、资源共享、远程传输、集中管理、分布式处理、均衡负荷等方面。

① 信息交换是计算机网络最基本的功能，主要指完成计算机网络中各个节点之间的通信任务。通过网络进行的电子邮件、新闻发布、网页浏览、信息共享等都要依靠信息交换来实现。

② 资源共享包括硬件资源、软件资源、数据资源等的共享。

③ 远程传输是指距离很远的用户也可以互相传输数据信息、交流和协同工作。

④ 集中管理。通过管理信息系统（management information system，MIS）、办公自动化系统等，可以实现对日常工作的集中管理，提高工作效率，增加经济效益。

⑤ 分布式处理是指网络系统中的若干台计算机可以互相协作，共同完成一个任务。或者说，一个程序可以在若干台计算机上并行运行，将一个比较复杂的任务分解成若干个部分，由网络中若干台计算机分别完成各个部分，这样既克服了小机器不能完成大任务的困难，又提高了任务的执行效率和系统的可靠性。

⑥ 均衡负荷是指信息处理任务被均匀地分配给网络上的各台计算机。网络控制中心负责分配和检测，当某台计算机负荷过重时，系统会自动将任务转移到负荷较轻的计算机中。

5.1.2　计算机网络的分类

计算机网络的分类方法很多：按照网络的使用性质，可以分为公用网络和专用网络；按照使用的传输介质，可以分为有线网络和无线网络；按照网络的通信速度，可以分为高速网络和低速网络；按照交换方式，可以分为线路交换网络、报文交换网络和分组交换网络。图 5.1 给出了常见的计算机网络分类方法。

1．按照覆盖的地理范围分类

按照覆盖的地理范围，计算机网络可以分为局域网、城域网和广域网 3 种。

① 局域网（local area network，LAN）是指局部区域内的网络，是最常见、应用最广的一种网络。随着整个计算机网络技术的发展，现在局域网已得到充分的应用和普及，几乎每个企事业

单位都有自己的局域网，甚至有的家庭中也有自己的小型局域网。很明显，局域网所覆盖的地理范围较小。局域网在计算机数量配置上没有太多的限制，少的可能只有两台，多的可达几百台。一般来说，在企业局域网中，工作站的数量在几十到 200 台左右。在网络所涉及的地理距离上，一般来说可以是几米至几千米以内。局域网一般位于一个建筑物或一个企业内。

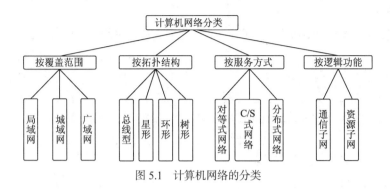

图 5.1　计算机网络的分类

局域网的特点是连接范围窄、用户数量少、配置容易、连接速率高。IEEE 的 802 标准委员会定义了多种主要的局域网，包括以太网（ethernet）、令牌环网（token Ring）、光纤分布式数据接口（fiber distributed data interface，FDDI）、异步转移模式（asynchronous transfer mode，ATM）以及无线局域网（wireless local area Network，WLAN）。

② 城域网（metropolitan area Network，MAN）通常是指在一个城市，但不在同一地理范围内的计算机互连。这种网络的连接距离为 10～100km，它采用的是 IEEE 802.6 标准。城域网与局域网相比扩展的距离更长，连接的计算机数量更多，在地理范围上可以说是局域网的延伸。

③ 广域网（wide area network，WAN）也称为远程网，所覆盖的范围比城域网更广，一般是指不同城市之间的局域网或者城域网互联，地理范围可为几百千米到几千千米。因为距离较远，信号衰减比较严重，所以这种网络一般要租用电信部门的专线来连接。

2. 按照网络的拓扑结构分类

将网络中的计算机等设备抽象为点，通信介质抽象为线，从拓扑学的观点来看，计算机网络由点和线构成，这种结构称为网络的拓扑结构。计算机网络的拓扑结构主要有总线型、星形、环形和树状结构，具体介绍见 5.3 节。

3. 按照服务方式分类

按照服务方式，计算机网络可分为对等模式、客户机/服务器模式和分布式 3 类。在对等模式下，网络中所有计算机处于同等地位，各工作站可以共享网络的共享资源，也可以提供资源给网络共享。客户机/服务器（client/server，C/S）模式是一种主从结构，网络中有专门提供各类服务的计算机（服务器），服务器为整个网络提供各种共享资源和服务；而客户机则可以将处理任务提交给服务器，由服务器代为完成各种数据处理任务。分布式网络由分布在不同地点且具有多个终端的节点机互连而成。分布式网络中任意一点均至少与两条线路相连，当任意一条线路发生故障时，通信可转经其他链路完成，具有较高的可靠性且网络易于扩充。

4. 按照网络逻辑功能分类

从网络逻辑功能的角度出发，可以将计算机网络分为通信子网和资源子网两个部分。

① 通信子网是网络系统的中心，处于网络内层，由网络中的通信控制设备、通信设备、通信线路以及作为信息交换的计算机组成。通信子网的功能是完成数据传输和转发等通信处理任务。

② 资源子网处于网络系统的外围，由各种计算机、通信终端、输入/输出设备，各种软件资源和各种数据资源组成。资源子网的功能是完成各类信息处理和加工任务。

5.1.3 计算机网络的体系结构

1. 网络协议

通信是计算机网络的主要功能。为了使计算机之间能够正确可靠地传递信息，必须有一套关于信息传输顺序的规定、信息格式的标准和信息内容的约定。这些规定、标准和约定称为网络协议。

网络协议包含 4 个要素，即语法、语义、同步和时序。语法用来规定各种数据与控制信息的格式和结构，如用 ASCII 表示文字信息；语义用来规定通信信息的某个部分所表示的意义，如分组的第一部分表示信息的目的地址；同步用来规定通信的各个步骤的实现方式，如用异步方式实现传输；时序用来对事件实现顺序进行详细说明，如发送点发出一个数据报文，如果目标点接收到的信息是错误的，则要求发送点重发。

2. 网络的体系结构

计算机网络的结构复杂，所使用的网络协议也包含了相当多的内容，为了减少设计上的复杂性，近代计算机网络都采用"分层"结构。所谓分层，是指从逻辑结构上把一个复杂的系统分解为若干个比较简单的系统，将系统功能分类归并，以使问题变得比较容易解决。

在分层结构中，每一层都建立在它的前一层的基础之上，每一层都有相应的通信协议，相邻两层之间的通信约束称为接口。进行分层处理以后，相同或相似的功能被归纳到同一层中，每一层都只与其上下层的接口通信，使用下层所提供的服务，并且向上层提供服务。处在高层次的系统仅利用较低层次的系统提供的接口和功能，不需了解低层为实现该功能所采用的算法和协议，较低层次也仅使用从高层系统传送来的参数，这就是层次间的无关性。因为有了这种无关性，层次间的每个模块都可以用一个新的模块取代，只要新的模块与旧的模块具有相同的功能和接口即可，即使它们使用的算法和协议都不一样也不会有什么影响。因此，分层结构中，上下层之间的关系是下层为上层服务，上层是下层的用户。

这种逻辑结构上的分层、各层之间的关系安排以及所有相关的协议的总和称为网络的体系结构。网络的体系结构是一个比较抽象的概念，体系结构采用的方式是多种多样的，实现体系结构所使用的软硬件也各不相同，目前最常用的就是 ISO 所提出的开放系统互联（OSI）参考模型。OSI 参考模型并不是一般的工业标准，而是一个为制定标准所用的概念性框架，事实上的业界标准则是 TCP/IP 分层模型。这两种体系结构的对应关系如图 5.2 所示。

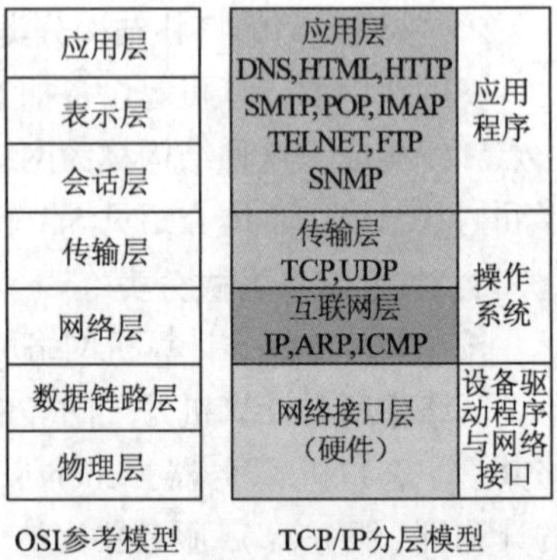

OSI参考模型	TCP/IP分层模型	
应用层	应用层 DNS,HTML,HTTP SMTP,POP,IMAP TELNET,FTP SNMP	应用程序
表示层		
会话层		
传输层	传输层 TCP,UDP	操作系统
网络层	互联网层 IP,ARP,ICMP	
数据链路层	网络接口层 （硬件）	设备驱动程序与网络接口
物理层		

图 5.2 计算机网络的体系结构

3. 开放系统互联参考模型

20 世纪 70 年代以来，国外一些主要计算机生产厂家先后推出了各自的网络体系结构，但它们都属于专用的，产品的通用性较差，给网络互联的实现带来了麻烦。为使不同计算机厂家的计算机能够互相通信，以便在更大的范围内建立计算机网络，有必要建立一个国际范围内的网络体系结构标准。

ISO 于 1981 年正式推荐了一个网络系统结构——7 层参考模型，叫作开放系统互联（open system interconnection，OSI）参考模型。这个标准模型的建立，使得各种计算机网络体系结构向它靠拢，大大推动了网络通信技术的发展。OSI 参考模型是一个计算机互联的国际标准。所谓开放，就是指任何不同的计算机系统，只要遵循 OSI 标准，就可以与同样遵循该标准的任何计算机系统进行通信。OSI 参考模型中的系统是指计算机、外部设备、终端、传输设备、通信控制设备、各种网络软件、操作人员等。OSI 参考模型的结构如图 5.3 所示。

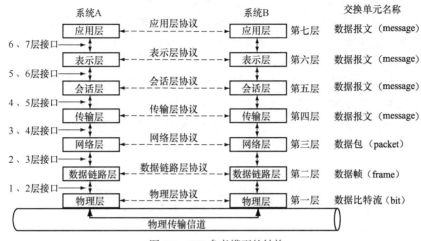

图 5.3　OSI 参考模型的结构

OSI 参考模型为 7 层结构，每层都可以由若干个子层组成。这 7 层从上到下分别是应用层、表示层、会话层、传输层、网络层、数据链路层、物理层。其中，前 3 层对应资源子网，后 4 层对应通信子网。下面简单介绍这 7 层的功能。

① 应用层。为应用程序提供服务并规定应用程序中通信相关的细节，包括文件传输、电子邮件、远程登录（虚拟终端）等协议。

② 表示层。将应用处理的信息转换为适合网络传输的格式，或将来自下一层的数据转换为上一层能够处理的格式。因此，它主要负责数据格式的转换，也就是将设备固有的数据格式转换为网络标准传输格式。

③ 会话层。负责建立和断开通信连接（数据流动的逻辑通路），以及分割数据等与数据传输相关的管理。

④ 传输层。传输层起着可靠传输的作用，只在通信双方节点上进行处理，而无须在路由器上处理。

⑤ 网络层。将数据传输到目标地址，主要用于实现端到端通信系统中中间节点的路由选择。

⑥ 数据链路层。负责物理层面上互连的节点之间的通信传输。例如，负责与一个以太网相连的两个节点之间的通信，将 0、1 序列划分为具有意义的数据帧传送给对端（数据帧的生成与接收）。

⑦ 物理层。负责 0、1 比特流（0、1 序列）与电压的高低或光的闪灭之间的互换。

4. TCP/IP 分层模型

TCP/IP（transmission control protocol/internet protocol，传输控制协议/互联网协议）是当今计算机网络中使用最为广泛的协议。图 5.2 列出了 TCP/IP 分层模型与 OSI 参考模型之间大致的对应关系。不难看出，TCP/IP 分层模型与 OSI 参考模型在分层模块上稍有区别：OSI 参考模型注重"通信协议必要的功能是什么"，而 TCP/IP 分层模型则更强调"在计算机上实现协议应该开发哪种程序"。

TCP/IP 分层模型采用了 4 层层级结构，每一层都呼叫它的下一层所提供的服务来完成自己的需求。这4层分别为应用层、传输层、网络层（互联网层）和链路层（网络接口层），各层的具体作用如下。

① 应用层。应用层是与应用程序进行沟通的层，包括简单邮件传送协议（simple mail transfer protocol，SMTP）、文件传送协议（file transfer protocol，FTP）、远程登录（Telnet）协议等。

② 传输层。此层中提供了节点间的数据传送服务。TCP和UDP把要传输的数据塞入数据包，并把它传输到下一层。该层负责传送数据，并且确定数据已被送达并接收，包括TCP、用户数据报协议（user datagram protocol，UDP）等。

③ 网络层。网络层负责提供基本的数据封包传送和路由功能，让每一块数据包都能够到达目的主机，但不检查是否被正确接收，包括IP等。

④ 链路层。该层与具体的网络有关，可实现对实际的网络媒体的管理，定义如何使用实际网络，主要用来传送数据，包括以太网、Serial Line、ATM等。

5.2 网络的构成要素

5.2.1 数据传输介质

传输介质就是数据通信中实际传输信息的介质，它是通信双方交换信息的物理通路。传输介质分为有线介质和无线介质，传输的信号可以是模拟信号或数字信号。

1. 有线介质

有线介质是各种具有传输能力的导引体。数据通信中常用的有线介质为双绞线、同轴电缆和光纤。

（1）双绞线

双绞线（twisted pair）由一对互相绝缘的导线按照一定的规则绞合而成，它能使外部的电磁干扰降低到最低程度，以保护传递的信息。双绞线电缆通常由4对双绞线组合而成，外面有护套保护，如图5.4所示。

图5.4 屏蔽双绞线电缆

双绞线电缆按照屏蔽特性可分为非屏蔽双绞线电缆（unshielded twisted pair，UTP）和屏蔽双绞线电缆（shielded twisted pair，STP）两种。按照电气特性，又分为1、2、3、4、5、6等多类，目前常用超5类和6类。双绞线的优点是组网方便、价格便宜、应用广泛，缺点是最大传输距离小于100m。

（2）同轴电缆

同轴电缆（coaxial cable）属于传统的传输介质，它由中心的内导体和外边的屏蔽网组成，传输信号时反射和损耗都较小。同轴电缆有基带和宽带之分：基带同轴电缆的特性阻抗为50Ω，传输速率为10Mbit/s，传输距离为1 000m；宽带同轴电缆的特性阻抗为75Ω，传输速率为20Mbit/s，传输距离可达几十千米，如图5.5所示。

（3）光纤

光纤（optical fiber）是光导纤维的简称，是由两种折射率不同的高纯度石英玻璃抽成的细丝，利用光的全反射原理传输光波。光纤具有容量大、带宽高、抗干扰的良好特性，是目前通信传输网络的主要传输介质。实际应用中常将若干根光纤组合成光缆来使用，如图5.6所示。

图 5.5　75Ω同轴电缆

图 5.6　各种不同的光缆

根据性能的不同，光纤分为多模光纤和单模光纤两种。多模光纤用发光二极管产生用来传输的光脉冲，通过光纤内部的多次反射进行传输，即存在多条不同入射角的光线。单模光纤使用激光，光线与芯轴平行，性能高，损耗小，传输距离大，但价格较多模光纤高。

2. 无线介质

无线传输是利用各种电磁波来进行的，它的传输介质是各种具有传播特性的自由空间。无线传输不受位置限制，可以实现三维立体通信和移动通信，但保密性不如有线通信。目前用于通信的电磁波有无线电波、微波、红外光和激光等。计算机网络系统中通常采用微波和红外光。

数据通信的基本概念

（1）微波通信

微波通信是利用地面微波进行的通信。由于微波在空间中是沿直线传播的，因此直接通信距离一般为 50km 左右，远距离通信时需要进行"中继接力"。微波通信的成本低，但受环境影响较大。

（2）卫星通信

卫星通信是利用地球同步通信卫星进行"中继接力"的微波通信。卫星通信的覆盖范围大、成本低，是目前远距离通信的主力。

（3）红外通信

红外通信使用红外光作为传输介质。红外通信根据红外线数据标准协会（infrared data association，IrDA）的标准和协议进行数据传递，是一种半双工、低范围的数据传输技术。许多 PC、手持数码设备均配置有红外发射器端口，可以进行异步串行红外数据传输，传输速率一般为 115.2kbit/s～4Mbit/s。

5.2.2　网卡

网卡（Network Adapter）也称为网络适配器，如图 5.7 所示。计算机与局域网是通过网卡进行连接的。大多数局域网采用以太网卡，网卡上的逻辑电路能够实现通信信息格式的形成、数据打包和拆包、通信规程控制、拓扑结构形成和差错控制等。大多数计算机在出厂时已经内置了网卡。

网络上的每一个节点都有一块网卡，每块网卡均由生产厂家分配一个全球唯一的 48 位二进制数（6 个字节）的 MAC 地址，

图 5.7　网卡

该地址码就成为安装了该网卡的计算机的 MAC 地址。网卡通过传输介质把节点与网络连接起来，将需要发送的数据从计算机传送到网络，再从网络传送需要接收的数据到节点。

5.2.3 网络互连设备

有时需要连接两个或更多个现有的相同类型的网络以形成一个更大的网络。例如，对于都是基于以太网协议的两个总线网络，可以将两者的总线连接起来形成一根长总线，这可以通过中继器、网桥以及交换机等不同的网络互连设备来完成。

1. 中继器

中继器（repeater）是在OSI参考模型的第1层——物理层上延长网络的设备。它仅是在两个原始总线之间简单地来回传送信号的设备，而不会考虑信号的含义。但在传送信号时，中继器通常会对信号进行某种形式的再生放大。

2. 网桥

网桥（bridge）类似于中继器，但是比中继器更复杂，它是在OSI参考模型的第2层——数据链路层上连接两个网络的设备。与中继器相似，它也连接两条总线，但是不必在连接时传输所有的报文。相反，网桥要检查每条报文的目的地址（MAC地址），只有当报文的目的地址在网桥另一边的计算机上时，才在连接上转发这个报文。因此，如果是在网桥同一侧的两台计算机之间相互传输报文，是不会干扰到网桥另一侧的通信的。相对于中继器，网桥形成的系统更加高效。

3. 交换机

交换机（switch）本质上就是具有多个连接的网桥，可以连接若干根总线。因此，通过交换机连接形成的网络包括若干根从交换机延伸出来的总线，它们就类似于车轮的辐条。与网桥一样，交换机也要考虑所有报文的目的地址，并且仅转发那些目的地址位于其他"辐条"的报文。另外，被转发的每一个报文只会被转送至相应的"辐条"，这样最大限度地减少了每根"辐条"的传输流量。

图5.8给出了通过以上3种网络互连设备将规模较小的总线网络组建成规模更大的总线网络的示意图。需要注意的是，通过这3种互连设备连接的是同类型网络，得到的大型网络仍然以相同的方式运作，也就是使用与原来小规模网络相同的协议。

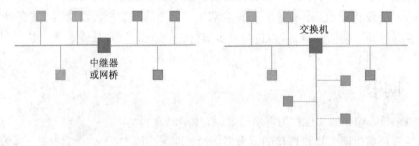

图5.8 将规模较小的总线网络组建成规模更大的总线网络

然而，要连接的网络有时会有不兼容的特性。例如，Wi-Fi网络的特性就可能与以太网的特性不兼容。在这种情况下，网络必须按照建立一个"网络的网络"（称为互联网 internet，注意首字母小写。它不同于因特网Internet，因特网指的是一种独特的世界范围的互联网）进行连接。在这个大型的网络中，原始网络仍然保持其独立性，并且继续作为独立的网络运行。把网络连接起来形成互联网的设备是路由器。

4. 路由器

路由器（router）是在OSI参考模型的第3层——网络层上连接两个网络，并对分组报文进行转发的设备。与中继器、网桥和交换机的功能不同，路由器具有连接不同类型网络的能力，并能够选择数据传送的路径。

图 5.9 描述了通过多个路由器连接两个
Wi-Fi 网络和一个以太网的情形。当某个 Wi-Fi
网络中的某台计算机想要给以太网中的某台计
算机发送报文时,它首先会把报文发送至其网
络中的接入点(access point,AP),接入点再
把报文发送到与之相连的路由器,该路由器会
把报文转发至与以太网相连的路由器,在那里
该报文被发送给总线上的一台计算机,然后这
台计算机把报文转发至它在以太网中的最终目
的地。

路由器得名的原因在于它具有路径选择能
力,能够向适当的方向转发报文。其转发过程

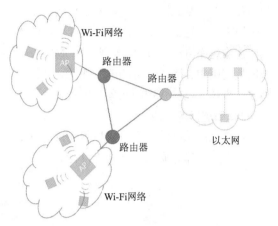

图 5.9 通过路由器连接不同类型的网络

是基于互联网范围的寻址系统进行的,这个系统为互联网上的所有设备(包括原始网络中的计算
机和路由器)都赋予了唯一的地址(IP 地址)。一台计算机想给远程网络中的另一台计算机发送
报文,需要先将报文的目的地的 IP 地址附在报文上,然后再把报文发送给本地的路由器,在那里
报文将向适当的方向转发。为了转发报文,每个路由器都形成了一张路由转发表,表中包含的信
息能够让路由器依据每个报文的目的地的 IP 地址来确定其下一站应该被发送至哪个方向。

5. 网关

网关(gateway)是 OSI 参考模型中负责将从传输层到应用层的数据进行转换和转发的设备。
它不仅转发数据,还负责对数据进行转换。通常会使用一个表示层(或应用层)网关在两个不能
进行直接通信的协议之间进行翻译,最终实现两者之间的通信。

一个典型的例子就是互联网邮件与手机邮件之间的转换服务。手机邮件有时可能会与互联网
邮件互不兼容,这是它们在表示层和应用层中的"电子邮件协议"不同所导致的。

如图 5.10 所示,互联网与手机邮件服务器之间设置了一道网关。网关负责读取完各种不同的
协议后,对它们逐一进行合理的转换,再将相应的数据转发出去。这样一来,即使应用的是不同
的电子邮件协议,计算机与手机之间也能互相发送邮件。

图 5.10 邮件网关

5.3 局 域 网

5.3.1 局域网概述

局域网技术是当前计算机网络研究和应用中的一个热点,也是技术发展较快的领域之一。作

为一种重要的基础网络，局域网在机构、企业、学校等各个领域都得到了广泛的应用。局域网由于传输距离较短，通常采用光纤或专用电缆连接，以得到较高的传输速率。目前，局域网的主干线路传输速率可达 100Mbit/s 或 1 000Mbit/s，用户端的传输速率可达 10Mbit/s 或 100Mbit/s。在局域网的应用中，除了通常的电子邮件之外，主要是各种办公系统，财务系统，以及人事、仓库、物流、市场等信息管理和业务管理系统。

1. 局域网的组成

计算机局域网的逻辑组成如图 5.11 所示，它包括网络工作站、网络服务器、网络打印机、网络接口卡、传输介质和网络互连设备等。

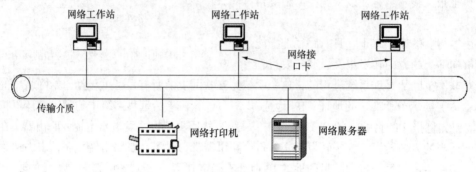

图 5.11　局域网的逻辑组成

（1）MAC 地址

局域网中的每台计算机，包括工作站、服务器、打印机等，它们都有一个唯一的地址，称为介质访问控制地址（MAC 地址），以便相互区别，实现计算机之间的通信。

MAC 地址是数据链路层地址，也是机器的物理地址，通常是该机器网卡的地址。每个数据链路协议可能使用不同的地址格式和大小。以太网协议使用 48 位地址，通常被写成十六进制格式，每 2 位十六进制字符之间用冒号隔开，如 00:10:5A:70:33:62。

（2）数据帧

为了使连接在网络上的计算机都能得到迅速而公平的数据传输机会，局域网要求必须把要传输的数据分成小块，称为"帧"。每台计算机每次只传输一个帧，以确保任何计算机都有传输数据的机会。

数据帧的格式如图 5.12 所示，其中除了应包含需要传输的数据（称为"有效载荷"）之外，还必须包含发送该数据帧的源计算机 MAC 地址和接收该数据的目的计算机 MAC 地址。另外，还需要附加一些校验信息，以供目的计算机在收到数据之后验证数据传输是否正确。

源计算机 MAC 地址	目的计算机 MAC 地址	控制 信息	有效载荷（传输的数据）	校验 信息

图 5.12　局域网数据帧的格式

2. 局域网的特点

一般来说，局域网具有如下特点。

① 局域网是一个用于数据通信的计算机网络。

② 局域网的覆盖范围较小且有限。

③ 局域网提供了一个低误码率、高传输速率的数据传输环境。

④ 局域网组网简单、成本低廉、维护方便、使用效率高。

5.3.2 局域网的拓扑结构

计算机网络的拓扑结构是指网络上计算机或设备与传输介质形成的由节点与线段构成的几何模式。网络的节点有两类：一类是转换和交换信息的转接节点，包括节点交换机、集线器和终端控制器等；另一类是访问节点，包括计算机主机和终端等。线段则代表各种传输介质，包括有线介质和无线介质。计算机网络的拓扑结构主要有总线结构、星状结构、环状结构、树状结构、网状结构和复合型结构，如图 5.13 所示。

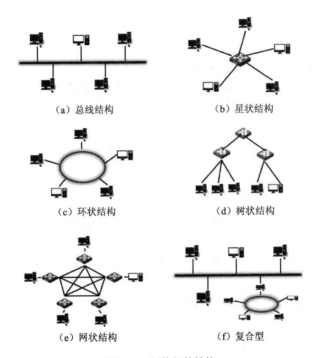

（a）总线结构 　　　　　（b）星状结构

（c）环状结构 　　　　　（d）树状结构

（e）网状结构 　　　　　（f）复合型

图 5.13 网络拓扑结构

1. 总线结构

总线结构通过一条公用主干电缆（即总线）连接若干个节点来构成网络，网络中所有的节点通过总线进行信息的传输。这种结构的特点是结构简单灵活，建网容易，使用方便，性能好；其缺点是主干总线对网络起决定性作用，总线故障将影响整个网络。总线结构通常采用广播方式进行通信控制。

2. 星状结构

星状结构由中央节点——集线器与各个节点连接组成，这种网络的各节点必须通过中央节点才能实现通信。星状结构的特点是结构简单、建网容易、便于控制和管理；其缺点是中央节点负担较重，容易形成系统的"瓶颈"。星状结构采用广播方式或交换方式进行通信控制。

目前，星状配置在无线网络中比较流行，无线网络中的通信是通过无线电波和中央机器实现的，这里的中央机器被称为接入点，它是协调所有通信的焦点。

总线状结构和星状结构在设备的物理排列上的区别并非总是很明显。二者的区别在于网络中的机器是通过一条公共总线直接通信，还是通过中间的中央机器间接通信。例如，总线结构可能不会出现图 5.13（a）中描述的那种各个机器通过一条较短的线路连接到一条长总线上的情况。相反，总线结构的总线可能很短，而各个机器连接到总线的线路却很长，这意味着总线结构看起来会比较像星状结构。如图 5.14 所示，有时总线型网络会把各个机器连接到位于中央位置的一种称作集线器的设备上。集线器其实就是一条非常短的总线，其功能就是将接收到的任何信号传回给与之相连的所有机器。尽管使用集线器的结果使其看起来像星状结构，但在运作上却是总线结构。

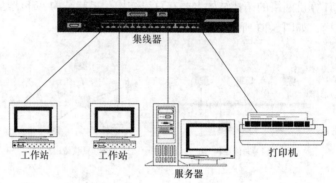

图 5.14　通过集线器构建的总线网络

3. 环状结构

环状结构是由各节点首尾相连形成的一个闭合环状线路。环状网络中的信息传送是单向的，即沿一个方向从一个节点传到另一个节点；每个节点需安装中继器，以接收、放大、发送信号。这种结构的特点是结构简单、建网容易、便于管理；其缺点是节点过多时会影响传输效率，不利于扩充。环状结构通常采用令牌方式进行通信控制。

4. 树状结构

树状结构是一种分级结构。在树状结构的网络中，任意两个节点之间不产生回路，每条通路都支持双向传输。这种结构的特点是扩充方便、灵活，成本低，易推广，适合于分主次或分等级的层次型管理系统。树状结构通常采用交换方式进行通信控制。

5. 网状结构

网状结构的优点是不受瓶颈问题和失效问题的影响，一条线路如果出现问题，可以经由其他线路继续通信；其缺点是结构太复杂，成本高。

6. 复合型结构

复合型结构是由各种不同的拓扑结构组合形成的网络，常使用于构成比较复杂的网络中。不同拓扑结构的网络具有不同的性能，使用不同的通信控制方法；若采用多种拓扑结构，则是为了扬长避短，提高网络性能。

5.3.3　以太网

计算机局域网按传输介质所使用的访问控制方法，可分为以太网、FDDI 网和令牌网等。如今广泛使用的是以太网，而 FDDI 网和令牌网已很少使用。

以太网是目前使用最为广泛的局域网。从 20 世纪 70 年代开始应用以来，以太网得到了较大的发展，其传输速率由最初的 10Mbit/s，发展到如今的 100Mbit/s，甚至是 1Gbit/s，所支持的传输介质也从最初的同轴电缆发展到双绞线以及光缆。星形拓扑结构的出现以及交换技术和全双工技术的应用，使以太网由传统的共享访问方式发展到交换访问方式，极大地扩展了网络的带宽。

1. 总线式以太网

总线式以太网又叫共享式以太网，是最早使用的一种以太网，采用总线结构。如图 5.15 所示，它以总线式集线器为中心，每个节点通过以太网卡和双绞线连接到集线器的一个端口，通过集线器与其他节点相互通信。

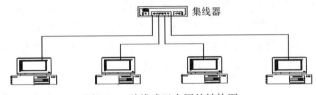

图 5.15　总线式以太网的结构图

集线器的基本功能是实现数据帧的分发，它把一个端口接到的数据帧向所有端口分发出去，并对信号进行放大，以扩大网络的传输距离，实现中继器的作用。总线式以太网的维护非常方便，增加或删除节点容易，节点数少时效率极高，节点数多时网络性能则急剧下降。

总线式以太网采用了被称为载波侦听多路访问/冲突检测（carrier sense multiple access with collision detection，CSMA/CD）的访问技术。

载波侦听是指节点在发送信息前必须先对通信线路进行侦听，判断通信线路是否处于空闲。如果空闲（无载波），则进行发送；如果忙（有载波），则等待一个随机时间再重新发送。

多路的意思是传输线路是公用的，其他所有节点都能接收到信号，该节点所发送信息的目标可以是一个节点，也可以是一组节点（称为组播），甚至可以是整个网络（称为广播）。

冲突检测是指在进行信息发送的过程中要检测是否有冲突（其他节点正好也发送信息）发生，如果没有冲突，则正常发送；若有冲突，则停止发送，并发出一串阻塞信号，通知其他节点存在冲突，然后等待一个随机时间后再重新发送。

总线式以太网的这种通信机制在传输时间延迟较短的局域网中能够较好地解决信息传输和冲突检测问题，传输速率一般可达 10Mbit/s 或 100Mbit/s；但在通信繁忙的情况下，通常会导致网络性能急剧下降，使传输时间延迟变长。所以，总线式以太网不适合实时要求较高的环境，只适用于构建计算机数目很少的网络或一个网段。

2. 交换式以太网

交换式以太网以被称作以太网交换机（ethernet switch，简称交换机）的设备为核心进行构建，网络中的每个节点通过网卡和网线连接在交换机上，结构如图 5.16 所示。交换机是一种高速电子开关，连接在交换机上的所有节点可相互通信。与总线式以太网不同的是，交换机从发送节点接收了一个数据帧之后，直接按接收节点的 MAC 地址传送给指定的接收节点，不再向其他无关节点传送，为数据帧从一个端口

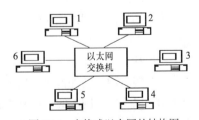

图 5.16　交换式以太网的结构图

到另一个任意端口的转发提供了低时延、低开销的通路。而且，它还支持多对计算机同时进行通信，如图 5.16 中的计算机 1 与 4、2 与 5、3 与 6 同时通信。

交换式以太网是一种星形拓扑结构网络，它与总线式以太网的区别是，连接在交换机上的每一个节点各自独享一定的带宽（10Mbit/s 或 100Mbit/s 甚至更高，这由该计算机使用的网卡和连接

的交换机端口所决定）。

3. 吉比特以太网或 10 吉比特以太网

在学校、企业等单位内部，借助以太网交换机可以按性能高低以树状方式将许多小型以太网互相连接起来，构成"公司—部门—工作组"的多层次的以太网（校园网、企业网等），如图 5.17 所示。

其中，用户的计算机与所在工作组的交换机连接，低层（工作组、部门）的交换机以 100Mbit/s、1 000Mbit/s 甚至 10Gbit/s 的速度与高层的中央交换机连接，中央交换机的总带宽可以达到几十至几百吉比特每秒，传输介质（光纤）的长度可达几千米。网络服务器通过 100Mbit/s 或 1 000Mbit/s 的传输线路与中央交换机直接连接，同时为单位内的许多用户服务。这种局域网称为吉比特以太网或 10 吉比特以太网，也习惯称作千兆以太网或万兆以太网。

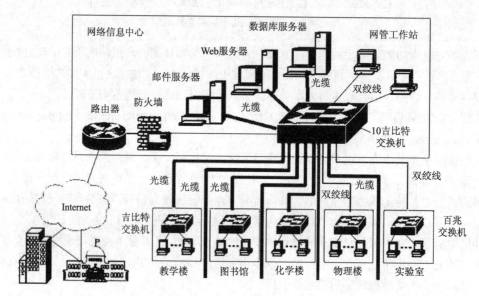

图 5.17　使用交换机组成的 10 吉比特以太网

5.3.4　无线局域网

无线局域网是局域网与无线通信技术相结合的产物，它借助无线电波进行数据通信，能提供有线局域网的所有功能，同时还能按照用户的需要方便地移动或改变网络。

无线局域网使用的无线电波主要是 2.4GHz 和 5GHz 两个频段，覆盖范围广，使用扩频方式通信，抗干扰、抗噪声、抗衰落能力强，通信安全，基本避免了通信信号被偷听或窃取，具有很高的可用性。

无线局域网的硬件构成包括无线网卡、无线接入点等设备，其结构如图 5.18 所示。无线网卡的作用和以太网中网卡的作用基本相同，它作为无线局域网的接口，能够实现无线局域网各客户机之间的连接与通信。

1. 无线接入点

无线接入点（wireless access point，WAP 或 AP）主要提供从无线工作站对有线局域网和从有线局域网对无线工作站的访问功能，实际上它就是一个无线交换机或无线集线器，相当于手机通信中的"基站"。它把通过双绞线传送过来的电信号转换成无线电波发送出去（或接收无线电波转换成双绞线上的电信号），使无线工作站相互之间、无线工作站与有线局域网之间可以相互访问。无线接入点的室外覆盖距离通常可达 100～300m，室内一般仅为 30m。目前，许多无线接入点都支持多台计算机（30～100 台）接入，并提供数据加密、虚拟专网、防火墙等功能。

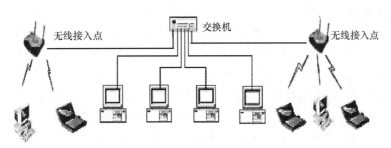

图 5.18　无线局域网结构图

2. IEEE 802.11

无线局域网采用的标准主要是 IEEE 802.11。其中，IEEE 802.11b（频率为 2.4GHz）采用调频扩频技术，传输速率能随环境的变化而变化，最大可达 11Mbit/s；IEEE 802.11a（频率为 5GHz）和 IEEE 802.11g（频率为 2.4GHz）的传输速率均可达 54Mbit/s，能满足语音、数据、图像等业务的需要。为了实现高带宽、高质量的无线局域网服务，近些年又推出了 IEEE 802.11n，它将传输速率进一步提高到 108Mbit/s 甚至更高。

3. 蓝牙

构建无线局域网的另一种技术是蓝牙（bluetooth），它是一种短距离、低速率、低成本的无线通信技术。利用蓝牙技术，能够有效地简化 PC 和手机等移动通信终端设备之间的通信，也能够成功地简化以上设备与 Internet 之间的通信，从而使这些现代通信设备与 Internet 之间的数据传输变得更加迅速高效，为无线通信拓宽道路。如今，无线局域网产品已经陆续支持蓝牙技术。

无线局域网最大的优点是移动性，其次是组建、配置和维护较容易。但是，无线局域网在给网络用户带来便捷和实用的同时，也存在着一些不足，主要体现在以下几个方面。

（1）性能。无线局域网是依靠无线电波进行传输的，这些电波通过无线发射装置进行发射，而建筑物、车辆、树木和其他障碍物都有可能阻碍电磁波的传输，从而影响网络的性能。

（2）速率。无线信道的传输速率与有线信道相比要低得多。目前，无线局域网的最大传输速率为 1Gbit/s，只适用于个人终端和小规模网络应用。

（3）安全性。无线电波本质上不要求建立物理的连接通道，由于无线信号是发散的，所以很容易被监听，导致通信信息泄露。

5.4　Internet

5.4.1　Internet 概述

Internet 的正式中文译名为因特网，又叫国际互联网，它是目前世界上影响最大的国际性计算机网络。其准确的描述是：Internet 是一个网络的网络（a network of network）。它以 TCP/IP 为基础，将各种不同类型、不同规模、位于不同地理位置的物理网络连接成一个整体。它也是一个国际性的通信网络集合体，融合了现代通信技术和现代计算机技术，集各个部门、各个领域、各种信息资源为一体，从而构成网上用户共享的信息资源网。Internet 的出现是世界由工业化走向信息化的必然和象征。

1. Internet 的起源和发展

Internet 起源于 1969 年美国国防部高级研究计划局（defense advanced research projects agency，DARPA）的前身阿帕（ARPA）建立的阿帕网。最初的阿帕网主要用于军事研究。1972 年，阿帕网首次与公众见面，成为现代计算机网络诞生的标志。阿帕网在技术上的一个重大贡献是 TCP/IP 协议簇的开发和使用。阿帕网奠定了 Internet 存在和发展的基础，较好地解决了异种计算机网络之间互联的一系列理论和技术问题。同时，局域网和其他广域网的产生和发展对 Internet 的进一步发展起了重要作用。其中，影响最大的就是美国国家科学基金会（national science foundation，NSF）建立的美国国家科学基金网（NSFNET），它于 1990 年 6 月彻底取代了阿帕网而成为 Internet 的主干网。NSFNET 的最大贡献是使 Internet 向全社会开放。

1983 年起，Internet 开始从实验型向实用型转变。随着商业化使用政策的放宽，Internet 已经不再局限于信息的传递，出现了网上信息服务。许多机构、公司、个人将搜集到的信息放到 Internet 上，提供信息查询和信息浏览服务。人们把提供信息来源的地方称为"网站"，即 Internet 上的信息站点。凡是接入 Internet 的用户，无论在任何地方、任何时刻，都可以从网站上获取所需的信息和服务。可以说，此时的 Internet 才真正地发挥出它的巨大作用，也正是从这时起，Internet 吸引了越来越多的机构、团体和用户，这个"网"也越来越庞大了。

2. Internet 在中国的发展

进入 21 世纪以来，高性能的计算机逐渐走进了普通家庭，Internet 也进入了飞速发展的时期。截至 2018 年底，全世界已有 39 亿用户接入 Internet。我国在 1994 年正式加入 Internet 之后，形成了 4 个主干网络，它们是中国公用计算机互联网（CHINANET）、中国教育和科研计算机网（CERNET）、中国科技网（CSTNET）和中国金桥信息网（CHINAGBN）。因为 Internet 起源于美国，所以最初网络上几乎全都是英文信息，随着中国的加入，为华人服务的中文网站出现了，中文网站的涌现也吸引了越来越多的国内普通计算机用户走进 Internet 的世界。

3. Internet 的发展前景

近 10 年来，随着社会、科技、文化和经济的发展，特别是计算机网络技术和通信技术的发展，人们对开发和使用信息资源越来越重视，这强烈刺激着 Internet 的发展。Internet 涉及的信息业务包括广告、航空、农业生产、艺术、导航设备、化工、通信、计算机、咨询、娱乐、财贸、零售、旅馆等众多类别，覆盖了社会生活的方方面面，形成了信息社会的缩影。

如今，Internet 飞速发展，越来越成为人们生活中不可缺少的一部分，人们亲切地把它叫作"信息高速公路"。Internet 已成为世界规模最大、用户最多、影响最广的一个全球性、开放化的大网络，其中蕴藏的丰富的信息资源，等待着每一个用户前来探索和寻求。

5.4.2　Internet 协议

为了实现网络之间的互相连接，不同结构的网络必须在保持各自特性的基础上遵守一个共同的协议，TCP/IP 就是为满足此需要而开发的。TCP/IP 是一个工业标准的协议集，它是为广域网设计的，是在阿帕网的基础上研究发展起来的，是 Internet 的通用协议，由 100 多个不同功能的协议组成。

TCP/IP 的主要特点如下。

① 适用于多种异构网络互联。IP 能够统一各种不同网络具体使用的地址格式和帧格式，使上层协议可以用统一的方式进行信息处理。

② 提供端到端的可靠通信。TCP 具有解决数据丢失、损坏、重复等异常情况的能力，可以确保通信可靠地进行。

③ 与操作系统紧密结合。由于技术的成熟和 Internet 的大范围应用，大多数操作系统都在其内核中集成了 TCP/IP 功能。

④ 既支持面向连接的服务（如 TCP），也支持无连接的服务（如 UDP），二者并重，提供了多种多样的网络服务功能。

TCP/IP 并不完全符合 OSI 的 7 层参考模型，而是采用了 4 层的结构，这 4 层分别是应用层（对应 OSI 参考模型的应用层、表示层和会话层 3 层）、传输层、网络层和网络接口层（对应 OSI 参考模型的数据链路层和物理层）。利用 TCP/IP 协议簇表示网络传输过程的示意图如图 5.19 所示，当主机 A 向主机 B 发送数据时，发送端由上往下在层与层之间传输数据时，每经过一层就会被打上该层所属的首部信息，首部中包含了该层必要的信息，如发送的源地址和目标地址以及协议的相关信息；反之，接收端由下往上在层与层之间传输数据时，每经过一层就会把对应的首部消去。这种把数据信息包装起来的做法称为封装。

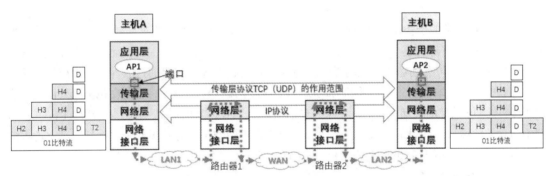

D:用户数据　H4:TCP/UDP首部　H3:IP首部　H2:以太网首部　T2:以太网尾部　AP:应用进程

图 5.19　利用 TCP/IP 协议簇表示网络传输过程的示意图

TCP/IP 协议簇的基本组成如图 5.20 所示。下面逐层简单介绍 TCP/IP 协议簇中各协议的功能。

1. 应用层协议

应用层是 TCP/IP 的最高层，对应 OSI 参考模型中应用层、表示层、会话层的各种功能和作用，为各种应用程序提供网络应用服务。TCP/IP 中使用的应用层协议主要有 HTTP（提供 WWW 服务）、SMTP（传输电子邮件）、FTP（用于交互式文件传输）、Telnet 协议（实现远程登录和登录电子公告板）等。

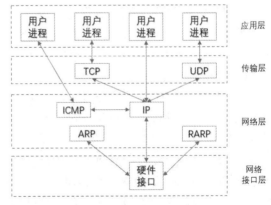

图 5.20　TCP/IP 协议簇的基本组成

2. 传输层协议

（1）TCP

TCP（传输控制协议）是面向连接的可靠的协议，是一种端对端的协议。当一台计算机需要与另一台远程计算机连接时，TCP 会让它们建立一个连接，发送、接收数据，以及终止连接。TCP 利用重发技术和拥塞控制机制，向应用程序提供可靠的通信连接，将应用层发来的数据顺利发送至对端。它能够自动适应网上的各种变化，即使在 Internet 暂时出现堵塞的情况下，也能够保证通信的可靠性。

（2）UDP

UDP（用户数据报协议）与 TCP 位于同一层，是一种不可靠的无连接协议，具有简单高效的特点，但不能保证传输的正确性。如果需要细节控制，则不得不交由采用 UDP 的上一层应用程序去处理。

TCP 与 UDP 孰优孰劣，无法简单地去做比较，因为它们有各自不同的适用范围。面向连接的服务（如 Telnet、FTP、SMTP 等）由于需要较高的可靠性，所以它们使用 TCP，而音频等数据的传输则采用 UDP。这是因为 TCP 会重发丢包数据，导致声音大幅度延迟，而 UDP 则不会进行重发，数据的部分丢包现象至多造成部分时刻的声音不连贯。

（3）端口号

由于一台主机可以同时提供多种服务，如 Web 服务、SMTP 服务等，那么当数据到达接收端时，传输层将通知应用层的哪个服务进程来接收数据呢？这就需要用到端口号，它是用来识别本机中正在进行通信的应用进程的，也被称为程序地址。

TCP/IP 通信类似于快递包裹的邮寄，假设寄件人 AP1 通过附近的菜鸟驿站 A 向位于另一城市的收件人 AP2 寄送包裹（可参考图 5.19），此时菜鸟驿站就相当于主机，而寄件人和收件人相当于应用进程。当包裹到达收件人附近的菜鸟驿站 B 时，驿站 B 需要通过收件人的手机号发送短信通知收件人来领取包裹。所以手机号的功能就类似于端口号。寄件时需要在包裹的外面贴上类似于 TCP/UDP 首部的快递标签，标签上打印有寄件人和收件人的手机号码，对应着 TCP/UDP 首部中包含的源端口号和目标端口号。另外，若收件人收到的包裹有破损或未收到货，则寄件人应负责重发，这就类似于 TCP 的重发机制。

3. 网络层协议

TCP/IP 的心脏是互联网层，也就是网络层。这一层最主要的协议是 IP。但仅有 IP 是无法实现通信的，还必须有能够解析主机名称和 MAC 地址的功能，以及处理数据包发送过程中遇到的异常情况等功能，这就需要用到支持 IP 的众多辅助技术，如 ARP、ICMP 等。

网络层负责将数据包发给最终的目标地址，即点对点通信，就好比快递包裹从菜鸟驿站 A 出发，中间经由一些物流集散中心，最后到达菜鸟驿站 B。

（1）IP

IP（网际互联协议）大致分为三大作用模块，即 IP 寻址、路由控制和 IP 分包与组包。

在 5.3 节介绍局域网时已经提到，为了能够进行通信，网络中的每台计算机都有一个唯一的地址，称为物理地址（该地址固化在网卡的 ROM 中，用 48 位二进制数表示，又称为 MAC 地址）。而为了实现路由控制，网络层使用 IP 地址。相对于 MAC 地址，IP 地址只具有逻辑意义，目的是屏蔽网络的物理细节，使得由各种不同网络组成的 Internet 看起来是一个统一的整体。IP 地址在 Internet 上必须是唯一的，是运行 TCP/IP 的标志。对 IP 地址的详细介绍见 5.4.3 节。

路由控制是指将分组数据根据其 IP 首部中的目标 IP 地址，选择合适的路径发送到目标地址的功能。这就好比快递包裹的物流过程，当我们查看物流时，看到的是包裹经过的一个个物流集散中心，物流集散中心就好比网络中的路由器，每个路由器都维护着一张路由控制表，根据该表，就可以知道包裹下一站该去往哪个地方。例如，包裹从北京集散中心发往无锡集散中心，需经由南京集散中心中转，则北京集散中心的“路由控制表”中会有“无锡:南京”这样一个“键值对”，它表示包裹的目标地址是无锡时应先发往南京，到了南京后再做下一步决定。

由此可以知道，快递物流在进行路由控制，也就是选择下一站该发往哪个方向时，不需要知道具体的邮寄地址（即某某路多少号，类似于 MAC 地址），而只需要知道“某某集散中心”这样的逻辑地址（类似于 IP 地址）。所以，包裹标签上会打上类似于 IP 首部的信息，即用大字体印有“源城市→目标城市”。

IP 分包与组包同样可以通过类比快递运输来理解。比如，北京与南京之间采用航空运输，而南京与无锡之间采用卡车运输，则包裹从无锡来到南京后需要在南京集散中心与来自其他地区且同样要发往北京的包裹一起重新组装成更大的包裹；相应地，从北京来到南京的大包裹则需要根据目标地址进行分包处理，并且要使包裹大小适合运输工具的承载量，若包裹超过最大承载量，则可以分成多个小包裹依次运输。网络中不同的数据链路（相当于快递运输的不同路段）各自的 MTU（maximum transmission unit，最大传输单元）也不同，所以如果某个路由器两端的数据链路的 MTU 不同，则该路由器需要负责 IP 报文的分片与重组。

（2）ICMP

ICMP（internet control message protocol，Internet 控制报文协议）与 IP 位于同一层，它被用来传送 IP 的控制信息，即提供有关通向目的地址的路径信息。ICMP 的“Redirect”信息通知主机通向其他系统的更准确的路径，而“Unreachable”信息则指出路径有问题。另外，如果路径已经不可用了，那么 ICMP 可以使 TCP 连接“体面地”终止。PING 是最常用的基于 ICMP 的服务。

（3）ARP 和 RARP

在互联网层，确定了 IP 地址就可以向这个目标地址发送 IP 数据包了。然而下到了数据链路层进行实际通信时，有必要了解每个 IP 地址所对应的 MAC 地址，因为在数据链路上是靠 MAC 地址识别通信设备的，这也是数据链路上传输的数据帧中要包含以太网首部的缘故——以太网首部中包含有源 MAC 地址和目标 MAC 地址（对应于快递单上寄件人和收件人的地址）。ARP（address resolution protocol，地址解析协议）就是以目标 IP 地址为线索，来定位下一个应该接收数据包的网络设备所对应的 MAC 地址。对应于快递运输，如果确定了要将包裹从北京集散中心发往南京集散中心，这时候就需要知道两个集散中心在地图上的确切定位，之后才能进行运输。

RARP（reverse address resolution protocol，反向地址解析协议）是将 ARP 反过来，以 MAC 地址定位 IP 地址的协议。

4. 网络接口层协议

在 TCP/IP 协议簇的网络接口层中，并没有规定硬件接口的具体规格和要求，以便不同网络都可以采用 TCP/IP 协议。在具体应用中，局域网通常采用 IEEE 802.X 协议，广域网通常采用帧中继或 X.25 协议等。

5.4.3　IP 地址及域名

通常一个 IP 地址对应一台可被识别的网络主机，如服务器、路由器、交换机等。终端用户的物理计算机可在网络主机的支持下，使用永久的或临时的 IP 地址。IP 地址有 IPv4 和 IPv6 两个版本。

1. IPv4 地址

IPv4 地址采用分层结构，由类型标志、网络地址、主机地址 3 部分组成。类型标志用来指明 IP 地址的类型，网络地址标明主机所在网络的地址，主机地址用来标识主机。

IPv4 地址由 32 位二进制数组成，分为 4 个字节，每个字节对应 1 个 0~255 的十进制数字。

十进制数字用下脚点分隔开，如 202.112.0.36 这种方式被称为点分十进制地址。

根据 Internet 上网络规模的大小，IPv4 地址分为 A、B、C、D、E 5 类，如图 5.21 所示。

A类：	0	网络标识符	主机编号host ID 24位		
B类：	1	0	网络标识符 net ID	主机编号host ID 16位	
C类：	1	1	0	网络标识符	主机编号8位
D类：	1	1	1	0	多点广播地址
E类：	1	1	1	1	0	实验保留地址

图 5.21　IP 地址的分类

A 类地址用于拥有大量主机的网络，它的最高位为 0，网络地址为 7 位二进制数，主机地址为 24 位二进制数。也就是说，全世界只能有 $2^7-2=126$（网络标志符全为 0 和全为 1 的两个网络地址被保留，B 类和 C 类地址也一样）个 A 类网络，每个 A 类网络可有 $2^{24}-2=16\,777\,214$（主机编号全为 0 和全为 1 的两个主机地址被保留，下同）个主机。A 类地址的点分十进制地址的第一个数字介于 1～126（包含两端点，下同）。

B 类地址用于规模适中的网络，它的最高两位为 10，网络地址为 14 位二进制数，主机地址为 16 位二进制数，即可以有 $2^{14}-2=16\,382$ 个 B 类网络，每个 B 类网络可有 $2^{16}-2=65\,534$ 个主机。B 类地址的点分十进制地址的前两个数字介于 128.1～191.254。

C 类地址用于小型网络，它的最高三位为 110，网络地址为 21 位二进制数，主机地址为 8 位二进制数，即可以有 $2^{21}-2=2\,097\,150$ 个 C 类网络，每个 C 类网络可有 $2^8-2=254$ 个主机。C 类地址的点分十进制地址的前 3 个数字介于 192.0.1～223.255.254。

D 类地址用于组播，它的最高四位为 1110。

E 类地址用于备用，它的最高五位为 11110。

例如，26.10.35.48 是一个 A 类地址，130.24.35.68 是一个 B 类地址，202.119.23.12 表示一个 C 类地址。

有一些特殊的 IP 地址被系统保留，且从不分配给任何主机使用。例如，主机地址每一位都为"0"的 IP 地址称为网络地址，用来表示整个物理网络，它指的是物理网络本身而非哪一台计算机；主机地址都为"1"的 IP 地址称为直接广播地址，它是指整个网络中的每一台主机。

网络号为"127"的 IP 地址是特殊的保留地址，用于网络测试软件与本地机进程之间的通信。主机或路由器永远不能为网络号是"127"的 IP 地址传播选路或提供可到达性信息，因为它不是一个网络地址。常用 127.0.0.0 表示本地机。

使用 IP 地址需要向专门的地址管理机构进行申请。家庭上网或通过 Wi-Fi 接入时，只要有一台 DHCP（dynamic host configuration protocol，动态主机配置协议）服务器就足以应对 IP 地址分配的需求，而大多数情况下都由宽带路由器充当 DHCP。通过因特网服务提供者（internet service provider，ISP）的代理服务器上网的计算机通常使用内部 IP 地址。在 Internet 上，提供各种服务的计算机则需要具有固定的 IP 地址。在不连接 Internet 的局域网中，计算机的 IP 地址可以随意使用，只要没有重复（IP 地址冲突）就可以。

2．子网掩码

若直接使用 A 类、B 类地址，则会浪费资源，通过子网掩码，可以将一个大的网络分为若干个粒度更小的子网络，将原先主机地址的左边一部分用作子网地址。

在 IPv4 中，子网掩码也是一个 32 位二进制数，它必须是 IP 地址的首位开始连续的"1"，对应 IP 地址网络标识部分的位都为"1"，对应 IP 地址主机标识的部分则全为"0"。将子网掩码与

IP 地址进行按位与运算就可以导出网络地址。子网掩码有两种表示方式：一种是将 IP 地址和子网掩码分别用 2 行来表示，另一种是在 IP 地址后面追加网络地址的位数，并用"/"隔开。例如，172.20.100.52/26 表示网络地址为前 26 位，其对应的子网掩码为 255.255.255.192。

当网络内没有子网时，A、B、C 3 类网络的子网掩码分别为 255.0.0.0、255.255.0.0、255.255.255.0。

3. CIDR

有时，某个组织架构的网络规模希望介于 B 类和 C 类之间，这时可以采用 CIDR（Classless Inter-Domain Routing，无类别域间路由选择）对 IP 地址的网络标识部分和主机标识部分进行任意长度的分割。利用 CIDR，可以将连续多个 C 类地址合并到一个较大的网络内，如图 5.22 所示，该例子中将 8 个连续的 C 类地址（网络地址为 202.244.160.0～202.244.167.0）合并为一个网络。图中 202.244.160.0/21 表示前 21 位为网络标识部分，后 11 位为主机标识部分。CIDR 的使用类似于子网掩码的 32 位地址掩码。

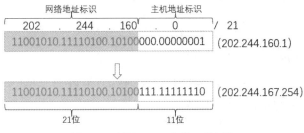

图 5.22　利用 CIDR 合并 C 类网址

4. 域名

对于 IP 地址，即使使用点分十进制表示也不便于记忆，因此 Internet 引入了主机名。进行网络通信时可以直接使用主机名而无须输入一长串 IP 地址。但实际通信时使用的还是 IP 地址，因此必须有个系统能自动地将主机名转换为对应的 IP 地址，这个系统就是 DNS（domain name system，域名系统）。DNS 由域名命名规则、域名管理方法、域名与 IP 地址转换机制 3 部分组成。

主机名也叫域名，是一串由字母和点号组成的字符串，如江南大学的域名是"jiangnan.edu.cn"。域名的构成采用分级结构，级的顺序为从右到左。第一级也叫作顶级域名，分为区域和类型两种。区域域名用 2 个字母代表各个国家和地区；类型域名用 3～4 个字母代表单位或机构所属的类型。第二级域名（二级域名）的命名规则由拥有相应顶级域名的机构负责制定。部分顶级域名如表 5.1 所示。

表 5.1　　　　　　　　　　　　　部分顶级域名

区域域名		类型域名	
us：美国	cn：中国	com：商业类	mil：军事类
gb：英国	ca：加拿大	edu：教育类	net：网络机构
fr：法国	sg：新加坡	gov：政府机构	org：非营利组织
au：澳大利亚	jp：日本	int：国际机构	info：信息服务
es：西班牙	kr：韩国	firm：公司企业	stor：销售单位

域名是由专门的域名管理机构进行管理和分配的。例如，".com"域名管理机构是国际域名管

理中心（the internet corporation for assigned names and numbers，ICANN），它位于美国。中国互联网络信息中心（china internet network information center，CNNIC）承担".cn"域名的运行、维护和管理工作。只有这些域名管理机构才具有域名的维护、管理以及下级域名的分配、注册和管理职能。

域名与IP地址转换机制的作用是进行域名与IP地址之间的相互转换。Internet上几乎每一个子域都设有域名服务器，服务器中储存了大量的域名以及对应的IP地址信息。计算机中的地址转换请求程序负责提出转换请求，服务器根据请求进行相应的转换，再将转换结果返回计算机。由此，计算机用户就可以同等地使用IP地址和域名，而不用关心其中的具体细节。

5. IPv6

目前广泛使用的IP是IPv4。IPv4是20世纪70年代制定的协议，随着Internet规模的不断扩大和用户数的迅速增长，IPv4已经不能适应发展的需要。早在20世纪90年代初，有关专家就预见IP换代的必然性。IPv6是1992年提出的，主要起因是Web的出现导致IP网迅猛发展，IP网用户迅速增加，IP地址空前紧张，由于IPv4只用32位二进制数来表示，地址空间很小，所以IP网将会因地址耗尽而无法继续发展。

要解决IPv4地址耗尽的问题，可以采取以下3个措施。

① 采用CIDR，使IPv4地址的分配更加合理。

② 采用网络地址转换器（network address translator，NAT），让本地网络中的所有主机共享同一个全球IP地址，从而节省许多全球IP地址。

③ 采用具有更大地址空间的IPv6。

虽然上述前两项措施的实施，使得IPv4地址耗尽的期限后推了不少，但却不能治本，只有IPv6才能从根本上解决IPv4地址即将耗尽的问题。IPv6采用128位二进制数来表示地址，具有许多优良的特性，尤其在IP地址量、安全性、服务质量、移动性等方面优势明显。

IPv6地址标记时采用冒号分隔的十六进制表示法，也就是每16位一组（用十六进制表示后为4位十六进制数）且用半角冒号将每组隔开，共8组。在每4位一组的十六进制数中，如其高位为0，则可省略，如将0008写成8，0000写成0。于是，1080:0000:0000:0000:0008:0800:200C:123A可缩写成1080:0:0:0:8:800:200C:123A。

为了进一步简化，规范中导入了重叠冒号的规则，即用重叠冒号置换地址中的连续16位的0。例如，将上例中的连续3个0置换后，可以缩写成1080::8:800:200C:123A。重叠冒号在一个地址中只能使用一次。例如，地址0:0:0:BA98:7654:0:0:0可缩写成::BA98:7654:0:0:0或0:0:0:BA98:7654::，但不能记成::BA98:7654::。

IPv6相对于IPv4有如下特点。

① 寻址能力增强。IPv6将IP地址长度从32位扩展到128位，支持更多级别的地址层次、更多的可寻址节点数以及更简单的地址自动配置；通过在组播地址中增加一个"范围"域，提高了多点传送路由的可扩展性；IPv6还定义了一种新的地址类型，称为"任意播地址"，用于发送数据报给一组节点中的任意一个。

② 简化的报头格式。IPv6使用新的报头格式，简化和加速了路由选择过程，因为大多数的选项不需要由路由选择。

③ IPv6的路由表更小。使用IPv6可使路由器能在路由表中用一条记录表示一片子网，从而大大减小了路由器中路由表的长度，提高了路由器转发数据包的速度，降低了网络延迟。

④ 对"流"的支持增强。这使得网络上的多媒体应用有了长足发展的机会，为服务质量控制

提供了良好的网络平台。

⑤ 更高的安全性。在使用 IPv6 的网络中，用户可以对网络层的数据进行加密并对 IP 报文进行校验，这极大地增强了网络安全。

5.4.4　Internet 的接入

当计算机需要与 Internet 连接时，通常不是直接与主干网络连接，而是与网络中的某个服务器建立连接，然后再通过这个服务器与 Internet 连接。目前连接到 Internet 的常见方式有局域网（包括无线局域网）连接和光纤到户（fiber to the home，FTTH）。

1. 局域网接入

对于政府机构、企业以及学校等，其内部通常已经存在局域网，且该局域网已经通过路由器和通信专线与 Internet 连接起来。这时，该局域网就变成了 Internet 的一个子域，网络中的各个计算机也都必须具有单独、正式、固定的 IP 地址。网络中的各个计算机都可以直接访问 Internet 中的资源，也可以向 Internet 中提供各种服务。

2. 家庭用计算机的联网

家庭用计算机以前主要采用单机拨号连接的方式联网，而现在则普遍采用光纤到户的方式。

（1）单机拨号连接

单机拨号连接需要计算机通过网卡（或串行通信接口）连接调制解调器（modem），调制解调器通过普通模拟电话线路或有线电视（cable television，CATV）网连接 ISP。通过单机拨号建立连接的计算机通常由 ISP 动态分配一个临时的内部 IP 地址。

调制解调器由调制器和解调器两部分组成。调制器把计算机输出的数字信号调制成适合在电话线路上传输的音频模拟信号，而接收方的解调器再把模拟信号恢复成数字信号。

非对称数字用户线（asymmetric digital subscriber line，ADSL）是一种对已有的模拟电话线路进行扩展的服务，根据一般用户上网时接收信息远多于发送信息的特点，数字信号的下行速率远大于上行速率。ADSL 的特点为：①与普通电话共存于一条电话线上，可同时接听、拨打电话并进行数据传输；②ADSL 上网不通过电话交换机，不需要缴付额外的电话费，节省了费用；③ADSL 的数据传输速率可根据线路的情况自动进行调整。

电缆调制解调器（cable modem）技术是一种利用有线电视高速传送数字信号的技术，它将电缆的整个频带划分为 3 部分，分别为数字信号上传、数字信号下传及电视节目（模拟信号）下传，这就是人们上网的同时还可以收看电视节目的原因。这种技术必须结合频分多路复用技术，每个用户都需要一对调制解调器，一个置于有线电视中心，另一个装在用户站点上。它无须拨号上网，不占用电话线，可永久连接。

（2）光纤到户

光纤到户（FTTH）是指直接用一根高速光纤从 ISP 连接到用户家里。它通过将一个叫光网络单元（optical network unit，ONU）的装置安装在用户家里，从而将家庭用计算机、无线路由器等与之相连；该装置负责光信号与电子信号之间的转换。随着 Internet 的迅猛发展，只有实现用户接入 Internet 方式的数字化、宽带化，才能真正提高用户上网速度，让用户享受 Internet 的各种服务。而使用 FTTH 可以实现稳定的高速通信。通过 FTTH，不仅实现了 Internet 接入方式的数字化，用户在家还可以享受数字电视的高清画面。即使是传统的座机电话，现在也经由数字网络传输信号。

5.4.5 Internet 提供的基本服务

Internet 采用的是客户机/服务器工作模式。用户的计算机连接到 Internet 后，必须运行一个应用软件，该应用软件根据用户的操作要求生成一个请求，该请求通过网络传送到某个服务器。网络上的服务器的服务程序是始终处于运行状态的，当它收到请求后，将分析请求并做出相应反应，再将服务结果通过网络返回到客户端。客户端应用软件收到结果后将其显示给用户。

Internet 所提供的基本服务主要有以下几项。

1. WWW 服务

WWW（world wide web，万维网）服务是 Internet 上集文本、图形、图像、声音、视频等媒体信息于一体的全球信息资源网络，是 Internet 的重要组成部分。它是目前最广泛的一种基本互联网应用，人们每天上网浏览网页时都要用到这种服务。

通过 WWW 服务，只要用鼠标进行本地操作就可以"到达"世界上的任何地方。由于 WWW 服务使用的是超文本传输协议（hypertext transfer protocol，HTTP），所以可以很方便地从一个信息页跳转到另一个信息页。使用它不仅能查看文字，还可以欣赏图片、音乐、动画、电影等。

使用 WWW 服务需要在客户端安装相应的应用程序，也就是浏览器。目前比较流行的浏览器有 Microsoft Edge，Internet Explorer（IE）和 Chrome 等。

提供 WWW 服务的服务器称为 WWW 服务器。所有的服务信息由超文本标记语言（hypertext markup language，HTML）编写成若干个信息页（web page，网页），某个机构的所有网页被组织成为 WWW 网络站点（web site，网站），每个网站上有一个网页是该网站的主页（home page，首页），即访问网站的入口网页。主页是以 index.htm、index.html、default.htm、default.html 等形式为文件名的特殊信息页，它对应 WWW 服务器的默认页面。

用户若要直接访问某个网页，需要在浏览器的地址栏中输入该网页的统一资源定位符（uniform resource locator，URL）（俗称网址），其格式如下。

Protocol://host.domain.first-level-domain/path/filename.extension

（协议://主机名.域名.第一级域名/路径/文件名.扩展名）

用户输入网址时，若省略域名后面的路径和文件名，服务器会自动将默认页面返回给用户。

另外，WWW 服务也能完成文件传输、电子邮件、信息检索等其他功能。

2. 电子邮件服务

电子邮件（E-mail）服务是 Internet 上应用较广泛的一种服务。通过电子邮件，用户可以与 Internet 上的几乎任何人交换信息。电子邮件的快速、高效、方便以及价廉等特点，使其得到了越来越广泛的应用。

要想使用电子邮件服务，首先必须获得一个电子邮箱，邮箱地址的格式为"邮箱名@邮箱所在邮件服务器的名称"。电子邮箱位于邮件服务器上，收到的电子邮件就存储在其中，等待收信人查看。与普通邮件不同的是，电子邮件传送的是电子信号，所以它不仅能够传送文字和图片，还能传送声音、视频和程序。

Internet 上电子邮件的传递和管理功能由以下 3 部分组成。

① 用户应用程序。它是一个客户端程序，使用户能够用某种比较简单的方式来发送和接收电子邮件，包括 Outlook Express、Foxmail 等。

② 邮件服务器。它负责与客户端程序打交道，将传递过来的邮件存入电子邮箱或从电子邮箱中将邮件传送给客户端程序。

③ 邮件传输协议。该协议包括 SMTP（简单邮件传送协议）和 POP3（post office protocol version 3，邮局协议第 3 版）。SMTP 是 TCP/IP 协议簇中的一个成员，这种协议认为用户的计算机是永久连接在 Internet 上的，而且认为网络上的计算机在任何时候都是可以被访问的。但实际上 PC 不可能长时间处于开机且联网状态。为了解决这个问题，引入了 POP3，该协议是一种用于接收电子邮件的协议。发送端的邮件根据 SMTP 将被转发给一直处于开机且联网状态的 POP（post office protocol，邮局协议）邮件服务器；接收端（POP 客户端）如果想接收邮件，可以根据 POP3 向 POP 邮件服务器发送接收邮件的请求，POP 邮件服务器收到请求后会把邮件传送给接收端。

有的电子邮件服务是基于网页的，无须安装专门的客户端程序，用户通过浏览器就可以注册和访问自己的邮箱，常用的有网易 163 邮箱和腾讯 QQ 邮箱。

3. 即时通信服务

即时通信服务也被称为网络寻呼或网上聊天，比较知名的客户端软件是微信和 QQ。即时通信常用的功能是收发文字信息，当用户运行软件并登录后，可以接收他人发来的消息或者发送、回复消息，也可以进行语音、视频、文件的传输。

4. 文件传输服务

FTP（文件传送协议）的主要作用是让用户连接到一个存储着许多文件的远程计算机上，查看上面有哪些文件，并将需要的文件复制到本地计算机（下载），或者将自己的文件传递到该远程计算机上（上传）。

传输文件时需要使用 FTP 程序。IE 等常用浏览器都带有 FTP 程序。用户在浏览器地址栏中直接输入远程计算机的 IP 地址或域名，浏览器将自动调用 FTP 程序，连接成功后，一般要求输入用户名和密码，核对通过后浏览器中就会显示该服务器上的文件夹和文件列表。

5. 远程登录服务

远程登录使用户可以通过 Internet 登录到远程计算机上，像使用自己的计算机一样使用该远程计算机上的各种资源。用户要想登录远程计算机，就必须拥有该计算机的使用权，即要有自己的账号（用户名和密码）。

远程登录通常使用 Telnet 协议，Telnet 协议的作用是使用户可以登录远程计算机并进行信息访问。通过 Telnet 协议，用户可以访问各种数据库、联机游戏、对话服务以及电子公告板，但远程登录只允许用户使用命令来进行字符类的操作和会话。

6. 电子公告板服务

BBS（bulletin board system，公告板系统）是 Internet 上的一种电子信息服务系统，它提供了一种网络信息发布平台，任何人都可以在上面发布信息或提出看法。

提供 BBS 服务的系统称为 BBS 站点，各个站点具有不同的风格和特色，且每个站点都有自己的名称及地址。

BBS 站点为用户开辟了一块展示"公告"的公共存储空间（公告板），用户可以围绕某个主题将自己的想法"张贴"到公告板上，也可以从公告板上看到别人张贴的想法。登录时，用户可以使用 Web 方式，也可以使用 Telnet 方式。

7. 信息检索服务

随着 Internet 的快速发展，网络上每天都会产生海量的数据，要从这些数据中迅速找到自己所需的信息，离不开一种叫作搜索引擎的网上信息检索工具。搜索引擎可在 Internet 上对信息资源进行再组织，它的主要功能包括网页信息的自动采集、网页信息的整理、建立网页数据库、接受检索条件、进行检索、返回检索结果等。对于用户来说，他们使用的是信息检索功能。常用的搜索引擎有百度和搜狗等。目前，大多数搜索引擎均通过关键词来获取用户的需求。用户输入关键词后，搜索引擎会在数据库中进行搜寻，若找到与用户需求相符的网站，便采用 PageRank 等算法计算出各网页的信息关联程度，然后根据关联程度的高低，按顺序将这些网页的链接以列表形式返回给用户。

8. 云服务

云服务是基于互联网的相关服务的增加、使用和交互模式，通常涉及通过互联网来提供动态、易扩展且虚拟化的资源。"云"是网络或互联网的一种比喻说法。过去，人们在图中往往用云来表示电信网，后来也用云来表示互联网和底层基础设施。云服务是指通过网络以按需、易扩展的方式获得所需服务，这种服务可以与软件、互联网等相关，也可以是其他服务。它意味着计算能力也可作为一种商品通过互联网进行流通。从云计算的服务模式上看，个人云的诞生其实是云计算服务整体的延伸。作为一种云计算服务模式，和其他云计算服务模式一样，个人云在信息存储方面也同样是把用户的大量数据上传到云计算服务提供商的服务器设备当中，并且由在服务器中运行的应用程序进行相应的计算，个人用户可以借助终端中的客户端软件访问个人云服务。

5.5　网络安全

5.5.1　网络安全概述

1. 网络安全的概念

网络安全是指网络系统的硬件、软件及其系统中的数据受到保护，不会因偶然的或恶意的因素而被破坏、更改或泄露，保证网络系统连续可靠且正常地运行，并提供相应的网络服务。简而言之，网络安全可理解为"网络系统中不存在任何威胁其安全的因素"。

网络安全技术是一门涉及计算机科学、网络技术、通信技术、密码技术、信息安全技术、应用数学、数论等多种技术和学科的综合性技术，其目标是最大限度地减少数据和资源被攻击的可能性，主要技术包括认证授权、数据加密、访问控制和安全审计等。

一个安全的计算机网络应该具有以下几个方面的特征。

① 网络系统的可靠性。保证网络系统不因某种因素的影响而停止正常工作。

② 软件和数据的完整性。保护网络系统中存储和传输的软件（程序）与数据不被非法操作，即保证数据不被修改、替换或删除，数据分组不丢失、乱序，数据库中的数据或系统中的程序不被破坏等。

③ 软件和数据的可用性。在保证软件和数据完整性的同时，还要保证其能被正常使用和操作。

④ 软件和数据的保密性。主要是利用密码技术对软件和数据进行加密处理，保证在系统中存储和在网络上传输的软件和数据不被无关人员识别。

2. 网络安全技术

计算机网络系统的安全措施应针对各种不同的威胁而制定，这样才能保证网络信息的可靠性、完整性、可用性和保密性。这里主要介绍几种关键的网络安全技术。

（1）数据加密技术

为了使网络通信即使在被窃听的情况下也能保证数据的安全，必须对

安全协议

传输的数据进行加密。加密的基本思想是改变符号的排列方式或按照某种规律进行替换，使得只有合法的接收方才能读懂，其他任何人即使窃取了数据也无法了解其内容。

例如，假设每一个英文字母被替换为排列在其后的第 2 个字母，即"abcdefghijklmnopqrstuvwxyz"分别被替换为"cdefghijklmnopqrstuvwxyzab"，那么，原来为"meet you after the class"这一句话，加密之后就变为"oggv aqw chvgt vjg encuu"。

数据加密时，通常将加密前的原始数据（消息）称为明文，加密后的数据称为密文，将明文与密文相互转换的算法称为密码（cipher）。在密码中使用且只有收发双方知道的信息称为密钥（Cipher Key）。数据的加密过程如图 5.23 所示，收发双方使用的密钥 K1 和 K2 相同时，称为对称密钥加密系统；K1 与 K2 不同时，称为公共密钥加密系统。

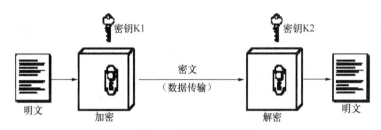

图 5.23　数据加密过程

数据加密技术是常用的网络安全技术，也是其他安全技术的基础。

（2）身份鉴别与访问控制技术

身份鉴别指的是证实某人或某物（消息、文件等）的真实身份是否与其所声称的身份相符，以防止欺诈或假冒。身份鉴别一般在用户登录某个计算机系统或者访问、传送、复制某个重要的资源时进行。身份鉴别必须做到准确、快速地分辨对方的真伪，常用的方法如下。

① 依据某些只有鉴别对象本人才知道的信息，如口令、私有密钥、身份证号等。

② 依据某些只有鉴别对象本人才具有的信物，如手机号码、IC 卡、USB Key 等。

③ 依据某些只有鉴别对象本人才具有的生理和行为特征，如指纹、人脸等。

访问控制技术是指计算机规定的各个用户对系统内的每个信息资源的操作权限（如是否可读、是否可写、是否可修改等）。访问控制是在身份鉴别的基础上通过授权管理进行的。

访问控制技术的任务是对所有信息资源进行集中管理，使对信息资源的控制没有二义性（即各种规定互不冲突）以及记录所有访问活动，以便事后核查。

（3）防火墙与入侵检测技术

随着 Internet 的发展和普及，网络安全的风险也不断增加。网络攻击和非法入侵给机构和个人带来了巨大的损失，甚至直接威胁到国家安全。防火墙与入侵检测技术是对付这些攻击和入侵的有效措施之一。

防火墙是一种将 Internet 的子网（最小子网是 1 台计算机）与 Internet 的其余部分相隔离，以维护网络信息安全的软件或硬件设备。它位于子网和 Internet 之间，输入或输出子网的所有信息均要经过防火墙。防火墙对经过它的信息进行扫描，以确保进入子网和输出子网的信息的合法性；它还能过滤掉黑客的攻击，关闭不使用的端口，禁止特定端口输出信息等。防火墙的工作原理如图 5.24 所示。

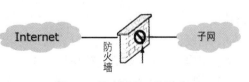

图 5.24　防火墙的工作原理

　　防火墙的类型很多，有些是独立产品，有些集成在路由器中，有些以软件模块的形式组合在操作系统中（如 Windows 操作系统就带有软件防火墙）。然而防火墙并不是坚不可摧的，它不能防止通向站点的后门程序，也不能防范从系统内部发起的攻击。

　　入侵检测（intrusion detection）是主动保护系统免受攻击的一种网络安全技术。入侵检测的原理是：通过在网络中若干个关键点上监听和收集信息来对其进行分析，从中发现问题并及时进行报警、阻断和审计跟踪。入侵检测是防火墙的有效补充，可检测来自内部的攻击和越权访问，还可以有效防范利用防火墙开放服务的入侵。

5.5.2　计算机病毒及其防范

1. 计算机病毒的概念

　　计算机病毒是一种计算机程序，它不仅能够破坏自身计算机系统，而且还能使"病毒"传播，从而感染其他系统。计算机病毒通常隐藏在某些看起来无害的程序中，能生成自身的复制品并将其插入其他程序，从而执行恶意的操作。

　　我国正式颁布实施的《中华人民共和国计算机信息系统安全保护条例》第二十八条明确指出："计算机病毒，是指编制或者在计算机程序中插入的破坏计算机功能或者毁坏数据，影响计算机使用，并能自我复制的一组计算机指令或者程序代码。"

2. 计算机病毒的传播途径

　　计算机病毒进入系统的途径主要有以下几种。

　　（1）通过网络

　　计算机网络为现代信息的传输和共享提供了方便，但它也成了计算机病毒迅速传播扩散的"高速通路"。Internet 可带来两种不同的安全威胁：一种威胁来自文件，这些被浏览的或是被下载的文件可能存在病毒；另一种威胁来自电子邮件，大多数邮件服务器提供了在网络间传送附件的功能，因此，遭受病毒攻击的文档或文件就可能通过网关和邮件服务器进入网络系统。网络的简易性和开放性使得这种威胁所造成的损害越来越严重。

　　（2）通过可移动的存储设备

　　U 盘作为常用的移动存储设备，在计算机病毒的传播中起到了很大的作用。在接入网络的计算机上使用带病毒的 U 盘，其所携带的病毒就很容易扩散到网络上。大多数计算机病毒都是通过此类途径传播的。

　　（3）通过通信系统

　　点对点通信系统和无线信道也可能传播病毒，目前出现的手机病毒就是通过无线信道传播的。这种传播途径正越来越常见，很可能成为计算机网络的第二大病毒扩散渠道。

3. 计算机病毒的特点

　　① 寄生性。计算机病毒一般不独立存在，而是嵌入其他程序。当执行被嵌入病毒的程序时，病毒就会起破坏作用；而在启动这个程序之前，它是不易被人发觉的。

　　② 传染性。计算机病毒不但具有破坏性，还具有传染性，一旦病毒被复制或产生变种，其传播速度之快令人难以提前预防。与生物病毒不同的是，计算机病毒是一段人为编制的计算机程序代码，这段程序代码一旦进入计算机并得以执行，它就会搜寻其他符合其传染条件的程序或存储介质，确定目标后再将自身代码插入其中，以达到自我复制的目的。

　　③ 潜伏性。大部分编制精巧的计算机病毒程序，进入系统之后一般不会马上发作，它可以长期隐藏在系统中，只有满足特定条件时才会发作。潜伏性越好，其在系统中的存在时间就会越长，

病毒的传染范围就会越大。

④ 隐蔽性。计算机病毒具有很强的隐蔽性，有的可以通过杀毒软件检查出来，有的根本就难以查出，有的时隐时现、变化无常，这类病毒处理起来通常很困难。

⑤ 破坏性。计算机中病毒后，可能会导致正常的程序无法运行，计算机内的文件也会被删除或受到不同程度的损坏。

⑥ 可触发性。某个事件或数值的出现，诱使计算机病毒实施感染或进行攻击的特性称为可触发性。病毒既要隐蔽又要维持杀伤力，它就必须具有可触发性。计算机病毒的触发机制就是用来控制感染和破坏动作的频率的。病毒具有预定的触发条件，这些条件一般是病毒编制者设定的，可能是时间、日期、文件类型或某些特定数据等。触发机制会检查是否满足预定条件，如果满足，则启动感染或破坏动作，病毒将开始感染或攻击系统；如果不满足，病毒就会继续潜伏。

4. 计算机病毒的表现和危害

一般来说，计算机感染病毒后可能会出现如下症状。

① 经常死机：病毒打开了许多文件或占用了大量内存。

② 系统无法启动：病毒修改了硬盘的引导信息或删除了某些启动文件。

③ 文件打不开：病毒修改了文件的格式或链接位置，或文件被病毒损害。

④ 经常报告内存不足：病毒占用了大量内存。

⑤ 提示硬盘空间不够：病毒复制了大量的病毒文件，占用了硬盘空间。

⑥ 出现大量来历不明的文件：病毒复制了大量文件。

⑦ 启动时黑屏。

⑧ 数据丢失：病毒删除了某些文件。

⑨ 键盘或鼠标无端被锁。

⑩ 系统运行速度变慢：病毒占用内存和 CPU，在后台进行大量操作。

5. 计算机病毒的防范

检测与消除计算机病毒最常用的方法是使用专门的杀毒软件，它能自动检测并消除内存、主板和磁盘中的病毒。但是，尽管杀毒软件的版本不断升级，功能不断增强，由于病毒程序与正常程序形式的相似性以及杀毒软件的目标特指性，杀毒软件的开发与更新总是晚于新病毒的出现，因此，杀毒软件会检测不出或无法消除某些病毒。而且，人们谁也无法预计病毒今后的发展及变化，所以很难开发出具有预知功能的可以消除一切病毒的杀毒软件。

一般来说，预防计算机病毒侵害的措施如下。

① 不使用来历不明的程序或数据。

② 不要轻易下载不知名网站的数据或程序。最好在一些知名的网站下载软件，下载之后用杀毒软件检测有没有病毒，确认无病毒后再运行。

③ 不要轻易打开来历不明的电子邮件，特别是附件。

④ 确保系统的安装盘和重要的数据盘处于"写保护"状态。

⑤ 在计算机上安装正版的杀毒软件（包括防火墙软件），并使其在启动程序、接收邮件和下载软件时自动检测与拦截病毒。

⑥ 运行实时监控程序。上网时最好运行反木马实时监控程序和个人防火墙。

⑦ 经常升级系统和更新病毒库，并定时对系统进行病毒检测。

⑧ 及时做好系统及关键数据的备份工作。

本 章 小 结

　　信息社会的基本特征是信息化、数字化和网络化。计算机网络无疑是近代计算机技术中一个非常重要的方面，它使人们不受时间和空间的限制，便捷地实现信息的传递和共享。计算机网络技术是涉及多种学科和领域的综合性技术。本章介绍了有关计算机网络的基础知识以及 Internet 的相关概念和基本知识。计算机网络的组成、功能、拓扑结构、Internet 协议等是本章的重点，读者应该很好地理解与掌握；OSI 和 TCP/IP 参考模型是本章的难点，应从组成和作用两个角度加以理解；局域网所采用的技术比较抽象，难以理解，也是本章的难点，可从概念和应用的角度进行理解。对于 Internet 的介绍，比较重要的内容有 Internet 的概念、IP 地址、域名以及 Internet 所提供的各种服务等。

思 考 题

1. 什么是计算机网络？它由哪些部分组成？
2. 什么是开放系统互联（OSI）参考模型？什么是 TCP/IP？
3. 常见的数据传输介质有哪些？各有什么特点？各自应用在什么地方？
4. 什么是局域网？什么是广域网？它们各有哪些特点？
5. 局域网常见的拓扑结构有哪些？由以太网交换机构成的以太网属于哪种拓扑结构？
6. MAC 地址、IP 地址和端口号有什么区别？各自用于 TCP/IP 分层模型中的哪一层？
7. 什么是 Internet？它提供哪些基本服务？
8. 什么是 IP 地址？什么是域名？这两者之间是什么关系？
9. IPv6 与 IPv4 相比有何特点？

第6章
数据库基础

数据库技术产生于20世纪60年代中期，经过几十年的发展，数据库管理系统的功能不断增强。它与多媒体技术、网络技术、面向对象技术、人工智能技术等相互结合，相互渗透，被各个领域用来存储和处理信息资源。目前，数据库技术已成为应用较为广泛的计算机技术之一，是计算机技术的重要分支。

本章将介绍数据库系统的基础知识、关系数据库以及数据库设计的过程和方法。

6.1　数据库概述

6.1.1　数据库的基本概念

1．数据

广义上讲，数据（data）就是描述事物的符号；从计算机的角度来看，数据泛指那些可以被计算机接受并能够被计算机处理的符号，其表现形式有数值、字符、文字、声音、图形、图像等。数据是数据库的基本对象。数据的含义称为数据的语义，数据与其语义是分不开的。数据若被赋予了特定的语义，便具有了传递信息的功能。例如，某高校计算机系的来自南京的学生张珊的基本情况可表示为：张珊，女，2002-10-28，南京，计算机系。

2．数据处理

数据处理指的是利用计算机对各种数据进行处理，包括数据的收集、整理、存储、检索、分类、排序、维护、加工、计算、统计和传输等一系列活动过程。数据处理的目的是从大量原始的数据中获得人们所需要的资料并提取有用的成分，以将其作为行为和决策的依据。

3．数据独立性

数据独立性是指数据对应用程序的依赖关系，包括数据的物理独立性和数据的逻辑独立性。数据的物理独立性是指用户的应用程序与存储在磁盘上的数据的物理结构无关，数据与应用程序是相互独立的。所以，当数据的物理结构发生变化时，应用程序不需要做修改。

数据的逻辑独立性是指用户的应用程序与数据的逻辑结构无关，彼此是相互独立的。数据的逻辑结构发生变化，应用程序也不需要修改。

4．数据库

数据库（database，DB），从字面意思来说就是存放数据的仓库，具体而言就是长期存放在计算机内的有组织的可供多用户共享的数据集合。数据库中的数据按一定的数据模型进行组织、描述和存储，具有尽可能小的冗余度和较高的独立性和易扩张性。

5. 数据库管理系统

数据库管理系统（database management system，DBMS）是位于用户与操作系统之间的，专门用于对数据库中的数据进行组织、存取和维护管理的大型软件。

基于关系模型的数据库管理系统称为关系数据库管理系统（RDBMS）。当前几乎所有的RDBMS都支持SQL（structure query language，结构化查询语言）。SQL是一种通用的、功能极强的、简单易学的关系数据库标准语言，RDBMS的所有功能都是通过SQL实现的。SQL既可以在DBMS中独立、交互式地使用，又可以嵌入到高级语言（如C++、Java等）使用。这两种情况下SQL的语法结构是基本一致的。

DBMS是数据库系统的核心组成部分，它具有如下功能。

① 数据定义。数据定义语言（data definition language，DDL）用来对数据库中的各种数据对象进行定义和描述，如定义数据库结构的外模式、模式、内模式，模式之间的映像以及完整性约束条件等。

② 数据操纵。数据操纵语言（data manipulation language，DML）用来对数据库中的数据实施一些基本操作，如查询、插入、修改和删除等。

③ 数据库控制。数据控制语言（data control language，DCL）用来保证数据的完整性、安全性，以及对数据库进行并发控制、故障恢复，以确保数据库的正常运行。

④ 数据库的建立和维护。数据库的建立和维护包括数据库初始数据的装入、存储、恢复、重建以及性能分析等。

目前流行的RDBMS有很多种，如甲骨文公司的Oracle、IBM公司的DB2、MySQL AB公司的MySQL、微软的SQL Server、Sybase公司的PowerBuilder等。

6. 数据库系统

数据库系统（database system，DBS）是指在计算机系统中引入数据库后构成的系统，一般由5个部分组成——数据库（数据）、数据库管理系统、人员（包括数据库管理员和最终用户）、硬件平台，以及软件（包括操作系统、应用开发工具、应用系统），如图6.1所示。其中，数据库是数据库系统的管理对象。

数据库的设计、使用和维护仅依靠DBMS是不够的，还需要有专人管理，这些人员被称为数据库管理员（database administrator，DBA）。

在不引起混淆的情况下，通常把数据库系统简称为数据库。数据库系统在整个计算机系统中占有重要地位。

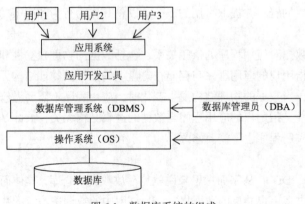

图6.1　数据库系统的组成

6.1.2　数据管理技术的产生和发展

对数据管理的需求催生出了数据管理技术。随着计算机硬件和软件的发展，数据管理技术经历了人工管理、文件系统和数据库系统 3 个阶段。

1. 人工管理阶段

20 世纪 50 年代中期以前，计算机主要用于科学计算。当时的计算机硬件落后，存储器只有纸带、卡片、磁带等，没有磁盘等直接存储设备。相应的软件同样是落后的——没有操作系统，没有专门的管理数据的软件，只能采用批处理方式处理数据。人工管理数据具有如下特点。

（1）数据不保存

处理数据时，先将程序和数据输入计算机；处理结束后，计算结果由人工保存。

（2）应用程序管理数据

输入和输出数据都需要应用程序自身设计、说明和管理，没有专门的软件负责数据的管理。应用程序中既要定义数据的逻辑结构，又要设计数据的物理结构，包括数据的存储结构、存取方法、输入/输出方式等。

（3）数据不共享

数据是面向应用程序的，一组数据只能对应一个程序。若多个程序用到相同的一组数据，应用程序只能各自定义数据，无法共享，因此存在大量的冗余数据。

（4）数据不具有独立性

数据的逻辑结构或物理结构若发生变化，则它所对应的应用程序必须进行相应的修改。数据与应用程序之间的紧密关系加重了程序员的负担。

2. 文件系统阶段

20 世纪 50 年代后期到 20 世纪 60 年代中期，磁盘、磁鼓等存储设备出现，软件有了操作系统，操作系统中的文件系统成为专门的数据管理软件。文件系统管理数据具有如下特点。

（1）数据可以长期保存

有了外部存储器和文件系统，数据能够以文件形式长期保存在外存中，便于用户多次存取。

（2）文件系统负责管理数据

文件系统的工作原理是"按文件名访问，按记录存取数据"。也就是说，文件系统可以将一组相关数据组成一个独立的结构，并将该结构称为记录。应用程序将按照文件系统提供的存取方法，按名称打开数据文件，并以记录为单位将数据依次写入或读出数据文件。数据文件与访问它的应用程序文件是相互独立的。

但文件系统管理数据仍存在以下缺点。

（1）数据独立性有一定的提高，但仍然不够高。文件系统管理的数据文件是由若干个记录构成的，每个记录是有结构的，但数据文件整体上是无结构的。数据文件由文件系统负责存储在磁盘上，与应用程序无关。也就是说，若数据的存储结构改变了，应用程序无须修改，数据与应用程序之间具有一定的物理独立性；但是，若数据文件中记录的逻辑结构改变了，则应用程序需要修改，数据不具有逻辑独立性。

（2）数据共享性差，冗余度高。数据文件中的记录基本上是为使用它的程序制定的。当若干个程序需要使用相同的数据时，这些相同的数据很难存放在同一个文件中共享，而是需要重复存储，故冗余度高。

文件系统中的数据文件与应用程序文件之间的关系如图 6.2 所示。

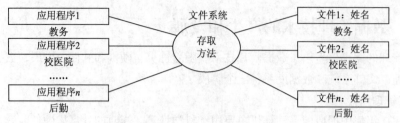

图 6.2　文件系统中的数据文件与应用程序文件之间的关系

3. 数据库系统阶段

20 世纪 60 年代后期至今，计算机的应用越来越广泛，需要管理的数据量急剧增长，各种应用及语言程序对数据的共享、安全性以及并行和分布式处理等方面的要求也逐步提高。加之硬件已有大容量存储器，硬件成本下降，但编制和维护软件的成本相对较高。在这种情况下，文件系统已经不能满足各种应用对数据管理的需求。于是数据库技术便应运而生，且出现了用于统一管理数据的专门软件系统——数据库管理系统，并得到不断发展。从文件系统到数据库系统，标志着数据管理技术里程碑式的飞跃。数据库系统具有如下特点。

（1）数据整体结构化

数据库系统与文件系统的根本区别是对数据整体进行结构化，这也是数据库的主要特征之一。所谓数据整体结构化，是指数据库中的数据是面向整个应用系统的，而不是某一个局部应用程序。数据库不仅描述数据内部的结构，也描述数据整体的结构，以及数据之间具有的联系。而文件系统则不同，它仅用记录结构描述了记录内部数据之间的联系，无法定义不同文件中的记录之间的相互联系。

例如，学生的所有信息被划分为 3 组，第 1 组是学生基本信息，第 2 组是课程信息，第 3 组是学生的选课信息。在文件系统中，这 3 组数据被分别定义成各自的记录结构格式，存放在各自的文件中，如图 6.3 所示。我们将这 3 个文件中属于同一个学生的数据称为有联系的数据。这种联系是文件之间的联系，而文件系统无法建立这种联系，这就是文件系统的缺点。

图 6.3　3 个文件的记录结构格式

在关系数据库技术中，我们可以创建一个关系数据库。在此数据库中，将学生数据定义成 3 个关系表，名称分别是 S、C 和 SC，如图 6.4 所示。利用 RDBMS 提供的参照完整性，通过学号将 S 和 SC 联系起来，通过课号将 C 和 SC 联系起来。利用这些联系，同一个学生在 3 个关系表中的数据即可自动关联起来。比如，查找"张珊"的"数据库"课程成绩，系统会自动读出为"95"。这就是数据整体结构化带来的好处之一。

（2）数据的共享性高，冗余度低，易扩充

数据库中的数据不再面向某些特定的应用程序，而是面向整个应用系统。因此，一个数据、一个记录、一个关系表乃至一个数据库都可以同时被多个应用程序访问，这就是数据的高共享性，它极大地降低了数据的冗余度，避免了数据之间的不相容性和不一致性。数据的不一致性是指同一数据同一时间在系统的不同位置的值不相同。数据的整体结构化和高共享性使得新增应用程序、扩充系统新功能变得容易。

学生基本信息关系表 S

学　号	姓　名	性　别	年　龄	系　名	出生日期
20190101	张珊	女	18	计算机	
20190102	李师	男	18	计算机	
20190201	王武	男	18	信息技术	

课程信息关系表 C

课　号	课程名	课时数
001	数据库	96
002	C 语言	80
003	计算机文化基础	85

学生选课信息关系表 SC

学　号	课　号	成　绩
20190101	001	95
20190101	002	80
20190201	003	90

图 6.4　S、C 和 SC 3 个关系表

（3）数据独立性高

数据库中数据的定义、存取和管理都是由 DBMS 负责。数据库采用什么结构将数据存储在磁盘中，或采用什么逻辑结构来表达数据之间的关系等，都与应用程序无关。也就是说，即使数据库中数据的逻辑结构或物理结构发生变化，应用程序也不需要因此而被修改。此系统中数据的独立性要高于文件系统。

（4）数据的统一管理与控制

数据库中的数据由 DBMS 统一管理与控制，从而实现了数据库访问的安全控制服务。数据库系统阶段应用程序与数据之间的关系如图 6.5 所示。

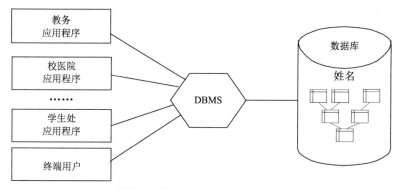

图 6.5　数据库系统阶段应用程序与数据之间的关系

6.1.3　数据模型

数据模型是对现实世界数据特征的模拟和抽象。它分为两个阶段：由现实世界到信息世界再到计算机世界。人们将客观世界称为现实世界，并对现实世界进行抽象，将其转换为信息世界；然后用符号将信息记录下来，对信息进行整理并以数据的形式存储到计算机世界。数据的抽象过程如图 6.6 所示。

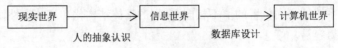

图 6.6　数据的抽象过程

数据模型是数据库系统的核心和基础。一个好的数据模型要满足 3 个方面的要求：一是能够真实地表示现实世界；二是容易被人们理解；三是便于在计算机上实现。要找到一种完全满足这 3 个要求的数据模型是比较困难的，因此，实际的做法是针对不同的抽象层次和使用目的，选用不同的数据模型。

1. 数据模型分类

根据不同的抽象层次，数据模型可分为以下 3 类。

① 概念模型。

② 逻辑模型。逻辑模型又称数据模型。

③ 物理模型。物理模型描述了数据在存储介质上的组织结构和存取方法。物理模型的实现一般由 DBMS 负责完成。

图 6.7 表示了 3 类数据模型在数据库设计过程中的顺序。

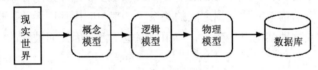

图 6.7　3 类数据模型的顺序

2. 数据模型的组成要素

数据模型所描述的内容包含 3 个部分，即数据结构、数据操作与数据约束。这 3 个部分通常被称为数据模型的三要素。

（1）数据结构

数据库中的数据是有结构的。数据结构主要描述数据对象及数据之间的联系等，反映了系统的静态特征。数据结构是数据模型的基础，数据操作和数据约束都是建立在数据结构之上的。

（2）数据操作

数据操作主要描述相应数据结构上的操作类型和操作方式，包括数据的插入、删除、修改、查询等操作，反映了系统的动态特征。

（3）数据完整性约束

数据完整性约束是指数据的一组完整性规则的集合，主要描述数据及数据与数据之间的联系应具有的约束和依存规则，以保证数据的正确性、有效性与相容性。

3. 概念模型

概念模型是从现实世界到信息世界的第一层抽象，是信息世界中对数据的建模。概念模型能够真实、充分地反映现实世界中事物的特征以及事物之间的联系。它独立于计算机，被数据库设计人员用来与不熟悉计算机技术的用户沟通，以确定用户的需求，并且它很容易向逻辑模型转换。下面介绍一下概念模型中常用的概念或术语。

（1）实体

客观存在且可相互区别的事物称为实体（entity）。实体既可以是具体的人、事、物，也可以是抽象的概念。例如，一个学生、一个系、学生的一次选课、一次会议等都是实体。

（2）属性及其域

实体所具有的某一特性称为属性（attribute）。一个实体可以有若干个属性，如每个学生都具有学号、姓名、性别、年龄、系名等属性。每个属性可以有值，例如，(20190101，张珊，女，18，计算机)就是一个用确定的属性值来描述的学生实体。而属性的取值范围称为该属性的值域（value domain），如性别属性的值域为｛男,女｝。

（3）实体型

具有相同属性的实体必然具有共同的特征和性质，用实体名称及其属性名的集合来表示同类实体，称为实体型（entity type）。例如，学生(学号，姓名，性别，年龄，系名)表示的就是一个学生实体型。

（4）实体集

具有相同属性的实体组成的集合称为实体集（entity set）。例如，所有学生是一个实体集，所有课程也是一个实体集。

（5）关键字

能唯一标识实体集中每个实体的属性或属性集合称为关键字（key）。例如，学号可以作为学生实体集的关键字，(学号,课号)是选课实体集的关键字。

（6）联系

现实世界中事物内部及事物之间的关系称为联系（relationship），实体集之间的联系可以分为3类。

① 一对一（one to one）的联系，简记为 1:1。对于实体集 A 中的每一个实体，实体集 B 中至多有一个或没有实体与之对应，反之亦然，则称实体集 A 与实体集 B 之间存在一对一联系。例如，一个班级里有一个班长，每个班长只能负责一个班级的工作，班级与班长之间的联系就是一对一联系。

② 一对多（one to many）的联系，简记为 1:n。对于实体集 A 中的每一个实体，实体集 B 中有 n 个（$n \geq 0$）实体与之对应；对于实体集 B 中的每一个实体，实体集 A 中至多有一个实体与之对应，则称实体集 A 与实体集 B 之间存在一对多联系。例如，一个系里有若干个学生，而每个学生只能属于一个系，系与学生之间的联系就是一对多联系。

③ 多对多（many to many）的联系，简记为 $m:n$。对于实体集 A 中的每一个实体，实体集 B 中有 n 个（$n \geq 0$）实体与之对应；对于实体集 B 中的每一个实体，实体集 A 中有 m 个（$m \geq 0$）实体与之对应，则称实体集 A 与实体集 B 之间存在多对多联系。例如，一门课程同时有若干个学生选修，而一个学生可以同时选修若干门课程，课程与学生之间的联系就是多对多联系。若 3 个实体集之间存在多对多联系，则表示为 $m:n:p$。

（7）概念模型的表示方法

目前使用最为广泛的表示概念模型的方法是 P.P.S.Chen 于 1976 年提出的实体-联系方法（entity-relationship approach），亦称为 E-R 模型。E-R 模型给出了实体型、联系、属性三者的表示方法。

① 实体型：用矩形框表示。在矩形框内写上该实体型的名字。

② 联系：用菱形框表示。在菱形框内写上联系名，再用无向边分别与有关实体型连接起来，并在无向边旁标上联系的类型（1:1、1:n 或 $m:n$）。

③ 属性：用椭圆形框表示。在椭圆形框内写上属性名，并用无向边将其与相应的实体型连接起来。

实体型名称和联系名称必须是唯一的，属性名称在同一个实体型中必须是唯一的。

例如，有教师、学生、班级、课程4个实体型，它们之间的联系有学生选课、教师讲授、学生组成班级等。图6.8给出了它们的E-R模型。

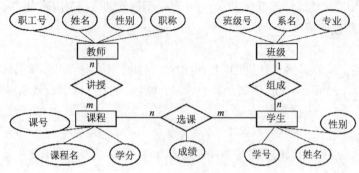

图6.8　E-R模型示例

4. 常用数据模型

数据模型是指按计算机观点将数据模型化，是计算机世界中对数据的特征、数据之间联系及操作的描述。数据模型可以由概念模型转换得到，主要用于数据库设计。在设计数据库时，首先在信息世界用E-R方法设计出一个概念模型，然后将这个E-R模型转换为计算机能实现的某一种数据模型。目前常用的数据模型有4种：层次模型、网状模型、关系模型、面向对象模型。

常用数据模型

5. 关系模型

1970年，美国IBM公司的研究员E.F.Codd首次提出了数据库系统的关系模型的概念，它是当前最重要的、应用最为广泛的数据模型。

（1）关系模型的数据结构

关系模型是建立在严格的数学概念的基础上的。从用户的观点来看，关系模型由一组关系组成。下面以学生关系二维表为例，介绍一下关系模型中的一些概念和术语。由于关系模型是由信息世界中的概念模型转换得到的，故关系模型的概念和术语来自概念模型。

① 关系（relation）。一个关系对应一个规范的二维表格，如表6.1所示。

② 元组（tuple）。关系表中的一行称为一个元组。

③ 属性（attribute）。表中的一列即为一个属性。每一个属性有一个名字，称为属性名。例如，表6.1中有5个属性，属性名分别是学号、姓名、性别、年龄、出生日期、系名。

④ 关键字（key）。关键字也称为码或关系键。表中的某个属性或属性组可以唯一标识一个元组，这个属性或属性组称为本关系的码或关系键。如果一个表中存在多个码或关系键，就称它们为该关系的候选键（candidate key）或候选码。在候选键中指定一个关系键作为用户使用的关系键，则该关系键称为主键（primary key）或主码。例如，学生关系表中的学号就是主键。

⑤ 外键（foreign key）。如果关系A中某个属性或属性组不是关系A的主键，但却是关系B的主键，则称该属性或属性组为关系A的外键或外码。例如，学生选课关系中的学号不是选课关系的主键，而是学生关系的主键，所以学号是选课关系的外码。

⑥ 分量。元组中的一个属性值。

⑦ 关系模式。对关系的描述称为关系模式，表示为：关系名(属性1,属性2,…,属性n)。例如，

学生的关系模式是：学生(学号,姓名,性别,年龄,出生日期,系名)。

表 6.1　　　　　　　　　　　　　学生关系表

学　号	姓　名	性　别	年　龄	出生日期	系　名
20190101	张珊	女	18		计算机
20190102	李师	男	18		计算机
……	……	……	……	……	……

（2）关系模型的操作与完整性约束

关系模型的操作主要包括查询、插入、删除和更新数据。关系中的数据操作是集合操作，操作的对象和操作的结果都是关系，且必须满足关系完整性约束条件。数据的存取路径对于用户来说是隐蔽的，用户只需指出"做什么"或"要什么"，而不必指出"怎么做"，这样就提高了数据的独立性和用户生产率。

（3）关系模型的存储结构

一个关系数据库中有若干个二维表，这些二维表在磁盘上的存储结构称为物理结构，是由DBMS 负责管理的。

（4）关系模型的优缺点

关系模型与非关系模型不同，它是建立在严格的数学概念基础上的。关系模型的概念单一，数据结构简单、清晰，用户易懂易用。关系模型的存取路径对用户透明，使得数据具有更高的独立性和更好的安全保密性，简化了程序员的工作,但查询效率不如非关系模型。为提高性能,DBMS负责对用户的查询进行优化。

6.1.4　数据库系统结构

从不同的角度看一个数据库系统的结构，层次的划分是不同的。从 DBMS 的角度来看，数据库系统内部采用的是三级模式、两级映像的结构。下面就对数据库系统内部的三级模式二级映像结构进行介绍。

1. 数据库系统的三级模式

三级模式分别是外模式、模式和内模式，其中模式也称为逻辑模式。二级映像则分别是外模式到模式的映像，模式到内模式的映像，如图 6.9 所示。

（1）模式

数据模型中有型和值的概念：型是对某一类数据的结构和属性的说明和定义，值是对型的某一个具体实例的赋值。模式（schema）是对数据库中全体数据的逻辑结构、特征及数据之间联系的描述，是所有用户的公共数据视图。模式对应于型。模式的一个具体值称为模式的一个实例，一个模式有很多个实例，实例对应于值。模式是相对稳定的、静态的，而实例是动态的，是数据库某一时刻的状态。定义模式

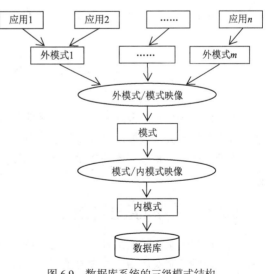

图 6.9　数据库系统的三级模式结构

时不仅要定义数据的逻辑结构，而且要定义数据之间的联系，定义与数据有关的安全性、完整性约束条件，以完全体现所有的用户需求。模式是由概念模型转换而来的，一个数据库只有一个模式，且由 DBMS 提供的数据定义语言（DDL）来定义。

（2）外模式

外模式（external schema）又称子模式或用户模式，是用户能够看见和使用的对局部数据的逻辑结构和特征的描述，是数据库用户的数据视图，以及与某一应用有关的数据逻辑视图。外模式来自模式，一般是模式的子集。由于保密级别等因素的限制，每个用户只能访问与之有关的数据，数据库中其余的数据则不可见。DBMS 提供的 DDL 用来定义外模式。

（3）内模式

内模式（internal schema）也称物理模式、存储模式，是对数据的物理结构和存储方式的描述，是数据在数据库内部的表示方式。一个数据库只有一个内模式。DBMS 提供的 DDL 也用来定义内模式。

2. 数据库系统的二级映像与数据独立性

DBMS 的三级模式是数据库中数据的 3 个抽象级别，它把数据的具体组织交给 DBMS 管理，从而使用户能逻辑地处理数据，而不必关心数据在计算机中具体的表示方式和存储方式。为了实现这 3 个抽象级别的联系和转换，DBMS 在三级模式中提供两种映像：外模式/模式映像和模式/内模式映像。

（1）外模式/模式映像

外模式/模式映像用于定义外模式与模式之间的对应关系，使用 DBMS 定义。当模式发生变化时，由 DBA 对外模式/模式映像的定义做相应修改，从而使得外模式保持不变。所以依据外模式编写的应用程序就不需要修改，这就保证了数据与应用程序之间的逻辑独立性。

（2）模式/内模式映像

模式/内模式映像用于定义模式与内模式之间的对应关系，是数据全局逻辑结构与存储结构之间的对应关系。数据库中只有一个模式和一个内模式，所以模式/内模式映像是唯一的，使用 DBMS 定义。当数据库的存储结构发生变化时，由 DBA 对模式/内模式映像的定义做相应修改，从而使得模式保持不变，所以基于模式定义的外模式也会保持不变。这样，访问外模式的应用程序也不必修改，这就保证了数据与应用程序之间的物理独立性。

6.2 关系数据库

关系模型用统一的概念来表示实体及实体间的联系，所有实体及实体间的联系的集合构成一个关系数据库。关系数据库也有型和值之分。关系数据库的型也称为关系数据库模式，是对关系数据库的描述。关系数据库的值是这些关系模式在某一时刻对应的关系的集合，通常称为关系数据库。

6.2.1 关系的数据结构

关系的数据结构是用集合代数来定义的，只用单一的二维表作为逻辑结构来表示关系。一个关系可以表示一个实体型，且包含若干个实体，也可以表示实体型之间的各种联系。关系的数据结构简单易懂，表达的语义却很丰富。

关系所具备的条件和性质如下。

① 无限关系在数据库系统中是无意义的，关系数据模型中的关系必须是有限集合。

② 列是同质的，即每一列中的分量应是同一类型的数据，且来自同一个域。

③ 不同的列可以出自同一个域，每一列称为一个属性；属性不同，其属性名必须不同。

④ 列的顺序无要求，即列的次序可以任意交换。

⑤ 任意两个元组的候选码不能相同。

⑥ 行的顺序无要求，即行的次序可以任意交换。

⑦ 每个分量必须是不可再分的数据项，是原子值。

关系需要满足一定要求，不同程度的要求用范式（normal form，NF）来表示要求的级别。关系模型要求关系必须是规范化的二维表，即每个分量是原子的、不可再分的，该要求是规范化条件中最基本的一条，简称为第一范式（1NF）。例如，表 6.2 非常直观地表现了课程与课时之间的关系，但属性"课时数"分量有两个值——"理论课时"和"实验课时"，所以该表不符合规范化的基本要求，不属于 1NF。我们可以把表 6.2 修改为表 6.3，修改后的表为规范化的二维表，属于 1NF。

表 6.2 非规范化关系

课　号	课程名	课时数	
		理论课时	实验课时

表 6.3 规范化关系

课　号	课程名	理论课时	实验课时

6.2.2 关系操作

1. 基本关系操作

关系操作采用集合代数操作方式，即操作的对象和结果都是集合，也称为一次一集合的方式（set-at-a-time）。关系模型中常用的操作包括查询（query）、插入（insert）、删除（delete）、更新（update）等。查询关系操作分为选择（select）、投影（project）、连接（join）、除（divide）、并（union）、交（intersection）、差（except）、笛卡儿积等。

2. 关系数据语言

早期的关系模型中的关系操作通常用代数方式或逻辑方式来表示，分别称为关系代数和关系演算。关系代数和关系演算都是抽象的关系查询语言，简称关系数据语言。还有一种介于关系代数和关系演算之间的结构化查询语言，即 SQL。

6.2.3 关系完整性约束

关系模型的完整性约束规则是某种对关系的约束条件，这些约束条件反映的是现实世界的要求，任何关系在任何时刻经过任何操作，都应该满足定义的所有约束条件。关系模型中有 3 类完整性约束：实体完整性约束、参照完整性约束、用户定义的完整性约束。前两种完整性约束是关系模型必须满足的完整性约束条件，被称为关系的两个不变性，由关系数据库系统自动支持。用户定义的完整性约束是指关系模型应该满足的在某个应用领域需要遵循的约束条件，用户通过调用 RDBMS 提供的 DDL 进行定义，运行时由系统自动检查。

（1）实体完整性约束

实体完整性约束（entity integrity constraint）规则是指关系中的每一个元组的主属性对应的各

个分量不能为空值。空值就是"不知道"或"不存在"的值，既不等于零，也不等于空字符串，通常用"NULL"表示。主属性值不能为空值是数据库完整性的最基本的要求。实体完整性约束规则的相关说明如下。

① 实体完整性约束规则是针对基本关系的规定。

② 现实世界中的实体是不可分的，它们具有某种唯一性标识，并通过实体完整性约束规则保证这些个体的唯一性、确定性。

③ 关系模型中以主码作为唯一性标识。

④ 主码的属性即主属性不能取空值。

例如，学生选课关系表(学号,课号,成绩)中，(学号,课号)是选课关系的主键，系统会拒绝把课号是空值的(20190101,NULL)，或学号是空值的(NULL,001)的元组写入选课关系表中。

（2）参照完整性约束

参照完整性约束（reference integrity constraint）是指，若属性（或属性组）F 是基本关系 R 的外码，且它与基本关系 S 的主码 K 相对应（基本关系 R 和 S 既可以是相同的关系，也可以是不同的关系），则基本关系 R 中每个元组在属性 F 上的值必须为空值，即 F 的每个属性值均为空值，或者等于基本关系 S 中某个元组的主码值。

参照完整性约束要求关系中的外键要么是所关联关系中实际存在的元组，要么为空值。该约束是关系之间相关联的基本约束条件，它不允许引用不存在的实体。

例如，学生的所有信息被抽象为 3 个关系：学生(学号,姓名,性别,年龄,出生日期,系名)，选课(学号,课号,成绩)，课程(课号,课程名,课时)。学号是学生关系的主码，是选课关系的外码，选课关系通过学号与学生关系建立了参照完整性关系；同理，选课关系又通过课号与课程关系建立了参照完整性关系，从而保证 3 个关系之间的引用是正确的。例如，选课关系中绝不会存在这样的元组：这个元组中的学号在学生关系中不存在。但选课关系中可以存在这样的元组：(NULL,001)。其学号值是 NULL，表明课程号为"001"的课程没有学生选择。新元组只有满足参照完整性约束条件，才会被允许插入关系，否则系统会拒绝执行这个操作。

（3）用户定义的完整性约束

用户定义的完整性约束（user defined integrity constraint）是具体数据的应用环境所要满足的特殊约束条件，反映的是具体应用中数据的语义要求。例如，用 DBMS 定义学生的性别值域为男或女，那么性别取值就只能是男或女，如果不是，DBMS 将拒绝执行相应的操作。

6.2.4 关系代数

关系代数的运算对象是关系，运算的结果也为关系。关系代数的运算按运算符不同可分为传统的集合运算和专门的关系运算两类。

1. 传统的集合运算

传统的集合运算主要有并、差、交、广义笛卡儿积。这类运算将关系看成元组的集合，其操作是从行的角度进行的。

传统的集合运算除广义笛卡儿积外，其他运算对参加运算的关系有如下两个要求：关系 R 和关系 S 有相同的属性个数 n，且相应的属性取自同一个域。关系示例如表 6.4 所示。

（1）并运算

关系 R 和关系 S 的并运算记为 R∪S。其运算结果是将属于关系 R 和属于关系 S 的元组合并，生成一个新关系，这个新关系仍有 n 个属性。相关示例如表 6.5 所示。

表6.4　　　　　　　　　　　　　　　　　关系示例

R

学　号	姓　名	性　别	系　名
20190101	张珊	女	计算机
20190102	李四	男	电子
20190103	王五	男	电子

S

学　号	姓　名	性　别	系　名
20190101	张珊	女	计算机
20190201	周天明	男	计算机
20190104	马嘉豪	男	电子

（2）差运算

关系 R 与关系 S 的差运算记为 R-S。其运算结果是从关系 R 中删除属于关系 S 的元组，生成一个新关系，这个新关系仍有 n 个属性。相关示例如表 6.5 所示。

（3）交运算

关系 R 和关系 S 的交运算记为 R∩S。其运算结果是取既属于关系 R 又属于关系 S 的元组，生成一个新关系，这个新关系仍然有 n 个属性。相关示例如表 6.5 所示。如果关系 R 和关系 S 没有相同的元组，那么 R∩S 为空。

表6.5　　　　　　　　　　　　　　　并、差、交运算示例

R∪S

学　号	姓　名	性　别	系　名
20190101	张珊	女	计算机
20190102	李四	男	电子
20190103	王五	男	电子
20190201	周天明	男	计算机
20190104	马嘉豪	男	电子

R-S

学　号	姓　名	性　别	系　名
20190102	李四	男	电子
20190103	王五	男	电子

R∩S

学　号	姓　名	性　别	系　名
20190101	张珊	女	计算机

（4）广义笛卡儿积运算

关系 R 有 n 个属性，关系 S 有 m 个属性，则关系 R 和关系 S 的广义笛卡儿积是一个$(n+m)$列的元组集合，每一个元组的前 n 个分量来自关系 R 的一个元组，后 m 个分量来自关系 S 的一个元组。若关系 R 有 r 个元组，关系 S 有 s 个元组，则关系 R 和关系 S 的广义笛卡儿积有 $r×s$ 个元组。关系 R 和关系 S 的广义笛卡儿积记为 R×S。相关示例如表 6.6 所示。

表6.6　　　　　　　　　　　　　　　广义笛卡儿积运算示例

R

学　号	姓　名	性　别	系　名
20190101	张珊	女	计算机
20190102	李四	男	电子
20190103	王五	男	电子

S

课　号	课程名	课时数
001	数据库原理	96
002	C 语言	80

R×S

学　号	姓　名	性　别	系　名	课　号	课程名	课时数
20190101	张珊	女	计算机	001	数据库原理	96
20190101	张珊	女	计算机	002	C 语言	80
20190102	李四	男	电子	001	数据库原理	96

学　号	姓　名	性　别	系　名	课　号	课程名	课时数
20190102	李四	男	电子	002	C 语言	80
20190103	王五	男	电子	001	数据库原理	96
20190103	王五	男	电子	002	C 语言	80

2. 专门的关系运算

专门的关系运算包括选择、投影、连接、除等。这类运算不仅涉及行，还涉及列。

（1）选择运算

选择运算是指从关系中选择符合条件的元组，记为 $\sigma_F(R)$，其中 σ 为选择运算符，F 表示选择条件的逻辑表达式，$\sigma_F(R)$ 表示从关系 R 中选出使 F 值为真的元组，这些元组构成新的关系。该运算是从行的角度进行的操作。

例如，从表 6.4 所示的关系 R 中查找电子系学生的信息，相应的表达式为 $\sigma_{\text{系名}=\text{"电子"}}(R)$，结果如表 6.7 所示。

表 6.7　　　　　　　　　选择运算示例

学　号	姓　名	性　别	系　名
20190102	李四	男	电子
20190103	王五	男	电子

（2）投影运算

投影运算指从关系中选出若干属性列组成新的关系，记为 $\pi_A(R)$，其中 π 为投影运算符，A 为关系 R 的属性子集。投影运算是从列的角度进行的操作，投影之后不仅属性列可能减少了，而且根据实体完整性约束规则，相同的元组也被取消了。

例如，选取表 6.4 所示的关系 R 中的所有姓名和所在系，相应的表达式为 $\pi_{\text{姓名,系名}}(R)$ 或者 $\pi_{2.4}(R)$，结果如表 6.8 所示。

表 6.8　　　　　　　　　投影运算示例

姓　名	系　名
张珊	计算机
李四	电子
王五	电子

（3）连接运算

连接运算是从两个关系的广义笛卡儿积中选择符合条件的元组，记为 $R \underset{A\theta B}{\infty} S = \sigma_{A\theta B}(R \times S)$，其中 ∞ 是连接运算符，A、B 分别为关系 R 和 S 中列数相同并且可比较的属性组，θ 是比较运算符，$R.A\theta S.B$ 是连接条件。常用的连接运算如下。

① 等值连接（equijoin）：算术运算符 θ 是等号 "="，则称为等值连接，记为 $R \underset{R.A=S.B}{\infty} S$。

② 自然连接（natural Join）：一种特殊的等值连接，要求两个关系中进行比较的分量必须是相同的属性组，并且要在结果中将重复的属性去掉，记为 $R \infty S$。

连接运算一般是从行的角度进行的操作，但自然连接是从行和列的角度进行的操作。表 6.9 所示是关系 R 和 S 进行自然连接运算后的结果。

表 6.9　　　　　　　　　　　　　　　　　自然连接运算结果

R		
A	B	C
a1	b1	c3
a1	b2	c5
a2	b2	c2
a3	b1	c8

S		
B	C	D
b1	c3	d1
b2	c4	d2
b2	c2	d1

R∞S			
A	B	C	D
a1	b1	c3	d1
a2	b2	c2	d1

（4）除运算

设有关系 R(X,Y) 和 S(Y,Z)，其中 X，Y，Z 是属性组。关系 R 中的 Y 与关系 S 中的 Y 可以有不同的属性名，但必须出自相同的属性域。关系 R 与关系 S 的除运算得到一个新的关系 P(X)，关系 P 是关系 R 中满足下列条件的元组在 X 属性组上的投影：关系 R 中的元组在 X 属性组上产生的分量值与关系 S 在 Y 属性组上产生的投影进行连接运算后所产成的所有元组均是关系 R 中的元组。除运算记为 R÷S，相关示例如表 6.10 所示。除运算是同时从行和列的角度进行的运算。

表 6.10　　　　　　　　　　　　　　　　　除运算示例

R			
A	B	C	D
2	6	3	4
7	8	5	6
7	8	3	4
2	6	5	6
2	6	2	8

S1	
C	D
3	4
5	6

S2			
A	C	D	E
2	3	4	4
2	5	6	7
2	2	8	1

R÷S1	
A	B
2	6
7	8

R÷S2
B
6

上面 8 种关系代数运算中，并、差、广义笛卡儿积、选择、投影 5 种运算是基本的运算。其他运算，即交、连接和除均可以用这 5 种基本运算来表达。关系运算中，这些运算经有限次复合形成的运算式子称为关系代数表达式。

6.3　数据库设计

数据库应用系统设计包括结构设计和行为设计两个方面。结构设计指的是数据结构设计，行为设计指的是数据处理设计。这两方面一定要紧密结合起来，这是数据库设计的重点。本节我们主要介绍数据库设计中的数据结构设计。

6.3.1　数据库设计概述

数据库设计是一门涉及多学科的综合性技术，是一项庞大的工程项目，应该将科学理论和工程方法相结合来开展设计。常用的数据库设计方法如下。

① 新奥尔良（new orleans）方法。该方法把数据库设计分为若干个阶段和步骤，然后采用相

应的技术和方法来完成每一阶段的任务。它运用软件工程的思想，按照一定的设计规程和工程化方法来设计数据库。该方法也被称为规范化设计方法，其基本思想是过程迭代和逐步求精。

② 基于 E-R 模型的数据库设计方法。该方法用 E-R 模型来设计数据库的概念模型，是数据库概念设计阶段采用的方法。

③ 3NF（第三范式）设计方法。该方法是以关系数据理论为指导来设计数据库的逻辑模型，是设计关系数据库时在逻辑设计阶段可以采用的方法。

按照规范化设计方法，可将数据库设计分为 6 个阶段：需求分析阶段、概念结构设计阶段、逻辑结构设计阶段、物理结构设计阶段、数据库实施阶段、数据库运行和维护阶段。下面介绍前 4 个阶段。

6.3.2　需求分析

需求分析是数据库设计的起点，其任务是通过详细调查充分了解用户的现行系统（如手工系统或计算机系统）的工作情况，明确用户的数据需求和处理需求，然后在此基础上确定新系统的功能，并按一定的规范要求写出设计者和用户都能理解的数据库产品文档——需求说明书。

（1）需求分析的内容

① 信息需求。信息需求是指用户需要从数据库中获得的信息的内容和性质，并由此导出数据要求，即需存储在数据库中的数据。

② 处理需求。用户要求系统所具备的处理功能、处理数据的时间以及方式。

③ 安全与完整性需求。

（2）需求分析的方法

分析和表达用户的需求时，通常采用结构化分析（structured analysis，SA）方法。结构化分析方法用自顶向下、逐层分解的方式分析系统，并用数据流图和数据字典对需求进行完整的描述。

① 数据流图。数据流图（data flow diagram，DFD）使用直观的图形符号来描述系统中的业务过程、信息流和数据要求，表现了数据和处理过程之间的关系。图 6.10 所示为系统最高层次的数据流图以及数据流图中使用的符号。设计数据库时，往往需要更详细的数据流图，可将用椭圆表

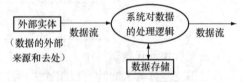

图 6.10　系统最高层次的数据流图及数据流图的表示符号

示的处理功能逐级分解成一些子功能，直到把系统工作过程表示清楚或处理功能无法再分解为止。在功能逐步分解的过程中，所用的数据也逐级分解，形成若干个层次的数据流图。

② 数据字典。数据流图表现了数据与处理过程之间的关系，数据字典（data dictionary，DD）则是系统中各类数据定义和描述的集合，是经用户需求分析所获得的主要结果。它通常包含 5 个方面的内容：数据项、数据结构、数据流、数据存储和处理过程。

- 数据项即数据的最小单位，如学生的学号、姓名等。
- 数据结构即若干个数据项组成的有意义的集合，反映了数据之间的组合关系。
- 数据流既可以是数据项，也可以是数据结构，表示某一处理过程数据的输入或输出。
- 数据存储即处理过程需要保存的数据集合，可以是手工凭证、手工文档或计算机文件。
- 处理过程即数据库应用程序模块。

在需求分析阶段收集到的数据字典和数据流图是进行概念结构设计的基础。

6.3.3　概念结构设计

将需求分析阶段得到的用户需求抽象为信息世界的概念模型，并用 E-R 模型来进行描述的过程，称为概念结构设计。概念结构设计的方法通常包括以下 4 类。

① 自顶向下。首先定义全局的概念结构，然后逐级细化，如图 6.11（a）所示。

② 自底向上。首先定义各局部应用的概念结构，然后将它们集成，从而得到全局概念结构，如图 6.11（b）所示。

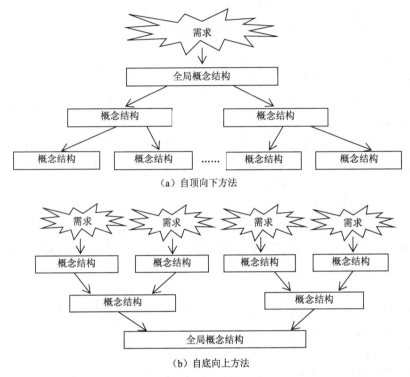

（a）自顶向下方法

（b）自底向上方法

图 6.11　自顶向下和自底向上方法示意图

③ 逐步扩张。首先定义最重要的核心概念结构，然后向外扩充，像滚雪球一样逐步生成其他概念结构，直至生成全局概念结构。

④ 混合策略。将自顶向下和自底向上两种方法结合，用自顶向下方法设计全局概念结构，以它为框架集成通过自底向上方法设计的各局部概念结构。

混合策略是常用的策略，即自顶向下地进行需求分析，然后再自底向上地设计概念结构。采用自底向上方法来设计概念结构的方法分为两步：第 1 步是将整个应用分解为多个局部应用，再从各局部应用中抽象数据并设计各局部概念结构视图；第 2 步是集成局部概念结构视图，从而得到全局概念结构，如图 6.12 所示。

下面以某高校开发教学数据库系统为例，介绍概念结构设计的过程和方法。

1. 数据抽象与局部视图设计

所谓的概念结构是对现实世界的抽象，即对实际的人、物、事等进行人为处理，抽取用户所关心的对象的共同特性及其联系。常见的抽象方法包括以下两种。

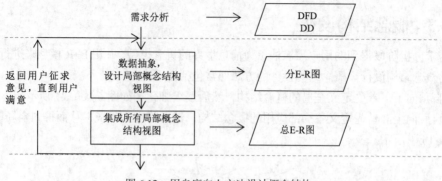

图 6.12　用自底向上方法设计概念结构

① 分类（classification）。定义某一类概念作为现实世界中一组对象的类型，这些对象具有某些共同的特性和行为。E-R 模型中，实体型就是这种抽象。

② 聚集（aggregation）。定义某一类型的组成成分。E-R 模型中，若干属性的聚集组成了实体型，就是这种抽象。

概念结构设计的第一步就是利用上面的抽象方法对需求分析阶段收集到的数据进行分类、组织，即聚集，从而形成实体型和实体型的属性，标识实体型的码，确定实体型之间的联系类型并设计分 E-R 图。可按下面两个步骤设计分 E-R 图。

（1）分析、选择局部应用

将整个应用分解为多个局部应用，再从各局部应用中抽象数据并设计各局部概念结构视图，生成初步 E-R 图。例如，我们将教学数据库系统划分为学籍管理和课程管理两个子系统，每个子系统作为一个局部应用。

（2）逐一设计各局部应用的分 E-R 图

选择好局部应用后，可分配不同的设计人员负责设计各局部应用的分 E-R 图，使用分类和聚集的抽象方法处理在需求分析阶段收集到的数据。两个子系统具有以下描述的实体型、实体型属性和实体型间的联系。

① 学籍管理子系统包括学生、宿舍、班级、辅导员、教室、个人档案 6 个实体型。现实中实体型之间存在的联系有：一个宿舍住多个学生，一个学生只能住一个宿舍；一个班级包含多个学生，一个学生只能属于一个班级；一个辅导员指导多个学生，一个学生只能由一个辅导员指导；一个辅导员负责管理多个班级，一个班级只能由一个辅导员管理；一个班级在多个教室上课，一个教室可以由多个班级使用；学生与个人档案是一一对应的。

各实体型的属性分别为：学生(学号,姓名,性别,年龄,系名,入学时间)；宿舍(宿舍编号,地址,人数)；班级(班级编号,人数,专业)；辅导员(工号,姓名,性别,年龄,出生日期,工作时间)；教室(教室编号,座位数,是否为多媒体教室)；个人档案(档案编号,…)。其中标有下划线的属性是实体型的候选键。对于宿舍实体型，该校统一对宿舍编码，现实中宿舍地址也是唯一的，故宿舍实体型有两个候选键，分别是宿舍编号和地址。用 E-R 图表示该子系统的概念结构，如图 6.13（a）所示，图中略去了实体型的属性。

② 课程管理子系统包括学生、课程、教师、教室 4 个实体型。实体型之间的联系有：一个学生可选修多门课程，一门课程可由多个学生选修；一个学生有多个教师，一个教师给多个学生授课；一个教师可以在不同的教室讲授相同或不同的课程；多个教师可以在一个教室讲授不同或相同的课程；多个教师可以在不同的教室讲授一门课程。教师、课程和教室 3 个实体型之间存在多

对多的联系，用 *m:n:p* 表示，这个联系有一个属性：上课时间。

　　各实体型的属性分别为：学生(<u>学号</u>,姓名,性别,年龄,出生日期,系名,入学时间)；课程(<u>课程号</u>,课程名,学分,学时,是否为必修课)；教师(<u>工号</u>,姓名,性别,年龄,职称,出生日期,系名,工作时间)；教室(<u>教室编号</u>,座位数,是否为多媒体教室)。其中标有下划线的属性是实体型的候选键。用 E-R 图表示该子系统的概念结构，如图 6.13（b）所示，图中略去了实体型的属性。

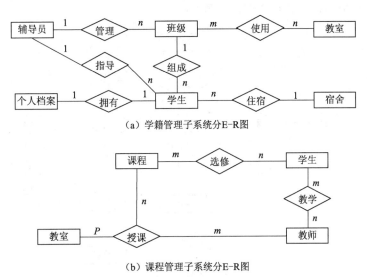

（a）学籍管理子系统分 E-R 图

（b）课程管理子系统分 E-R 图

图 6.13　教学数据库系统分 E-R 图

2．视图的集成

视图的集成

　　各子系统的分 E-R 图设计完成后，接着是集成所有的分 E-R 图，合并成面向整个系统的全局 E-R 图。采用的方法是：逐步集成，用累加的方式一次集成两张分 E-R 图。此例中，我们首先将两张分 E-R 图中的实体型学生合并，然后按照下面两个步骤合并两张分 E-R 图。

　　（1）合并分 E-R 图，生成初步 E-R 图

　　由于各局部应用所面向的问题不同，且可能是由不同的设计人员设计的分 E-R 图，所以各分 E-R 图之间会存在许多不一致的地方，称为冲突。因此，合并分 E-R 图时，必须消除存在的冲突，生成一个为整个系统所有的用户共同理解和接受的统一的概念模型。

　　各分 E-R 图之间的冲突主要有 3 种：属性冲突、命名冲突和结构冲突。

　　① 属性冲突。属性冲突是指属性值的类型、取值范围或取值单位不同。比如学号，有的定义为整数类型，有的定义为字符类型。消除这个冲突的办法是统一属性取值或其取值的单位。

　　② 命名冲突。同名异义，即不同意义的对象名在不同的局部应用中具有相同的名称；异名同义，即同一意义的对象名在不同的局部应用中具有不同的名称。该例中，辅导员与教师实体型属于异名同义冲突。消除命名冲突的办法是统一命名。比如，将此例中辅导员和教师实体型的名称统一为教师。

　　③ 结构冲突。同一实体型在不同的分 E-R 图中所包含的属性个数不同。例如，两张分 E-R 图中的学生实体型应该是同一个实体型，但他们在各自的分 E-R 图中的属性个数不同。解决方法是取两张分 E-R 图中属性的并集。此例中取课程管理子系统分 E-R 图中学生实体型的所有属性。经过以上处理，得到的是概念模型的初步 E-R 图。

（2）消除冗余，设计基本 E-R 图

生成的初步 E-R 图中可能存在一些冗余的数据和实体型间冗余的联系。冗余的数据是指可由基本数据导出的数据；冗余的联系是指可由其他联系导出的联系。

该例中，学生与教师实体型的"年龄"属性可以通过出生日期计算出来，属于冗余数据，解决办法是将"年龄"属性去掉。"使用"和"教学"联系属于冗余联系，解决办法是将它们去掉。

消除冗余后生成的是基本 E-R 图，如图 6.14 所示。

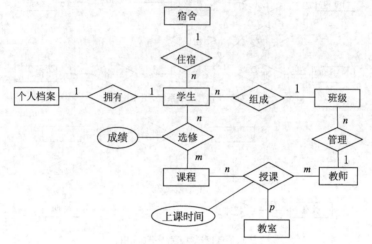

图 6.14 教学数据库系统基本 E-R 图

6.3.4 逻辑结构设计

E-R 图由实体型、实体型的属性和实体型之间的联系 3 个要素组成，把 E-R 图转换成关系模式，实际上就是要把实体型、实体型的属性和实体型之间的联系转换成关系模式。

逻辑结构设计

（1）实体型按如下规则转换

实体型的属性就是关系模式的属性，实体型的码就是关系模式的码，实体型的名称就是关系模式的名称。该例中，E-R 图中有 7 个实体型，转换得到如下 7 个关系模式。

① 学生(学号,姓名,性别,出生日期,系名,入学时间)。

② 班级(班级编号,人数,专业)。

③ 宿舍(宿舍编号,地址,人数)。

④ 个人档案(档案编号,…)。

⑤ 教室(教室编号,座位数，是否为多媒体教室)。

⑥ 教师(工号,姓名,性别,职称,出生日期,系名,工作时间)。

⑦ 课程(课程号,课程名,学分,学时,是否为必修课)。

（2）实体型之间的联系按如下规则转换

① 一个 1 : 1 联系既可以转换为一个独立的关系模式，也可以与任意一端实体型对应的关系模式合并。如果转换为一个独立的关系模式，则与该联系相连的各实体型的码以及联系本身的属性均转换为关系模式的属性，每个实体型的码均是该关系模式的候选码；如果与某一端实体型对

应的关系模式合并，则需要在该关系模式的属性中加入另一端关系模式的码和联系本身的属性。我们将 1:1 联系"拥有"合并到学生关系模式中，则学生关系模式修改后为"学生(学号,姓名,性别,出生日期,系名,入学时间,档案编号)"，其中"档案编号"是该关系模式的外码。

② 一个 1:n 联系既可以转换为一个独立的关系模式，也可以与 n 端实体型对应的关系模式合并。如果转换为一个独立的关系模式，则与该联系相连的各实体型的码以及联系本身的属性均转换为关系模式的属性，n 端实体型的码是该关系模式的码；如果与 n 端实体型对应的关系模式合并，则需要在该关系模式的属性中加入 1 端实体型的码和联系本身的属性。将该例中 3 个 1:n 联系"住宿""组成""管理"全部与 n 端实体型对应的关系模式合并，则学生、班级关系模式分别变为"学生(学号,姓名,性别,出生日期,系名,入学时间,档案编号,宿舍编号,班级编号)""班级(班级编号,人数,专业,工号)"。

③ 两个实体型之间的 $m:n$ 联系转换为一个关系模式。与该联系相连的各实体型的码以及联系本身的属性均转换为关系模式的属性，各实体的码组成关系的码或关系码的一部分。该实例中有 1 个 $m:n$ 联系"选修"，转换后的关系模式为"选修(学号,课号,成绩)"，其中学号和课号共同组成该关系的码，学号、课号分别是外码。

④ 3 个或 3 个以上实体型之间的多元联系可以转换为一个关系模式。与该多元联系相连的各实体型的码以及联系本身的属性均转换为关系模式的属性，各实体型的码将组成关系模式的码。

该实例中有 1 个 3 个实体型之间的 $m:n:p$ 联系"授课"，转换后的关系模式为"授课(工号,课号,教室编号,上课时间)，其中工号、课号、教室编号都是外码，所有属性构成了该关系模式的码，称为全码。

转换得到的关系模式经过规范化设计方法优化后，即可成为教学数据库系统的基于关系模式的数据库模式，这就是全局逻辑结构。

6.3.5 物理结构设计

数据库在物理设备上的存储结构与存取方法称为数据库的物理结构。数据库的物理结构设计就是为一个给定的数据库的逻辑结构选取一个最适合应用环境的物理结构的过程。其目的是提高数据库的访问速度并有效利用存储空间。在 RDBMS 中，数据库的内部物理结构设计基本上由 RDBMS 自动完成，而设计者可以自定义以下几种内容。

① 索引设计：确定每个关系是否需要建立索引，若需要，应在什么属性列上建立。
② 聚簇设计：确定每个关系是否需要建立聚簇，若需要，应在什么属性列上建立。
③ 分区设计：确定数据库数据存放在哪些磁盘上，数据如何分配。

本 章 小 结

本章介绍了数据库的基础知识、数据管理技术的发展历程以及数据库系统的优点。数据模型是数据库系统的核心和基础，从层次模型、网状模型发展到现在普遍应用的关系模型。本章重点介绍了关系模型及其三要素。数据库系统的三级模式和两级映像体系结构保证了数据具有很高的独立性，数据库系统对数据整体的结构化，也保证了数据的高共享性、低冗余度和易扩充性。概念模型是信息世界的数据模型，是创建计算机世界关系模型的关键；E-R 模型是表示概念模型的常用的方法，该方法简单、清晰，容易掌握和表达。本章还通过实例介绍了数据库设计的步骤和方法，详细阐述了概念结构设计和逻辑结构设计的过程。

思 考 题

1. 什么是数据、数据库、数据库管理系统？
2. 简述数据库系统的三级模式、两级映像结构。
3. 简述数据库管理系统的主要功能。
4. 简述数据模型的分类、作用、组成要素及其特点。
5. 什么是关系数据库？什么是关系模型的完整性约束？
6. 关系代数的基本运算有哪些？专门的关系运算有哪些？
7. 简述数据库设计的步骤。
8. 简述概念结构设计的主要步骤。
9. 简述从 E-R 图转换为关系模式的规则。

第7章
程序设计基础

随着计算机程序设计技术的发展，目前程序设计工具已发展到集成开发环境，设计方法也从面向过程发展到面向对象。但要想设计、开发出功能强大、友好易用的软件，读者首先需要了解程序设计的规律。本章将主要介绍程序设计的有关概念、数据结构与算法以及软件工程的基础知识。

7.1 程序设计的基本概念

程序设计方法学是用一定的观点研究问题并进行求解，以及探究如何进行系统构造的软件方法学。常用的程序设计方法有结构化程序设计方法和面向对象的程序设计方法。

7.1.1 结构化程序设计

结构化程序设计的主要特点是：先把计算机要处理的事务分解成若干个独立的过程（Procedure），自顶向下不断地把复杂的处理分解为子处理，一层一层地分解下去，直到仅剩下若干个容易处理的子处理为止，再用面向过程的开发语言（汇编语言、C 语言等）编制源程序，然后经过编译形成计算机可执行程序，并通过反复调试最后完成设计工作。

1. 结构化程序设计的原则

（1）自顶向下

程序设计时，先考虑总体，后考虑细节；先考虑全局目标，后考虑局部目标，使问题逐步具体化。

（2）逐步求精

对于复杂问题，应设计一些子目标作为过渡，逐步细化。

（3）模块化

把总目标进一步分解为具体的小目标，把每个小目标称为一个模块。

（4）限制使用 goto 语句

goto 语句的使用会导致程序流程的混乱，因此应限制使用。

2. 结构化程序的基本结构与特点

（1）顺序结构

顺序结构是指按照程序语句行的自然顺序一条一条地执行，它是最基本、最常用的结构，如图 7.1 所示。

（2）选择结构

选择结构又称分支结构，它可根据设定的条件，判断下一步执行的语句序列，如图7.2所示。

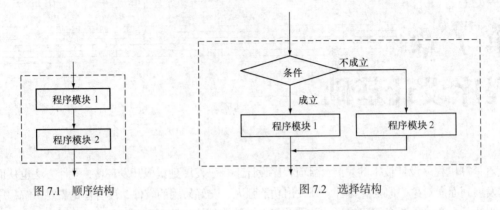

图7.1　顺序结构　　　　　　　　　　图7.2　选择结构

（3）循环结构

循环结构可根据给定的条件，判断是否需要重复执行某一相同的程序段。循环结构分为当型和直到型两类，如图7.3所示。

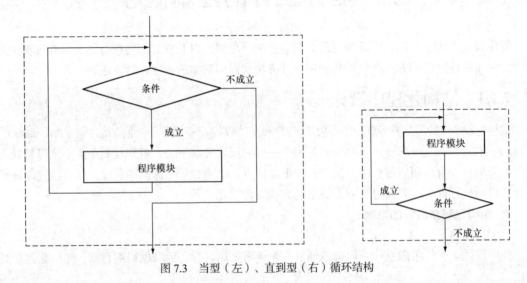

图7.3　当型（左）、直到型（右）循环结构

7.1.2　面向对象的程序设计

1. 概述

面向对象程序设计的本质就是主张从客观世界固有的事物出发来构造系统，提倡人们用现实生活中常用的思维方式来认识、理解和描述客观事物，强调最终建立的系统可以映射问题域。也就是说，系统中的对象以及对象与对象之间的关系能够如实反映问题域中的固有事物及事物之间的联系。

2. 面向对象方法中的常用基本概念

（1）对象

面向对象的程序设计中，"对象"是程序的基本单位，是一组数据（属性）和施加于这些数据上的一组操作代码（操作）构成的逻辑实体。

（2）消息

消息是对象间通信的手段，一个对象通过向另一个对象发送消息来请求服务，接受消息的对象经过解释给予响应。消息通常包括接收对象、调用的操作名和适当的参数。

（3）属性、方法和事件

属性是对象具有的特征或某一方面的行为；方法是对象可执行的一组操作；事件是指对象能够识别的动作，可以编写相应的代码对此动作进行响应。事件可由系统触发，也可由用户执行某种操作来触发。

（4）类和实例

类是一组具有相同属性和相同操作的对象的集合，因此类是对象的抽象，它描述了该类型的对象的所有特质，而一个对象则是其对应类的一个实例。

（5）继承

在已有类的基础上构造新的类，前者称为父类，后者称为子类。子类除自动具有父类的全部属性和操作外，还可进一步定义新的属性和操作。若子类只从一个父类继承，则称为单一继承；若子类从多个父类继承，则称为多重继承。

（6）封装

封装使操作对象的内部数据结构和代码与应用程序的其他部分隔离开来，实现了模块内的高内聚和模块间的低耦合。

（7）多态性

多态性是指同一操作在不同对象上可以有不同的解释，并产生不同的执行结果。例如，在加法中，把两个时间相加和把两个整数相加，其内涵是不一样的。

3. 面向对象程序设计方法

面向对象的开发模型将开发过程分为面向对象分析（object-oriented analysis，OOA）、面向对象设计（object-oriented design，OOD）和面向对象编程（object-oriented programming，OOP）3个阶段。其大致步骤如下：① 创建对象或选用合适的对象；② 设置对象的属性；③ 选择并设计适当的对象事件及操作；④ 在过程代码中调用对象以实现对象之间的通信；⑤ 将对象的方法程序和属性代码包装在一起。

7.2　数据结构与算法

程序设计的本质在 N. 沃恩的"算法+数据结构=程序"的公式中被揭示出来。简单地说，程序设计就是一类数据的表示及其相关操作。

7.2.1　算法及算法的复杂度

算法是指对解题方案的准确而完整的描述。算法是指令的有限序列，每一条指令表示一个或多个操作，计算机解题的过程就是实施某种算法的过程。

算法一般具有以下几个基本特征：①可行性；②确定性；③有穷性；④拥有足够的情报。

在设计算法时，如何衡量一个算法的好坏呢？一个好的算法通常应具有如下特征。

① 正确性：程序不含逻辑错误；程序对于不同的几组输入数据都能够得到符合要求的结果；程序对于精心选择的典型、苛刻的几组输入数据都能得到符合要求的结果。

② 可读性：可读性好有利于用户交流，否则往往难以调试和修改。

③ 健壮性：输入数据非法时，算法也能适当地做出反应或进行处理。

④ 高效率与低存储量的需求：效率指的是算法执行时间；存储量需求指算法执行过程中所需要的最大存储空间。

对一个算法的评价主要从时间复杂度和空间复杂度两方面来考虑。

一个算法所执行的基本运算次数称为时间频度，记为 $T(n)$，n 表示问题的规模。

算法的时间复杂度是指执行算法所需要的计算工作量，它是问题规模的函数。假设有某个辅助函数 $f(n)$，当 n 趋近于无穷大时，使得 $T(n) \div f(n)$ 的极限值为不等于零的常数，则称 $f(n)$ 是 $T(n)$ 的同数量级函数，记为 $T(n)=O(f(n))$，$O(f(n))$ 称为算法的渐进时间复杂度，简称时间复杂度。

在各种不同的算法中，若算法中语句执行次数为一个常数，则时间复杂度为 $O(1)$。另外要注意的情况是，虽然时间频度不相同，但时间复杂度有可能相同，如 $T(n)=n^2+3n+4$ 与 $T(n)=4n^2+2n+1$ 的频度不同，但时间复杂度相同，都为 $O(n^2)$。按数量级递增排列，常见的时间复杂度有：常数阶 $O(1)$，对数阶 $O(\log_2 n)$，线性阶 $O(n)$，线性对数阶 $O(n\log_2 n)$，平方阶 $O(n^2)$，立方阶 $O(n^3)$，$\cdots$，k 次方阶 $O(n^k)$，指数阶 $O(2^n)$。显然，时间复杂度为指数阶 $O(2^n)$ 的算法效率极低，当 n 值稍大时就无法应用。

算法的空间复杂度是指执行这个算法所需要的内存空间，它也是问题规模 n 的函数。类似于时间复杂度，我们将渐近空间复杂度简称为空间复杂度，记作 $S(n)=O(f(n))$。

算法的时间复杂度和空间复杂度合称为算法的复杂度。

7.2.2 数据结构的基本概念

数据结构（data structure）是指相互之间存在一种或多种特定关系的数据元素的集合，即数据的组织形式。数据结构作为计算机学科的一门课程，主要研究和讨论以下 3 个方面的问题。

1. 数据的逻辑结构

数据的逻辑结构从逻辑关系上描述数据，与数据的存储无关，它是独立于计算机的。

一个数据的逻辑结构应包含以下两方面信息：①数据元素的集合，通常记为 D；②各数据元素之间的前后件关系，通常记为 R。

这样将数据结构的形式定义为一个二元组：B=(D,R)，B 表示数据结构。例如，求学经历的数据结构可以表示为：B=(D,R)，D={幼儿园,小学,中学,大学}，R={(幼儿园,小学),(小学,中学),(中学,大学)}。

2. 数据的存储结构

数据的存储结构是指用计算机语言实现逻辑结构。常用的存储结构有顺序、链接、索引等。

3. 数据的运算

数据结构除了用二元关系来表示外，还可以用图形直观地表示。

在不产生混淆的前提下，常将数据的逻辑结构简称为数据结构，一般将其分为两大类型。

（1）线性结构

若结构满足有且仅有一个根节点和一个终端节点，所有节点都最多只有一个直接前件和一个直接后件这两个条件，则这样的结构就称为线性结构。线性结构中的元素之间存在一对一的关系。

要说明的是，一个线性结构中插入或删除任何一个节点后仍然是线性结构。栈、队列、串等都是线性结构。

（2）非线性结构

非线性结构的逻辑特征是，一个节点可能有多个直接前件和直接后件。所以，如果一个数据结构不是线性结构，那么它就是非线性结构。数组、广义表、树和图等数据结构都是非线性结构。

如果一个数据结构中一个数据元素都没有，则称该数据结构为空的数据结构。

7.2.3　常见数据结构及其基本运算

1. 线性表及线性表的顺序存储结构

（1）线性表的基本概念

线性表（linear list）是常见数据结构中最简单、常用的数据结构，它是由若干个数据元素组成的有限序列。可将线性表记为$(a_1, a_2, \cdots, a_{i-1}, a_i, a_{i+1}, \cdots, a_{n-1}, a_n)$，$n$（线性表中数据元素的个数）为线性表的长度（$n=0$ 时称为空表）。

非空线性表具有如下特性。

① 有且仅有一个根节点，无直接前驱。

② 有且仅有一个终端节点，无直接后继。

③ 除根节点和终端节点外，其他所有节点都且仅有一个直接前驱和一个直接后继。

（2）线性表的顺序存储结构

线性表在存储时通常采用两种存储方法：顺序存储和链式存储。

假设线性表的每个数据元素需要占用 k 个存储单元，则该存储区域的大小必须大于（或等于）$k \times n$。线性表的各个数据元素在该区域中按先后顺序依次连续存储，使得逻辑上相邻的元素在存储位置上也相邻。

（3）顺序表的插入运算

顺序表的插入运算是指在顺序表的第 i 个位置上插入一个新元素，以构成一个新的顺序表。整个操作过程如图 7.4 所示。

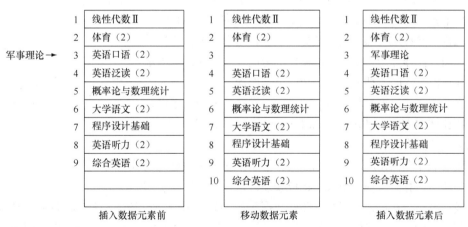

图 7.4　顺序表的插入运算

如果插入位置位于表头（$i=1$），则需要移动所有的数据元素（移动元素的操作次数为 n）；如果插入位置位于表尾（$i=n$），则不需要移动数据元素（移动元素的操作次数为 0）；在平均的情况下（假设为等概率），需要移动表中一半的元素（移动元素的操作次数为 $n/2$）。

（4）顺序表的删除运算

顺序表的删除运算是指删除顺序表的第 i 个位置上的元素，以构成一个新的顺序表。整个操作过程如图 7.5 所示。

图 7.5　顺序表的删除运算

如果删除位置位于表头（$i=1$），则需要移动所有剩余的数据元素（移动元素的操作次数为 $n-1$）；如果删除位置位于表尾（$i=n$），则不需要移动数据元素（移动元素的操作次数为 0）；在平均的情况下（假设为等概率），需要移动表中约一半的元素（移动元素的操作次数为 $(n-1)/2$）。

2. 栈和队列

（1）栈的基本概念

栈（stack）是限定在一端进行插入与删除的线性表，有时也将栈称为堆栈。它是一种特殊的线性表，数据只能从一端装入或弹出，另一端是封闭的，不能进行操作，如图 7.6 所示。

堆栈中，不允许进行操作的一端称为栈底，用指针 bottom 来指示其位置；允许进行操作的一端称为栈顶，用指针 top 来指示其位置。插入操作称为入栈，删除操作称为出栈。栈底位置固定不变，栈顶位置却随着插入删除操作的进行而动态变化。最先插入的元素只能在最后被删除，最后插入的元素总是最先被删除，该操作特征被称为"后进先出"（last in first out，LIFO）。

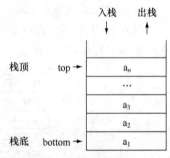

图 7.6　栈的示意图

（2）栈的基本运算

栈也有顺序存储（顺序栈）和链式存储（链栈）两种存储表示方式。

栈的基本运算有入栈、出栈、读取栈顶元素 3 种，如图 7.7 所示。

入栈运算是指在栈顶位置插入新的数据元素。首先修改栈顶指针，以使其指向新的栈顶位置，然后将新元素插入栈顶指针所指的位置。若栈顶指针位于栈空间的最上端，则表示堆栈已满，不能进行入栈运算，否则会发生溢出错误（称为上溢）。

出栈运算是指取出栈顶位置的数据元素。首先读出栈顶指针所指位置的数据元素，然后修改栈顶指针，使原先的第 2 个元素成为新的栈顶元素。若栈顶指针位于栈空间的底部，则表示堆栈已空，不能进行出栈运算，否则会发生溢出错误（称为下溢）。

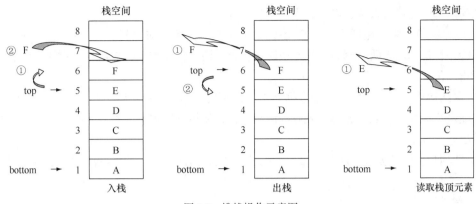

图 7.7　堆栈操作示意图

读取栈顶元素的运算比较简单，只要读出栈顶指针所指位置的数据元素即可，堆栈本身并不发生变化。

（3）队列的基本概念

队列（queue）是限定在一端插入，在另一端删除的线性表。

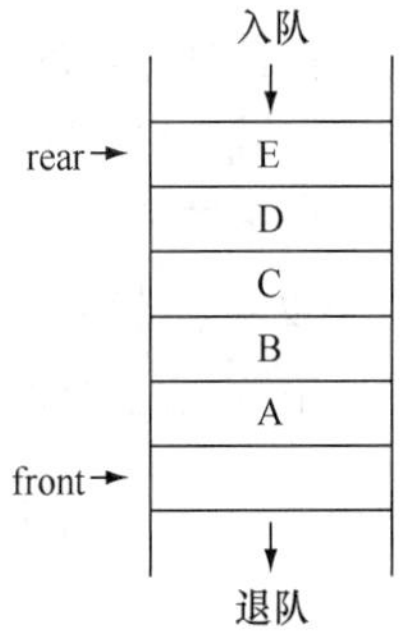

队列中，允许插入的一端称为队尾，允许删除的一端称为队头。设置一个队头指针 front，使其指向将要删除的元素的前一个位置；设置一个队尾指针 rear，使其指向最后的元素。队列的插入操作称为入队，删除操作称为退队，如图 7.8 所示。

数据元素的入队与退队顺序相同，该操作特征被称为"先进先出"（first in first out，FIFO）。

（4）队列的基本运算

队列也有顺序存储（顺序队列）和链式存储（链队列）两种存储表示方式。

图 7.8　队列示意图

实际应用中，顺序队列通常采用循环队列的方式进行——将队列的最后位置与开始位置逻辑对接，形成一个圆环。由于队头指针总是指向队头元素的前一个位置，所以当队头指针与队尾指针指向同一个位置时表示队列为空；当队尾指针值减对头指针值再加 1 等于队列空间长度时表示队列已满。循环队列及其操作示意图如图 7.9 所示。

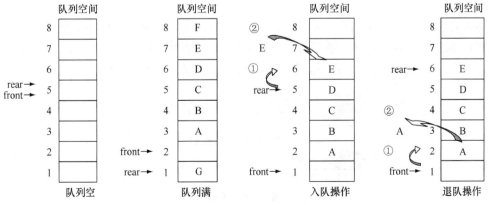

图 7.9　循环队列及其操作示意图

队列的基本运算有入队、退队、求队列长度 3 种。

① 入队运算是在队尾插入一个新元素。循环队列入队运算前先要判断队列是否已满，队列已满时不能进行运算。入队运算时首先修改队尾指针，使指针值加 1，然后将新数据元素插入队尾指针所指的位置。

② 退队运算是在队头取出一个数据元素。循环队列退队运算前先要判断队列是否为空，队列空时不能进行运算。退队运算时首先修改队头指针，使指针值加 1，然后将指针所指位置的数据元素读出。

③ 队列长度计算公式：队列长度=(队尾指针-队头指针+队列空间长度)%队列空间长度。(% 为求余运算)

3. 线性链表

（1）线性链表的基本概念

线性表的链式存储结构称为线性链表，其存储空间可以不连续，各个数据元素的存储顺序也可以和逻辑顺序不一致。每个存储的节点由两个部分组成：一部分是数据域，用来存储节点的数据元素；另一部分是指针域，用来存储其他节点位置的指针，线性表各个节点的逻辑关系就是用这些指针来表示的。在一个指针域的情况下，指针通常指向该节点的直接后继（后件）；如果是两个指针域，则一个指向直接前驱（前件），另一个指向直接后继。

由于链式存储结构将各个节点分散存储，所以可以有效地利用存储空间。

（2）单链表及其基本运算

单链表是最简单、最基本、使用最广泛的线性链表，如图 7.10 所示。

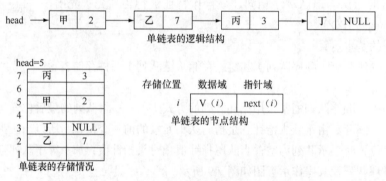

图 7.10　单链表示意图

单链表的指针域用来存储指向本节点直接后继的指针。可设置一个专门指向线性表第一个节点的指针 head（头指针）。单链表最后一个节点的指针域要设置为空（NULL），以表示该节点为表尾。如果头指针值为空，则表示这是一个空链表。带头节点的单链表如图 7.11 所示。

图 7.11　带头节点的单链表

单链表主要的基本运算有查找、插入、删除 3 种。

① 查找运算是对单链表进行搜索，查找包含指定元素并确定其前一个节点（前件）位置的操作。基本方法是：若头指针为空，表示链表为空，查找失败；否则，判断指针所指节点的数据域的值是否与待查找值相等，若相等，则查找成功，返回指针数据，否则，修改指针值为所指节点的指针域的值，然后重复上述操作直至查找成功或失败。查找运算的时间复杂度为 n。

② 插入运算是在单链表的指定位置插入数据元素的操作，其基本情况如图 7.12 所示。

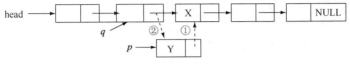

图 7.12　单链表的插入运算

插入运算的基本方法是：首先查找指定数据 X 所在位置，返回指向其前件的指针 q，并申请一个节点存储空间，使其数据域取值为待插入的数据 Y，指针域为指针 q（图 7.12 中的①）；再使指针 q 所指节点的指针域为新节点（图 7.12 中的②），将新节点插入链表。

③ 删除运算是在单链表的指定位置删除数据元素的操作，其基本情况如图 7.13 所示。

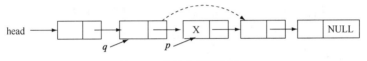

图 7.13　单链表的删除运算

删除运算的基本方法是：首先查找指定数据 X 所在位置（该节点指针用 p 存储），返回指向其前件的指针 q，将指针 q 所指节点的指针域的值修改为指针 p 所指节点的指针域的值（如图 7.13 中虚线箭头所示），从而使指定节点从链表中删除，最后释放该节点所占据的存储空间。

（3）双向链表及循环链表

双向链表中，节点具有两个指针域，其中一个指向其前件，另一个指向其后件。在进行查找运算时，不仅可以沿后件指针向后进行，还可以沿前件指针进行回溯，如图 7.14 所示。在进行节点的插入或删除运算时，需要修改两个方向的指针。

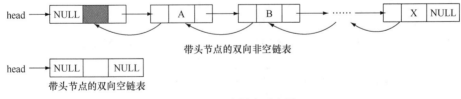

图 7.14　双向链表示意图

对单链表的另一种改进是循环链表，如图 7.15 所示。

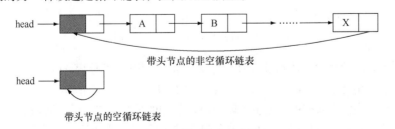

图 7.15　循环链表示意图

循环链表的特点是表中最后一个节点的指针域指向第一个节点，不为空，从而整个链表形成一个环。循环链表在判断节点是否为表尾时，其条件改为节点的指针域是否等于头指针。

4. 树与二叉树

（1）树的基本概念

树（tree）是由 n 个节点组成的有限集合，当 $n=0$ 时称为空树。在任一非空树中，有且仅有一个被称为"根"（root）的节点没有前件，其他节点都只有一个前件。节点的前件被称为该节点的"父节点"。在任一非空树中，任一节点都可以有若干后件，也可以没有后件。节点的后件被称为该节点的"子节点"。没有子节点的节点被称为"叶节点"。图 7.16 就是一个树结构的图形表示。

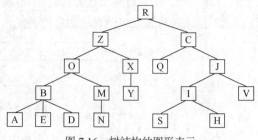

图 7.16　树结构的图形表示

一个节点的后件个数被称为"节点的度"，树中节点的度的最大值被称为"树的度"。例如，在图 7.16 中，C 节点的度为 2，X 节点的度为 1，B 节点的度为 3，整个树的度为 3。

树结构的图形表示中，根节点位于第一层，树的最大层次数被称为树的"深度"。某个节点及其下属节点也构成一棵树，该树被称为原树结构的子树。例如，图 7.16 中的 J、I、V、S、H 就构成一棵子树，而 I、S、H 又构成该子树的子树。叶节点是没有子树的。

（2）二叉树及其基本性质

二叉树（binary tree）是另一种树形数据结构，如图 7.17 所示。它的节点最多只有两棵子树（二叉树中不存在度大于 2 的节点），且其子树有左右之分。二叉树具有下列特点：①任何非空二叉树只有一个根节点；②每个节点最多有两棵子树，分别为左子树和右子树。

图 7.17　二叉树示例

二叉树具有以下基本性质。

① 第 k 层上最多有 2^{k-1} 个节点。

② 深度为 m 的二叉树最多有 2^m-1 个节点。

③ 任何二叉树的叶节点总比度为 2 的节点多一个。

④ 具有 n 个节点的二叉树的深度至少为 $[\log_2 n]+1$，其中括号 $[\ ]$ 表示取不大于其值的整数。

二叉树还有两种特殊形态，即满二叉树和完全二叉树，如图 7.18 所示。

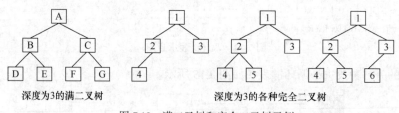

深度为3的满二叉树　　　　深度为3的各种完全二叉树

图 7.18　满二叉树和完全二叉树示例

满二叉树的各层节点数都达到最大值，所以，满二叉树的叶节点都在最后一层，其余各层中的节点都有左右两个子节点。满二叉树的节点数为 2^m-1 个。

完全二叉树是在满二叉树的基础上去除最下层右侧的某些节点后的二叉树。所以，完全二叉树的叶节点只会出现在最下两层。完全二叉树某个节点的右子树的深度与左子树的深度相同或比其深度小一。另外，完全二叉树还具有下列性质。

① 具有 n 个节点的完全二叉树的深度为 $\lceil \log_2 n \rceil +1$。

② 若对具有 n 个节点的完全二叉树按照自上而下逐层从左到右的顺序编号，则对任一节点 i（$1 \leqslant i \leqslant n$）有如下规定。

- 若 $i=1$，则为根节点，无父节点；否则，其父节点为 $\lceil i/2 \rceil$。
- 若 $2i > n$，该节点无左子树（为叶节点）；否则，其左子节点为 $2i$。
- 若 $2i+1 > n$，则该节点无右子树；否则，其右子节点为 $2i+1$。

（3）二叉树的存储结构

二叉树属于非线性结构，在计算机中通常采用链接方式存储。二叉树的链接式存储结构通常称为二叉链表。因为二叉树的节点最多可有两个后件，所以二叉树节点在存储时除了要有数据域 Data 外，还需要设置两个指针域 iChild 和 rChild，以分别指向其左右子节点，如图 7.19 所示。

图 7.19　二叉树节点的存储结构

如果节点没有左子节点或右子节点，则相应的指针设置为空或 0。为了能够找到整个二叉树的根节点，还必须设置一个指针 bt 以指向其根节点。图 7.20 就是图 7.17 所示的二叉树按照二叉链表方式存储时的逻辑状态和实际存储状态的示意图。

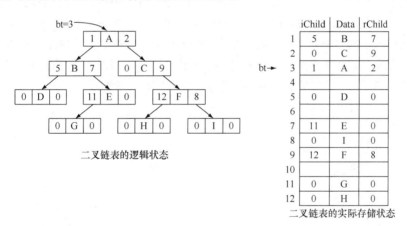

图 7.20　二叉树的链式存储结构示意图

此外，对于满二叉树和完全二叉树这些特殊形态的二叉树，在进行存储时，可以以逐层顺序编号的次序进行顺序存储，这样不仅可以节约存储空间，而且方便计算操作。

（4）二叉树的遍历

所谓遍历二叉树（traversing binary tree），是指按照某个搜索路径访问二叉树中的每个节点，并且使得每个节点均被访问一次且只被访问一次。

在二叉树的实际应用中，常常需要查找树中的某个节点，对树中的某些节点进行处理或者进行节点的插入、删除操作等，而这些操作都需要以遍历操作为基础。

由于二叉树的节点可以具有左右两棵子树，故在遍历过程中规定按照先左后右的原则进行，并且依据访问根节点的先后顺序，将遍历方式分为先序遍历、中序遍历和后序遍历 3 种。

先序遍历的操作过程为首先判断二叉树是否为空，若为空则结束操作，否则：①访问根节点；②先序遍历左子树；③先序遍历右子树。

中序遍历的操作过程为首先判断二叉树是否为空，若为空则结束操作，否则：①中序遍历左子树；②访问根节点；③中序遍历右子树。

后序遍历的操作过程为首先判断二叉树是否为空，若为空则结束操作，否则：①后序遍历左子树；②后序遍历右子树；③访问根节点。

以上操作过程是递归的，即访问子树时的访问方式也必须按照既定的访问方式进行，直到节点没有子树为止。例如，对于图 7.17 所示的二叉树示意图，按照先序遍历方式，为先访问根节点 A，然后访问左子树 BDEG，再访问右子树 CFHI；在访问左子树 BDEG 时，也要先访问根节点 B，然后访问左子树 D，再访问右子树 EG；依此类推，可得到先序访问该二叉树各节点的访问顺序为 ABDEGCFHI。相应地，其中序遍历结果为 DBGEACHFI，后序遍历结果为 DGEBHIFCA。

另外，判断二叉树遍历结果还有一个比较直观的方法，就是按照图 7.21 所示的方法，在二叉树的示意图上按照访问路线画出一条曲线，如果某个节点没有左子树或右子树，曲线也要向左下或右下弯一小圈。然后观察曲线经过节点的顺序，曲线第 1 次经过节点的顺序就是先序遍历的节点顺序，曲线第 2 次经过节点的顺序就是中序遍历的节点顺序，曲线第 3 次经过节点的顺序就是后序遍历的节点顺序。

如果已知某二叉树的先序遍历结果及中序遍历结果，就可以还原该二叉树。例如，某二叉树的先序遍历结果为 CAEBHFD，中序遍历结果为 EACHFBD，则依据先序遍历结果可判断其根为 C，再从中序遍历结果中可知，该树的左子树由 EA 组成、右子树由 HFBD 组成。从先序遍历结果中的 AE 和中序遍历结果中的 EA 可知，该左子树的根为 A，E 为左子树，其下再无节点。然后依据先序遍历结果中的 BHFD 和中序遍历结果中的 HFBD，判断出该树的右子树的根为 B，B 的左子树由 HF 组成，B 的右子树为 D。最后由先序遍历结果中的 HF 和中序遍历结果中的 HF，得到 H 为根，F 为右子树。还原的二叉树如图 7.22 所示。同样，依据某二叉树的中序遍历结果及后序遍历结果，也可以还原二叉树。

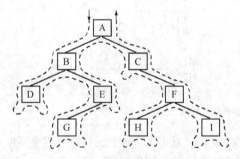

图 7.21　二叉树的遍历路径示意图

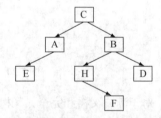

图 7.22　依据先序遍历结果和中序遍历结果还原的二叉树

7.2.4　查找和排序算法

查找是指在一个给定的数据结构中查找某个指定的元素。下面介绍两种常用的查找方法。

（1）顺序查找

基本思想：从线性表的某端开始顺序扫描线性表，依次将线性表中的元素与给定值 k 相比较，若相等则表示查找成功；若扫描结束后，线性表中所有的元素都不等于 k，则查找失败。顺序查找法既适用于线性表的顺序存储结构，也适用于线性表的链式存储结构。

在等概率情况下，Pi = 1/n（1≤i≤n），查找成功的平均查找长度为(n+…+2+1)/n = (n+1)/2，即查找成功时的平均比较次数约为表长的一半。若查找失败，则须进行 n+1 次比较。

（2）二分法查找

二分法查找只适用于顺序存储的有序表。有序表指线性表中的元素由小到大或由大到小排列。

二分法演示

基本思想：设有序线性表的长度为 n，并且元素由小到大排列。将给定值 k 与线性表中间项的元素值进行比较，中间项的位置值是(1+n)/2。若中间项的值等于 k，则查找成功；若 k 小于中间项的值，则在线性表的前半部分子表（位置编号是 1～(1+n)/2-1）以相同的方法进行查找；若 k 大于中间项的值，则在线性表的后半部分子表（位置编号是(1+n)/2+1～n）以相同的方法进行查找。上述过程一直进行到查找成功或子表长度为 0（说明查找失败）结束。

例如，有一组数为 4、10、11、25、42、59、64、71、73、86，要求用二分法查找 11，查找过程如图 7.23 所示；如再要求用二分法查找 69，查找过程如图 7.24 所示。

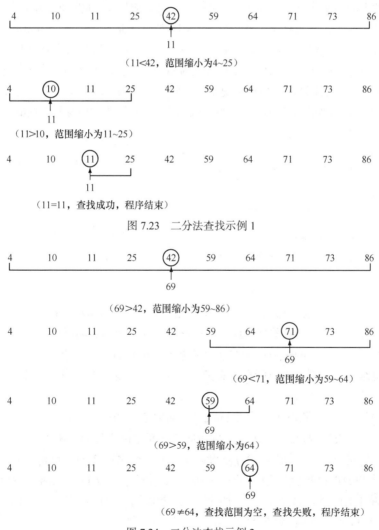

图 7.23　二分法查找示例 1

图 7.24　二分法查找示例 2

显然，有序线性表为顺序存储时才能采用二分法查找，并且二分法查找的效率要比顺序查找法高。对于长度为 n 的有序线性表，在最坏情况下，二分法查找只需要比较 $\log_2 n$ 次，而顺序查找法需要比较 n 次。

如果对无序的顺序线性表进行二分法查找，首先要对该线性表进行排序。那么什么是排序呢？排序是指将一个无序序列整理成按值大小顺序排列的有序序列。下面分别介绍几种常用的排序方法。（注：以下排序均以升序为例）

（1）交换类排序法

基本思想：应用交换类排序基本思想的主要排序方法有冒泡排序和快速排序。

① 冒泡排序。假设表中有 n 个元素，第一趟扫描时，两两比较待排序的元素的大小，若两个元素的次序相反则将它们互换，扫描结束时最大值就被换到了表的最后一个位置（第 n 个位置）。重复 n-1 趟扫描，即可实现排序。在上述过程中，可以增设一个状态监视变量，如果某一趟扫描过程中没有出现元素交换的情况，说明线性表已经有序，那么排序算法执行完毕。

冒泡排序演示

若初始线性表的初始状态是正序的，一趟扫描即可完成排序，此时元素的比较次数为 n-1 次，元素的交换次数为 0 次，这两者均为最小值。若初始线性表是反序的，则需要进行 n-1 趟扫描，每趟扫描要进行 n-i 次元素大小的比较（$1 \leqslant i \leqslant n$-1），且每次交换都必须移动元素 3 次来达到交换位置的目的。在这种情况下，元素的比较次数为 $n(n$-1$)/2$ 次，元素的交换次数为 $3n(n$-1$)/2$，这两者均为最大值，所以冒泡排序在最坏情况下的时间复杂度为 $O(n^2)$，而该算法的平均时间复杂度为 $O(n^2)$。冒泡排序过程如图 7.25 所示，横线部分表示扫描范围，即参与扫描的元素。

4	1	8	6	5	（线性表中元素的初始值）
1	4	6	5	8	（第一趟扫描后的结果）
1	4	5	6	8	（第二趟扫描后的结果）
1	4	5	6	8	（第三趟扫描后的结果）
1	4	5	6	8	（第四趟扫描后的结果）

图 7.25　冒泡排序法示例

② 快速排序。从线性表中选取一个元素 k，将后面小于 k 的元素移到 k 的前面，而前面大于 k 的元素移到后面，这样就以 k 为分界线，将线性表分成前后两个子表，这样的过程称为线性表的分割。对分割后产生的子表按上述原则继续进行分割，直至所有子表为空，则线性表变成有序表，算法结束。

快速排序演示

选取表的中间项 P(k)，将其值保存在 temp 中，再将表中的第一个元素移到 P(k) 的位置上，设置两个指针 i 和 j 分别指向表的起始位置与最后位置。

以下步骤交替进行，反复操作：将 j 逐渐减小，并逐次比较 P(j) 与 temp，直到发现一个 P(j) < temp 为止，将 P(j) 移到 P(i) 位置上；将 i 逐渐增大，并逐次比较 P(i) 与 temp，直到发现一个 P(i) > temp 为止，将 P(i) 移到 P(j) 位置上。当指针 i 与 j 指向同一个位置（即 i=j）时上述步骤停止，将 temp 的值存入 P(i)，分割至此结束。

随着分割的不断进行，产生的子表会越来越多，将要分割的子表放入栈中，当栈空时即说明排序已经完成。快速排序法的平均时间复杂度为 $O(n\ln n)$，最坏时间复杂度为 $O(n^2)$。

（2）插入类排序法

基本思想：将线性表中每一个待排序的数据项插入之前已经排好序的子表，并使得子表依然有序，插入所有数据项后，算法结束。下面介绍两种插入法：简单插入排序、希尔排序。

① 简单插入排序。简单插入排序与打扑克时整理手上的牌非常类似。摸来的第一张牌无须整理，此后每次从桌上的牌（无序区）中摸最上面的一张并插入左手的牌（有序区）中正确的位置上。为了找到这个正确的位置，需自左向右（或自右向左）将摸来的牌与左手中已有的牌逐一比较。

假设线性表中前 $j-1$ 个元素已经有序，现在要将线性表中第 j 个（$2 \leqslant j$）元素插入前面的有序子表，插入过程如下：首先将第 j 个元素值保存在变量 temp 中，然后从有序子表的最后一个元素（即线性表中第 $j-1$ 个元素）开始，逐个往前与 temp 进行比较，如果第 i 个（$1 \leqslant i \leqslant j-1$）元素大于 temp，则将第 i 个元素向后移动一个位置；如果第 i 个（$1 \leqslant i \leqslant j-1$）元素小于或等于 temp，则将 temp 插入刚移出的空位置 $i+1$；或者子表中所有元素都大于 temp，则将 temp 插入第一个位置。这样原线性表中的第 j 个元素就插入完毕，有序子表的长度变为 j。

该算法的时间复杂度主要取决于元素值的比较次数和元素的移动次数。在线性表是正序的情况下，其移动次数为 0，比较次数为 $n-1$，时间复杂度为 $O(n)$；在线性表是逆序的情况下，其移动次数为 $(n-1)(n+4)/2$，比较次数为 $(n+2)(n-1)/2$，时间复杂度为 $O(n^2)$。因此，简单插入排序法的平均时间复杂度为 $O(n^2)$，空间复杂度为 $O(1)$。

② 希尔排序。希尔排序指将整个无序序列分割成若干个小的子序列并分别进行插入排序。子序列的分割方法为使相隔某个增量 k 的元素构成一个子序列。在排序过程中，逐次减小这个增量，最后当 k 减到 1 时，进行一次插入排序，排序即可完成。增量序列一般取 $k=n/2^t(t=1,2,\cdots,\lceil \log_2 n \rceil)$，其中 n 为待排序序列的长度。希尔排序在最坏的情况下，需要比较的次数为 $O(n^{1.5})$。

（3）选择类排序法

基本思想：每一趟从线性表（子表）中选出最小的元素，将它放到表的最前面，直到子表为空，算法结束。常用的选择类排序方法有简单选择排序和堆排序。

① 简单选择排序。假设线性表长度为 n，简单选择排序共需要扫描 $n-1$ 趟。第 i 趟扫描（$1 \leqslant i \leqslant n-1$），扫描范围为从第 i 个元素至第 n 个元素，找出其中最小的元素，将其与扫描范围中的第一个元素（即线性表中第 i 个元素）进行交换。这样，n 个元素的线性表经过 $n-1$ 趟简单选择排序得到有序结果。简单选择排序过程如图 7.26 所示，横线部分表示扫描范围，即参与扫描的元素。

4	1	8	6	5	（线性表中元素的初始值）
1	4	8	6	5	（第一趟扫描后的结果）
1	4	8	6	5	（第二趟扫描后的结果）
1	4	5	6	8	（第三趟扫描后的结果）
1	4	5	6	8	（第四趟扫描后的结果）

图 7.26　简单选择排序法示例

无论线性表初始状态如何，在第 i 趟排序中需做 $n-i$ 次比较以选出最小元素。因此，总的比较次数为 $n(n-1)/2=O(n^2)$。若初始线性表为正序则移动次数为 0，为反序则每趟排序均要执行交换操作，总的移动次数取最大值是 3(n-1)。简单选择排序的平均时间复杂度为 $O(n^2)$。

② 堆排序。堆的定义为：具有 n 个元素的序列($h_1,h_2,\cdots,h_n$)，当且仅当该序列满足 $\begin{cases} h_i \geqslant h_{2i} \\ h_i \geqslant h_{2i+1} \end{cases}$

或 $\begin{cases} h_i \leqslant h_{2i} \\ h_i \leqslant h_{2i+1} \end{cases}$ (i=1,2,$\cdots$,n/2)时称之为堆。本书只讨论满足前者条件的堆。在实际处理中，可以用数组或者完全二叉树来直观地表示堆的结构。例如，堆(126,109,98,69,60,56,30,26,19,2)所对应的完全二叉树如图 7.27 所示。

堆排序的方法：首先将一个无序序列建成堆，然后将堆顶元素（序列中的最大项）与堆中最后一个元素交换（最大项应该在序列的最后）。不考虑已经换到最后的那个元素，只考虑前 n-1 个元素构成的子序列，显然该子序列已不是堆，但左右子树仍为堆，可以将该子序列调整为堆。反复执行前几步，直到剩下的子序列为空，算法结束。

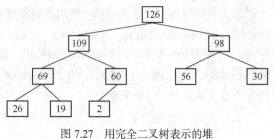

图 7.27 用完全二叉树表示的堆

堆排序法适用于规模较大的线性表，在最坏情况下算法需要比较的次数为 $O(n\log_2 n)$。

7.3 软件工程基础

软件工程是指导计算机软件开发和维护的工程学科，它使用工程化的概念、原理、方法和技术来指导软件开发的全过程，使软件的质量、软件的可靠性、软件开发的成功率以及软件的生产率得到大幅度提高。

7.3.1 软件工程的基本概念

1. 软件定义与软件特点

国家标准中对计算机软件的定义为：与计算机系统的操作有关的计算机程序、规程、规则，以及可能有的文件、文档及数据。其中，程序是软件开发人员根据用户需求开发的用程序设计语言描述的、适合计算机执行的指令（语句）序列；数据是使程序能正常操作信息的数据结构；文档是与程序开发、维护和使用有关的图文资料。故软件由两部分组成：一是计算机可执行的程序和数据；二是计算机不可执行的，与软件开发、运行、维护、使用等有关的文档。

2. 软件危机与软件工程

软件工程概念的出现源自软件危机。所谓软件危机，泛指在计算机软件开发和维护过程中所遇到的严重问题。实际上，几乎所有的软件都存在这些问题。随着计算机技术的发展和应用领域的扩大，计算机硬件的性价比和质量稳步提高，软件规模越来越大，复杂程度不断增加，软件成本逐年上升，质量却没有可靠的保证，软件已成为计算机科学发展的"瓶颈"。

具体地说，在软件开发和维护过程中，软件危机主要表现在以下几个方面。

① 软件增长的需求得不到满足，用户对系统不满意的情况经常出现。

② 软件开发成本和进度无法控制，开发成本超出预算、开发周期超过规定日期的情况经常出现。

③ 软件质量难以保证。

④ 软件不可维护或维护程度非常低。

⑤ 软件的成本不断提高。

⑥ 软件生产率的提高赶不上硬件的发展和应用需求的增长。

总之，可以将软件危机归结为成本、质量、生产率等方面的问题。

软件工程就是试图用工程、科学、数学的原理和方法大批量研制、维护计算机软件的有关技术及管理方法。

关于软件工程的定义，国家标准中指出，软件工程是应用于计算机软件的定义，开发和维护的一整套方法、工具、文档、实践标准的工序。1993 年 IEEE 给出了一个更全面的定义：将系统化的、规范的、可度量的方法应用于软件的开发，运行和维护的过程，即将工程化应用于软件中。软件工程包括 3 个要素：方法、工具和过程。软件工程的核心思想是把软件产品看作一个工程产品来处理。

开发软件不能只考虑开发期间的费用，还应考虑软件生命周期内的全部费用。因此，软件生命周期的概念就变得特别重要，在考虑软件费用时，不仅要降低开发成本，更要降低整个软件生命周期的总成本。

3. 软件工程过程与软件生命周期

（1）软件工程过程

ISO 9000 标准对软件工程过程（software engineering process）的定义为：软件工程过程是把输入转化为输出的一组彼此相关的资源和活动。该定义体现了软件工程过程两方面的内涵。其一，软件工程过程是指为获得软件产品，在软件工具的支持下由软件工程师完成的一系列软件工程活动。基于这个方面，软件工程过程通常包含以下 4 种基本活动。

① P（plan）——软件规格说明。规定软件的功能及其运行时的限制。

② D（do）——软件开发。产生满足规格说明的软件。

③ C（check）——软件确认。确认软件能够满足客户提出的要求。

④ A（action）——软件演进。为满足用户的变更要求，软件必须在使用的过程中演进。

通常将用户的要求转变成软件产品的过程也叫作软件开发过程。此过程包括对用户的要求进行分析，转换成软件需求，把需求变换成设计，把设计用代码来实现并进行代码测试，有些软件还需要进行代码安装和交付运行。从软件开发的观点看，软件工程就是使用适当的资源（包括人员、软硬件工具、时间等），为开发软件而进行的一组开发活动，在过程结束时将输入（用户要求）转化为输出（软件产品）。所以，软件工程过程是指将软件工程的方法和工具综合起来，以达到合理、及时地开发计算机软件的目的。软件工程过程应确定方法使用的顺序、要求交付的文档资料、为保证质量和适应变化所需要的管理以及软件开发各个阶段需完成的任务。

（2）软件生命周期

通常将软件产品从提出、实现、使用、维护到停止使用的过程称为软件生命周期（software life cycle），一般包括可行性研究与需求分析、设计、实现、测试、交付使用以及维护等活动。可以将软件生命周期分为软件定义、软件开发及软件运行维护 3 个阶段，其中主要的活动如下。

① 可行性研究与计划制订。确定待开发软件的开发目标和总的要求，给出在功能、性能、可靠性以及接口等方面的方案，制订开发活动的实施计划。

② 需求分析。对用户提出的需求进行分析并给出详细定义，编写软件规格说明书及初步的用

户手册，提交评审。

③ 软件设计。系统设计人员和程序设计人员应该在理解用户需求的基础上，给出软件的结构、模块以及功能的分配及处理流程。在系统比软件复杂的情况下，设计阶段可分解成概要设计阶段和详细设计阶段，分别编写概要设计说明书、详细设计说明书和测试计划初稿，提交评审。

④ 软件实现。软件实现指把软件需求转换成计算机可以识别的程序代码，即完成源程序的编码。此外，还需要编写用户手册、操作手册等面向用户的文档，编写单元测试计划。

⑤ 软件测试。在设计测试用例的基础上，检验软件的各个组成部分，编写测试分析报告。

⑥ 运行和维护。将已交付的软件投入运行，并在运行中不断地维护软件，根据新的需求进行必要的扩充和删改。

4. 软件开发工具与软件开发环境

（1）软件开发工具

软件开发工具是用于辅助完成软件生命周期过程的基于计算机的工具，简单地说，就是能够方便地把一种编程语言代码化并编译执行的工具，比如 Java、Python 等。

（2）软件开发环境

软件开发环境也称软件工程环境，是全面支持软件开发全过程的软件工具的集合。

计算机辅助软件工程（computer aided software engineering，CASE）是当前软件开发环境中富有特色的研究和发展方向。CASE 将各种软件工具、开发机器和一个存放开发过程信息的中心数据库组合起来，形成软件工程环境。CASE 工具将最大限度地降低软件开发的技术难度并使软件开发的质量得到保证。

7.3.2　软件需求分析

1. 需求分析

软件需求是指用户对目标软件在功能、行为、性能、设计等方面的期望。需求分析是发现需求、求精、建模和定义需求的过程，将创建所需的数据模型、功能模型和控制模型。

（1）需求分析的定义

① 用户解决问题或达到目标所需的条件或权能。

② 系统或系统部件要满足合同、标准、规范或其他正式规定文档所需具有的条件或权能。

③ 一种反映①或②所描述的条件或权能的文档说明。

由需求分析的定义可知，需求分析的内容包括：提炼、分析和仔细审查已收集到的需求；确保所有利益相关者都明白其含义并找出其中的错误、遗漏或其他不足的地方；从用户最初的非形式化需求到满足用户对软件产品的要求的映射；不断对用户意图进行提示和判断。

（2）需求分析阶段的工作

需求分析阶段的工作可以概括为以下 4 个方面。

① 需求获取。需求获取的目的是确定对目标软件各方面的需求，涉及的主要任务是建立获取用户需求的方法框架，并支持和监控需求获取的过程。

② 需求分析。对获取的需求进行分析和综合，最终给出解决方案和目标软件的逻辑模型。

③ 编写需求规格说明书。需求规格说明书作为需求分析的阶段性成果，可以为用户、分析人员和设计人员之间的交流提供方便，可以直接支持目标软件的确认，还可以作为控制软件开发进程的依据。

④ 需求评审。这是需求分析的最后一步，要求对需求分析阶段的工作进行评审，以验证需求

文档的一致性、可行性、完整性和有效性。

（3）常见的需求分析方法

常见的需求分析方法包括结构化分析方法、面向对象的分析方法等，下面主要对结构化分析方法进行说明。

2. 结构化分析方法

结构化分析方法是结构化程序设计理论在软件需求分析阶段的运用。按照汤姆·德马科（Tom DeMarco）的定义，结构化分析就是使用数据流图（DFD）、数据字典（DD）、结构化英语、判定表和判定树等工具，来建立一种新的、被称为结构化规格说明的目标文档。其实质是着眼于数据流自顶向下、逐层分解、建立系统的处理流程，以数据流图和数据字典为主要工具建立系统的逻辑模型。

结构化分析的步骤如下。

① 通过对用户的调查，以需求为线索，获得当前系统的具体模型。

② 去掉具体模型中的非本质因素，抽象出当前系统的逻辑模型。

③ 根据计算机的特点分析当前系统与目标系统的差别，建立目标系统的逻辑模型。

④ 完善目标系统并补充细节，写出目标系统的软件需求规格说明。

⑤ 评审，直到确认软件完全符合用户的需求。

结构化分析的常用工具如下。

① 数据流图。数据流图是用来描述数据处理过程的工具，是需求理解的逻辑模型的图形表示，它直接支持系统的功能建模。

数据流图从数据传递和加工的角度来刻画数据流从输入到输出的移动变换过程。数据流图中常用的符号如图 7.28 所示。

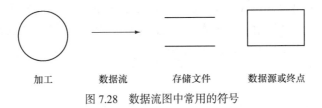

图 7.28　数据流图中常用的符号

- 加工（转换）：对数据流进行某些操作或变换。
- 数据流：沿箭头方向传送数据的通道，一般在旁边标注数据流名。
- 存储文件：表示处理过程中存放各种数据的文件。
- 数据源或终点：表示系统和环境的接口，属于系统之外的实体。

一般地，对实际系统进行了解和分析后，可以使用数据流图为系统建立逻辑模型。建立数据流图的步骤如下。

- 第一步：由外向内，即先画出系统的输入和输出接口，然后画出系统的内部。
- 第二步：自顶向下，即按顶层、中间层、底层的顺序完成数据流图。
- 第三步：逐层分解。

② 数据字典。数据字典是结构化分析方法的核心，其主要作用是对数据流图中各个组成部分的具体含义进行精确和严格的定义，使得用户和系统分析员对于输入、输出、存储成分和中间计算结果有共同的理解。数据字典把不同的需求文档和分析模型紧密地结合在一起，并与各模型的图形相配合，能清楚地表达数据处理的要求。

数据字典通常包含名称、别名、何处作用/如何使用、内容描述、补充信息等内容。

数据字典通常使用定义的方式来描述数据结构，其常用符号如表7.1所示。

表7.1 数据字典中常用的符号及其含义

符　号	含　义
=	表示"等于""定义为""由什么构成"
[…|…]	表示"或"
+	表示"与""和"
$n\{\}m$	表示"重复"，即括号中的项要重复若干次，n 和 m 是重复次数的上限和下限
(…)	表示"可选"，即括号中的项可以没有
*　*	表示"注释"
..	连接符

③ 判定树。使用判定树进行描述时，应先从问题定义的文字描述中分清哪些是判定的条件，哪些是判定的结论，再根据描述材料中的连接词找出判定条件之间的从属关系、并列关系、选择关系，从而根据它们来构造判定树。

④ 判定表。判定表与判定树相似，当数据流图中的加工要依赖于多个逻辑条件的取值，即完成该加工的一组动作是由某一组条件取值的组合而引发的时，使用判定表进行描述比较适宜。判定表由基本条件、条件项、基本动作、动作项4部分组成，如图7.29所示。

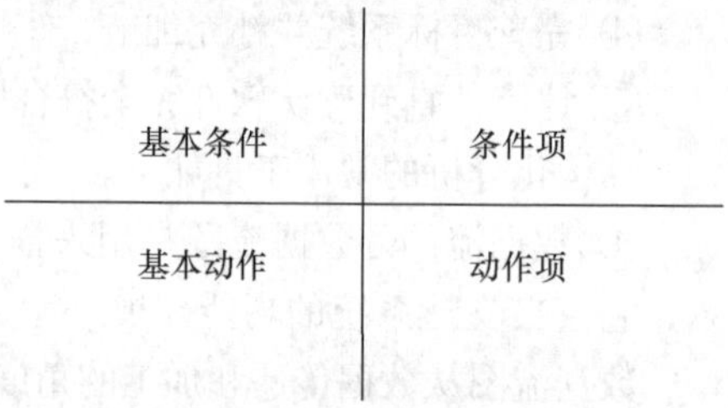

基本条件	条件项
基本动作	动作项

图 7.29　判定表的组成

3. 软件需求规格说明书

软件需求规格说明书（software requirement specification，SRS）是需求分析阶段的成果，是软件开发中的文档之一，便于用户、开发人员进行交流，还可作为确认测试和验收的依据。

软件需求规格说明书将软件计划中确定的软件范围展开，提炼出完整的信息描述、检验标准和其他与要求有关的数据，其主要内容如下。

① 概述。

② 数据描述，包括数据流图、数据字典、系统接口说明和内部接口。

③ 功能描述，包括功能、处理说明和设计的限制。

④ 性能描述，包括性能参数、测试种类、预期的软件响应和应考虑的特殊情况。

⑤ 参考文献目录。

⑥ 附录。

其中，概述是从系统的角度描述软件的目标和任务；数据描述是对软件系统所必须解决的问题的详细说明；功能描述描述了为解决用户问题所需要的每一项功能的细节，对每一项功能要给出处理说明和在设计时需要考虑的限制条件；性能描述说明系统应达到的性能和应该满足的限制条件、检测的方法和标准、预期的软件响应和可能需要考虑的特殊问题；参考文献目录应包括与该软件有关的全部参考文献，其中包括前期的其他文档、技术参考资料、产品目录手册以及标准等；附录部分包括一些补充资料。

软件需求规格说明书是确保软件质量的有力措施。衡量软件需求规格说明书质量好坏的标准如下。

① 正确性。体现待开发系统的真实要求。

② 无歧义性。对每一个需求只有一种解释，其陈述具有唯一性。

③ 完整性。包括全部有意义的需求，如功能、性能、设计、约束、属性或外部接口等方面的需求。

④ 可验证性。描述的每一个需求都是可以验证的，即可通过有限代价的有效过程来验证确认。

⑤ 一致性。对各个需求的描述不矛盾。

⑥ 可理解性。软件需求规格说明书必须简明易懂，尽量少包含与计算机相关的要领和术语，以便用户和软件开发人员都能接受它。

⑦ 可修改性。每一个需求的来源、流向是清晰的，当产生和改变文件编制时，可以方便地引用每一个需求。

7.3.3　软件设计

1. 软件设计的基本概念

软件设计是软件工程周期的重要阶段，是把软件需求准确地转化为完整的软件产品或系统的唯一途径。软件设计的基本目标是用比较抽象、概括的方式确定目标系统如何完成预定的任务，即软件设计是确定系统的物理模型的过程，是软件工程和软件维护的基础。

从技术观点来看，软件设计包括结构设计、数据设计、接口设计、过程设计。其中，结构设计是定义软件系统各主要部件之间的关系；数据设计是将分析时创建的模型转化为数据结构的定义；接口设计是描述软件内部、软件和协作系统之间以及软件与人之间如何通信；过程设计则是把系统结构部件转换成软件的过程性描述。

从工程管理的角度来看，软件设计分两步完成：概要设计和详细设计。概要设计（又称结构设计）是将软件需求转换为软件体系结构，确定系统级接口、全局数据结构或数据库模式的过程；而通过详细设计，可以确立每个模块的实现算法和局部数据结构，并用适当的方法表示算法和数据结构的细节。

软件设计是一个迭代的过程，其一般流程是：先进行高层次的结构设计，后进行低层次的过程设计，穿插进行数据设计和接口设计。

为了解决复杂的问题，软件设计中必须把整个问题进行分解以降低复杂性，这样就可以减少开发工作量并降低开发成本、提高软件生产率。但是，划分的模块并不是越多越好，因为这会增加模块之间的接口及其工作量，所以模块的层次和数量应该避免过多或过少。

解决一个复杂问题时自顶向下逐层把软件系统划分成若干模块的过程称为模块化，如高级语言中的过程、函数、子程序等。每个模块可以完成一个特定的子功能，各个模块可以按一定的方法组装起来成为一个整体，从而实现整个系统的功能。

而模块独立性是指每个模块只完成系统要求的独立的子功能，并且与其他模块的联系最少且接口简单。模块独立性是评价软件设计好坏的重要度量标准。衡量软件的模块独立性的两个定性的度量标准是耦合性和内聚性。

内聚性是对一个模块内部各个元素间彼此结合的紧密程度的度量。内聚从功能角度来度量模块内的联系。不同种类的内聚的内聚性由弱到强排列为偶然内聚、逻辑内聚、时间内聚、过程内聚、通信内聚、顺序内聚、功能内聚。内聚性是信息隐蔽和局部化概念的自然扩展，一个模块的内聚性越强则该模块的模块独立性越强。软件结构设计的设计原则要求一个模块的内部都具有很强的内聚性，它的各个组成部分彼此都密切相关。

耦合性是对模块间互相连接的紧密程度的度量其取决于各个模块之间接口的复杂度、调用方式以及哪些信息通过接口。耦合可以分为下列几种，按耦合度由强到弱排列如下。

① 内容耦合：若一个模块直接访问另一模块的内容，则称为内容耦合。

② 公共耦合：若一组模块都访问同一全局数据结构，则称为公共耦合。

③ 外部耦合：若一组模块都访问同一全局简单变量（而不是同一全局数据结构），且不通过参数表传递该全局变量的信息，则称为外部耦合。

④ 控制耦合：若一模块明显地把开关量、名字、标志等信息送入另一模块，控制另一模块的功能，则称为控制耦合。

⑤ 标记耦合：若两个以上的模块都需要其余某一数据结构的子结构时，不使用其余全局变量的方式而是用记录传递的方式，即两模块间通过数据结构变换信息，这样的耦合称为标记耦合。

⑥ 数据耦合：若一个模块访问另一个模块，被访问的模块的输入和输出都为访问模块的数据项参数，即两模块间通过数据参数交换信息，则这两个模块为数据耦合。

⑦ 非直接耦合：若两个模块没有直接关系，它们之间的联系完全是通过主模块的控制和调用来实现的，则称这两个模块为非直接耦合。非直接耦合的独立性最强。

耦合性越强，则独立性越弱。我们希望模块之间的耦合都表现为非直接耦合方式。但是，由于问题所固有的复杂性和结构化设计的原则，非直接耦合往往是不存在的。

耦合性与内聚性是模块独立性的两个定性标准，是相互关联的。在程序结构中，各模块的内聚性越强，则耦合性越弱。一般而言，较优秀的软件设计应尽量做到高内聚、低耦合，即减弱模块之间的耦合性并提高模块内的内聚性，这有利于提高模块的独立性。

2. 概要设计和详细设计

与结构化需求分析方法相对应的是结构化设计方法。结构化设计就是采用最佳的方法设计系统的各个组成部分以及各部分之间的内部联系的技术。结构化设计方法的基本思想是将软件设计成由相对独立、功能单一的模块组成的结构。

设计分两步完成：概要设计和详细设计。

概要设计阶段需要编写的文档有概要设计说明书、数据库设计说明书、用户手册、集成测试计划等。相应地，需要对概要设计文档进行评审：对设计部分是否满足需求中规定的功能、性能等方面的要求，设计方案的可行性，关键之处的处理，及内外部接口定义的正确性、有效性，以及各部分之间的一致性等都要进行评审，以免在以后的设计中因出现大的问题而返工。

因为概要设计阶段已经确定了软件的总体结构，所以详细设计阶段的工作是在上述结构的基础上，考虑如何实现定义的软件系统，为每一个模块确定实现算法和局部数据结构，并用某种选定的表达工具表示算法和数据结构的细节。

详细设计阶段主要确定每个模块的具体任务，其主要任务如下。

① 为每个模块进行详细的算法设计。

② 对模块内的数据结构进行设计。

③ 对数据库进行物理设计，即确定数据库的物理结构。

④ 其他设计。如代码设计、输入/输出格式设计和用户界面设计。

⑤ 编写详细设计说明书。

⑥ 评审。

常见的过程设计工具如下。

① 图形工具。即程序流程图、N-S（nassi-shneiderman）流程图、PAD（problem analysis diagram）

问题分析图。

② 表格工具。即判定表。

③ 语言工具。即 PDL（process design language，过程设计语言）。

7.3.4　软件测试

1. 软件测试

测试是对软件规格说明、设计和编码的复审，其贯穿了整个软件开发期。

对软件的测试除了要有测试数据外，还应同时给出该组测试数据应该得到的输出结果，称为预期结果。测试用例是由测试数据和预期结果组成的。

对于软件测试，应该认识到测试绝不能证明程序是正确的，即使经过了最严格的测试，程序中仍可能存在没有发现的错误，所以测试是用于查找程序中的错误，但不能证明程序中没有错误。

基于上述目的，软件测试应遵循如下原则。

① 确定预期输出结果是测试用例必不可少的一部分。

② 避免由软件开发人员测试自己的程序。

③ 对于非法和非预期的输入数据也要像合法的和预期的输入数据一样编写测试用例。

④ 程序模块经测试后，残存的错误数目与已发现的错误数目成正比。

⑤ 严格执行测试计划，排除测试的随意性。

⑥ 应当对每一个测试结果进行全面检查。

⑦ 妥善保存测试计划、测试用例、出错统计和最终分析报告，为软件维护提供方便。

对软件的测试，可以从不同的角度加以分类。若从是否运行被测试软件的角度出发，可分为静态测试和动态测试：静态测试一般是指人工评审软件文档或程序，由于被评审的软件不必运行，所以称为静态测试；动态测试是指通过运行软件来检验软件的动态行为和运行结果。若按照功能，可划分为白盒测试和黑盒测试。

2. 白盒测试和黑盒测试

白盒测试也被称为结构测试，它与程序的内部结构有关。测试者应熟悉程序的内部结构，依据程序模块的内部结构来设计测试用例，以检测程序代码的正确性。

白盒测试的程序模块检测类别如下：①程序模块独立执行路径检测；②逻辑判定检测；③循环检测（循环边界和循环界内执行情况）；④程序内部数据结构的正确性检测。

黑盒测试也被称为功能测试、数据驱动测试或基于规格说明的测试，测试时不考虑程序内部的细节、结构和实现方式。测试者依据该程序功能的输入输出关系，或程序的外部特性来设计和选择测试用例，以检测程序编码的正确性。

黑盒测试检测的基本内容有：①功能错误或遗漏；②输入和输出接口的正确性；③数据结构或外部信息访问错误；④性能要求实现情况；⑤初始化或终止性错误。

3. 测试步骤

软件系统的开发是一个自顶向下、逐步求精的过程，而测试过程是与开发过程的顺序相反的集成过程。最常用的测试方式是自底向上分阶段进行，可分为以下 4 个阶段。

① 单元测试。单元测试是对软件的最小单位——模块的正确性进行测试，验证模块是否满足详细设计阶段所提出的要求。一般采用白盒测试法。

② 集成测试。集成测试在单元测试之后，重点是检测模块接口之间的连接，发现访问公共数据结构可能引起的模块间的干扰，检测全局数据结构的一致性，以及测试软件系统或子系统输入

和输出处理、故障处理和容错等方面的能力。一般采用黑盒测试法。

③ 确认测试。以软件需求规格说明书为依据，逐项进行有效性测试，检验软件的功能、性能及其他特性是否满足说明书确认的标准，一般采用黑盒测试法。同时，还要检查系统资源和设备的协调情况，确保开发软件的所有文档资料编写齐全，能够支持软件运行后的维护工作。文档资料包括设计文档、源程序、测试文档和用户文档等。

④ 系统测试。系统测试是将软件与硬件、外设等集成为整体系统进行测试，重点是检测软件运行时与其他相关要素（如硬件、数据库及操作人员等）的协调情况是否满足要求，包括性能测试、恢复测试和安全测试等内容。

- 性能测试：测试程序的响应时间、处理速度、精度范围、存储要求以及负荷等性能的满足情况。
- 恢复测试：测试系统在软硬件故障后保存数据和控制并恢复的能力。
- 安全测试：检查系统对用户使用权限进行管理、控制和监督，以防非法进入、篡改、窃取和破坏等行为的能力。

上述 4 个阶段相互独立且顺序相接，单元测试在编码阶段即可进行，结束后进入集成测试，并依次进行至最后的系统测试。

4．测试用例设计

白盒测试的测试用例一般采用逻辑覆盖法和基本路径法进行设计。

① 逻辑覆盖法。逻辑覆盖法泛指一系列以程序内部的逻辑结构为基础的测试用例设计技术。这一方法要求测试人员充分了解程序的逻辑结构。逻辑覆盖可分为语句覆盖、判定覆盖、条件覆盖、判定/条件覆盖、条件组合覆盖与路径覆盖。

② 基本路径法。基本路径法的思想是：根据软件过程性描述中的控制流程确定程序的环路复杂性度量，用此度量定义基本路径集合，并由此导出一组测试用例来对每一条独立执行路径进行测试。设计出的测试用例要保证测试中程序的每个可执行语句至少被执行一次。

黑盒测试是把所有可能的输入数据，即程序的输入域划分成若干子集，然后从每一个子集中选取少数具有代表性的数据作为测试用例。常用的黑盒测试用例的设计方法有：①等价类划分法；②边界值分析法；③错误推测法；④因果图方法。

7.3.5　软件调试与维护

1．程序调试的基本概念

成功对程序进行测试后，进入程序调试阶段，该阶段的主要任务是诊断和改正程序中的错误。软件测试时发现软件中的错误，在程序调试时则借助于一定的调试工具找出软件中错误的具体位置并进行改正。软件测试贯穿整个软件生命周期，而程序调试则主要在开发阶段。

程序调试的关键在于找到程序内部错误的位置及原因。从是否跟踪和执行程序的角度来说，程序调试可分为静态调试和动态调试。静态调试是程序不在计算机上运行，而是采用人工检测和计算机辅助静态分析的手段对程序的数据流和控制流进行分析；动态调试通过运行程序来发现错误。一般意义上的调试大多数指动态调试。

对软件产品进行动态调试也分为白盒调试和黑盒调试，二者分别对软件的结构和功能进行检测和调试，主要的调试方法有：①强行排错法；②回溯排错法；③归纳排错法；④演绎排错法。

2．软件维护

软件维护是在软件已经交付使用之后，为了改正错误或满足新的需要而修改软件的过程。软件维护是整个软件生命周期中的最后一个阶段，也是持续时间最长的阶段。

软件可维护性是指纠正软件系统出现的错误，以及为满足新的要求进行修改、扩充或压缩的容易程度。软件工程学的主要目的就是提高软件的可维护性，降低维护的成本。软件的可理解性、可测试性和可修改性是决定软件可维护性的基本因素。

本 章 小 结

本章介绍了三大类与程序设计相关的学科知识：结构化与面向对象这两类程序设计方法的基本概念，数据结构与算法的基本概念，软件工程的基本概念。对于结构化程序设计，介绍了程序的结构与特点；对于面向对象程序设计，介绍了以对象为中心的相关基本概念及设计方法。在此基础上，从计算机的角度出发，读者还需认识到数据结构在程序设计中的重要性与科学性，并进一步理解算法与数据结构之间存在密不可分的关系。最后，读者应建立起这样一种认知体系：软件开发是一种完整的工程项目行为，要遵循科学的工作流程，任何一个开发环节都具有不可替代性。

思 考 题

1. 结构化程序设计的原则是什么？它的基本结构有哪些？
2. 什么是面向对象的程序设计？
3. 简述对象、类、方法、属性、继承和多态性的概念。
4. 简述算法复杂度的概念和意义。
5. 数据的逻辑结构与存储结构的定义是什么？
6. 简述如何完成线性表的插入与删除运算。
7. 栈和队列的定义是什么？并简述如何完成栈和队列的基本运算。
8. 简述线性单链表、双向链表与循环链表的结构。
9. 简述二叉树的定义及其存储结构，以及二叉树的先序、中序和后序遍历。
10. 简述二分法查找算法。
11. 简述冒泡排序法与简单选择排序法的过程。
12. 何谓软件生命周期？它分为哪 3 个阶段？
13. 软件需求分析的任务是什么？
14. 概要设计与详细设计分别指什么？
15. 分别介绍一下静态调试和动态调试的含义。
16. 决定软件可维护性的基本因素是什么？

[1] 冯建华，刘以安，等. 新编计算机文化基础[M]. 北京：人民邮电出版社，2013.

[2] 甘勇. 大学计算机基础（慕课版）[M]. 北京：人民邮电出版社，2017.

[3] 张福炎，孙志挥. 大学计算机信息技术教程（2018 版）[M]. 南京：南京大学出版社，2018.

[4] 段跃兴，王幸民. 大学计算机基础进阶与实践[M]. 北京：人民邮电出版社，2011.

[5] 张尧学，史美林，张高. 计算机操作系统教程（第 3 版）[M]. 北京：清华大学出版社，2006.

[6] 庞丽萍. 计算机操作系统[M]. 北京：人民邮电出版社，2010.

[7] 林福宗. 多媒体技术基础（第 3 版）[M]. 北京：清华大学出版社，2009.

[8] 胡晓峰，吴玲达，老松杨，等. 多媒体技术教程（第 3 版）[M]. 北京：人民邮电出版社，2010.

[9] 鲁宏伟，汪厚祥. 多媒体计算机技术（第 4 版）[M]. 北京：电子工业出版社，2011.

[10] 朱从旭，田琪. 多媒体技术与应用[M]. 北京：清华大学出版社，2011.

[11] 竹下隆史著. 图解 TCP/IP（第 5 版）[M]. 乌尼日其其格，译. 北京：人民邮电出版社，2013.

[12] 战德臣. 大学计算机——理解和运用计算思维[M]. 北京：人民邮电出版社，2018.

[13] 马晓梅. SQL Server 实验指导（第 4 版）[M]. 北京：清华大学出版社，2019.

[14] 王珊，萨师煊. 数据库系统概论[M]. 北京：高等教育出版社，2006.

[15] 祝锡永. 数据库：原理、技术与应用[M]. 北京：机械工业出版社，2011.

[16] 胡孔法. 数据库原理及应用[M]. 北京：机械工业出版社，2011.

[17] 侯殿有. 计算机文化基础（第二版）[M]. 北京：清华大学出版社，2012.